미지의 세계를 향한 인류의 도전

우주선의 역사

THE HISTORY OF
SPACE
VEHICLES

스페이스 코리아 시리즈 II

미지의 세계를 향한 인류의 도전
우주선의 역사

팀 퍼니스 Tim Furniss 지음 | 채연석(한국항공우주연구원 前원장) 옮김

THE HISTORY OF
SPACE
VEHICLES

아라크네

THE HISTORY OF SPACE VEHICLE
by Tim Furniss

This edition was first published in English by Amber Books
Copyright© 2001 Amber Books Ltd
Korean translation Copyright© 2007 Arachne Publishing Company, Korea
This Korean edition was published by arrangement with Amber Books, UK
through Best Literary & Rights Agency, Korea.
All rights reserved.

이 책의 한국어판 저작권은 베스트 에이전시를 통한
원저작권자와의 독점 계약으로
도서출판 아라크네가 소유합니다.
신저작권법에 의하여 한국 내에서 보호를 받는 저작물이므로
무단전재와 무단 복제를 금합니다.

contents

1장 시작
V2 로켓의 탄생 · 10 / 복수 무기 · 14 / '우주 비행의 아버지' 치올코프스키 · 17 / '우주경쟁'의 시작 · 20 / 우주를 향한 조준 · 26

2장 처음 5년
또 한 번 타격을 받은 미국 · 36 / 미국도 궤도에 진입 · 40 / 우주의 활용 · 44 / 통신 혁명의 시작 · 54

3장 최초의 유인 우주선
보스토크 · 66 / 머큐리 계획 · 70 / 더 많아진 소련의 '최초 기록' · 74 / 보스호트 · 78 / 최초의 우주 유영 · 81 / 제미니가 선두를 잡다 · 82

4장 달 착륙
달 궤도에서의 랑데부 · 90 / 아폴로 우주선 · 96 / 달 착륙선 · 98 / 소유스와 존드 · 106 / 소련의 달 착륙 계획 · 108

5장 우주 발사체
역사적인 발사장들 · 124 / 냉전시대로부터 데탕트까지 · 130 / 우주로 향하는 미사일 · 133 / 델타의 성장 · 138 / 새로운 발사체들 · 143 / 우주의 다른 나라들 · 146

6장 우주 왕복선
탑재물 용량 · 155 / 유일한 추력 보강용 로켓 · 166 / 우주 왕복선의 추진 기관 · 171 / 고성능 자세 제어 우주선 · 175 / 로봇 팔 · 177 / 지구로의 귀환 · 178

7장 우주 정거장
미국의 스카이랩 · 189 / 소련의 우주 정거장 · 196 / 살류트 1호 · 198 / 우주의 스파이들 I · 202 / 민간용 살류트 · 203 / 미르의 성공 이야기 · 215 / 국제 우주 정거장 · 217

8장 오늘날의 인공위성
허블 우주 망원경 · 224 / 고출력 통신 · 237 / 스폿 위성의 지구 관측 · 243 / 인생 길과 같은 GPS · 247 / 세계의 기상을 본다 · 248 / 우주의 스파이들 II · 251

9장 우주 탐험
금성의 구름 통과 · 258 / 달을 향한 임무들 · 265 / 화성 탐사 · 272 / 거대한 행성으로의 여행 · 278 / 고리를 가진 행성으로의 여행 · 282 / 혜성 기단 · 284 / 소행성 궤도선 · 287

10장 미래의 우주선
우주 왕복선의 개량 · 295 / 새로운 우주 왕복선 · 296 / 로턴 · 301 / 첫 혜성 착륙선 · 302 / 화성에 선 인류 · 308 / 인공지능 우주선 · 310 / 수중 로봇 · 315

역자의 말 · 318

contents

1장 시작
V2 로켓의 탄생 · 10 / 복수 무기 · 14 / '우주 비행의 아버지' 치올코프스키 · 17 / '우주경쟁'의 시작 · 20 / 우주를 향한 조준 · 26

2장 처음 5년
또 한 번 타격을 받은 미국 · 36 / 미국도 궤도에 진입 · 40 / 우주의 활용 · 44 / 통신 혁명의 시작 · 54

3장 최초의 유인 우주선
보스토크 · 66 / 머큐리 계획 · 70 / 더 많아진 소련의 '최초 기록' · 74 / 보스호트 · 78 / 최초의 우주 유영 · 81 / 제미니가 선두를 잡다 · 82

4장 달 착륙
달 궤도에서의 랑데부 · 90 / 아폴로 우주선 · 96 / 달 착륙선 · 98 / 소유스와 존드 · 106 / 소련의 달 착륙 계획 · 108

5장 우주 발사체
역사적인 발사장들 · 124 / 냉전시대로부터 데탕트까지 · 130 / 우주로 향하는 미사일 · 133 / 델타의 성장 · 138 / 새로운 발사체들 · 143 / 우주의 다른 나라들 · 146

6장 우주 왕복선
탑재물 용량 · 155 / 유일한 추력 보강용 로켓 · 166 / 우주 왕복선의 추진 기관 · 171 / 고성능 자세 제어 우주선 · 175 / 로봇 팔 · 177 / 지구로의 귀환 · 178

7장 우주 정거장
미국의 스카이랩 · 189 / 소련의 우주 정거장 · 196 / 살류트 1호 · 198 / 우주의 스파이들 I · 202 / 민간용 살류트 · 203 / 미르의 성공 이야기 · 215 / 국제 우주 정거장 · 217

8장 오늘날의 인공위성
허블 우주 망원경 · 224 / 고출력 통신 · 237 / 스폿 위성의 지구 관측 · 243 / 인생 길과 같은 GPS · 247 / 세계의 기상을 본다 · 248 / 우주의 스파이들 II · 251

9장 우주 탐험
금성의 구름 통과 · 258 / 달을 향한 임무들 · 265 / 화성 탐사 · 272 / 거대한 행성으로의 여행 · 278 / 고리를 가진 행성으로의 여행 · 282 / 혜성 기단 · 284 / 소행성 궤도선 · 287

10장 미래의 우주선
우주 왕복선의 개량 · 295 / 새로운 우주 왕복선 · 296 / 로턴 · 301 / 첫 혜성 착륙선 · 302 / 화성에선 인류 · 308 / 인공지능 우주선 · 310 / 수중 로봇 · 315

역자의 말 · 318

1장
시작

• • •

우주 탐험에 대한 인류의 꿈은 1926년 3월 16일, 미국 매사추세츠 주의 오번(뉴욕 중부도시)에서 시작되었다. 미국의 로켓 과학자 로버트 고다드는 세계에서 첫 번째로 액체연료 로켓을 발사했다. 그 로켓은 시속 100km의 속도로 2.5초 동안 56m 높이까지 날았다. 이로써 고다드는 첫 번째 우주 개척자가 되었다.

왼쪽: 1942년 10월 3일 페네뮌데에서 성공적으로 첫 발사되는 V2 미사일. 이 로켓은 192km까지 비행하였다. 2차 세계 대전 중 2,700기 이상의 V2가 발사되었다.

오른쪽:1926년 3월 16일 미국인 로버트 허친스 고다드가 매사추세츠 주 오번에서 발사한 세계 최초의 액체 추진제 로켓. 이 로켓은 시속 100km의 속도로 56m를 비행하였다.

"원칙적으로 로켓은 추력을 만들기 위해 공기에 의존하지 않는다. 그런 점에서 높은 고도에 도달하는 데 이상적이다."

로버트 고다드, 초고도에 도달하는 방법, 1920.

오늘날의 시각에서 보면 이것은 그리 대단한 업적은 아니다. 하지만 우주 탐험용 로켓으로 화약과 같은 고체 추진제가 아닌, 조종이 가능한 액체 추진제를 사용한 것은 중요한 진전이었다. 군용 로켓이나 불꽃놀이에 사용되는 고체연료는 너무 무겁기 때문에 성능이 좋은 로켓을 만들기가 힘들다. 하지만 액체 추진 연료를 사용하면 현실적으로 고성능 로켓을 만들 수가 있고 사용이 편리하다. 고체연료는 한번 불이 붙으면 타는 것을 제어하기가 어렵다. 그에 비해 액체연료는 밸브와 펌프를 통해 연료의 양을 조절할 수 있어서 발사를 중지시켰다가 다시 시작할 수 있다. 1903년, 로켓 성능 조사로 시작한 로버트 고다드 박사의 로켓 연구는 1926년, 로켓 발사 성공으로 절정에 이르렀다. 그는 몇 가지 제안을 했다. 액체 추진체인 액체산소[1]-액체수소[2]를 이용하는 로켓의 일반적인 이론, 다단 로켓, 카메라를 실은 행성 탐사 로켓, 이온 추진 로켓까지도 이에 포함시켰다. 그의 구체적인 연구 개발은 1912년부터 1916년 사이에 진행되었다. 이 연구 내용은 스미스소니언연구소에서 출간한 《극한 고도에 도달하는 방법》(1919. 12.)에 기록되어 있다.

이 논문은 로버트 고다드 박사가 현대 로켓과 우주 비행의 본질을 얼마나 잘 이해하고 있었는지를 보여준다. 그는 '원칙적으로 로켓은 추력을 만들기 위해 공기에 의존하지 않는다. 그런 점에서 높은 고도에 도달하는 데 이상적이다'라는 편지를 썼다. 1914년 7월 7일, 고다드는 특허국으로부터 그동안 연구한 로켓에 대한 특허를 받았다. 그때 받은 2개의 특허권에는 로켓에 대한 중요한 몇 가지 원리가 담겨 있다. 첫째, 노즐[3]이 부착된 연소실을 사용해 로켓의 속도를 빠르게 하는 원리. 둘째, 고체 원료 혹은 액체 연료를 연소실에 끊임없이 공급해서 추력을 계속 만들어내는 원리. 셋째, 연료가 다 타면 로켓으로부터 빈 껍데기가 떨어져나갈 수 있도록 한 다단계 로켓 원리이다.

그는 처음에는 무연 화약 추진제를 사용해 실험했으나 곧 액체 추진제를 써서 실험하는 것으로 바꾸었다. 액체 추진제의 단위질량당 에너지가 고체 추진제보다 서너 배 더 크기 때문이었다. 그는 1923년 시험대에 고정시킨 엔진에 가솔린과 액체산소를 펌프로 공급해 불을 붙이는 데 성공했다. 이 성공은 3년 후인 1926년 로켓 발사 성공의 기초가 되었다.

로켓 발사 준비는 빠르게 진행되어갔다. 1929년, 그는 구겐하임 카네기연구소에서 받은 연구 지원 자금으로 개발한 카메라와 관측기구를 로켓에 실어 발사했다. 로켓 발사 시험을 계속하기 위해 그는 1930년에 뉴멕시코의 로즈웰로 이사했다. 도시 근처에서 로켓 실험을 하는 것은 위험하다는 이유

[1] 액체산소 : 공기 중의 산소를 많이 모아 압력을 가하고 온도를 영하 183도까지 낮추어 액체 상태로 만든 것.

[2] 액체수소 : 액체산소와 마찬가지로 공기 중의 수소를 많이 모아 압력을 가하고 온도를 영하 217도까지 떨어뜨려 액체 상태로 만든 것.

[3] 노즐 : 로켓 엔진 뒷부분에 있는 분사 구멍. 가스의 분사속도를 빠르게 하는 장치.

●●●
아래:로버트 고다드는 현대 로켓의 개척자로 인식된다. 그는 독특한 기술을 이해하여 연소실에 액체 추진제를 조절해 넣는 장치를 고안해낼 수 있었다.

[4] 헤르만 오베르트Hermann Julius Oberth 1894.6.25~1989.12.29 : 독일의 로켓 공학자. V-2호 개발에 참가했고, 월면용 자동차를 연구했으며, 로켓 및 미사일 연구도 했다. 저서로는 《행성 공간으로의 로켓》이 있으며, 우주여행의 기초 이론을 확립했다.

로 매사추세츠 주에서 쫓겨나, 하는 수 없이 어느 후원자의 도움을 받아 미국 남부 사막 지대인 뉴멕시코 주 로즈웰에 있는 에덴 계곡에 실험실과 발사장을 세워야 했다.

로버트 고다드 박사는 로즈웰로 근거를 옮겨 로켓을 발사한다. 그 첫번째 로켓은 길이가 3.35m에 액체산소와 가솔린을 엔진의 추진제로 사용하여 609m 높이까지 올라갔다. 그는 로켓 제어기술과 안정화 원리를 완벽하게 습득하여 2,289m 높이까지 올리는 데 성공했다. 그의 연구 중에서 가장 중요한 점 중 하나는 자이로스코프를 이용해 로켓이 비행중 미리 정한 비행 진로로 안정적인 자세를 유지하며 비행하도록 유도한 것이다. 1932년 4월 19일, 처음으로 안정적인 로켓이 발사되었다.

1930년부터 1935년 사이에 고다드 박사는 진자와 자이로스코프를 엔진의 배출가스 조종날개(Vanes)와 연결해 로켓의 배출가스 방향을 조종함으로써 로켓의 비행 자세를 안정시키는 방법을 실험하였고, 실험을 거듭할수록 더 성공적인 결과를 가져왔다. 이 무렵 미국 정부는 고다드 박사의 연구보다 원자폭탄과 재래식 무기에 더 관심이 많았다. 그런데 주목할 만한 진전은 다른 곳에서 이루어지고 있었다.

V2 로켓의 탄생

다른 곳에서도 우주시대를 여는 수많은 시도들이 있었다. 1927년 6월 5일, 헤르만 오베르트Hermann Oberth[4]는 독일의 브레슬라우에서 우주여행협회(Verein für Raumschiffahrt:VfR)를 설립했다. 1년 후, 우주여행협회는 액체산소와 등유로 추력을 만드는 로켓을 성공적으로 시험 발사했다. 나중에는 베를린 근처 라이니켄돌프 로켓 발사장에서 '최고로 작은 로켓'(Minimum Rakete)이라는 뜻의 줄임말인 미라크Mirak를 발사했다. 미라크 로켓은 여러 가지 문제점이 많았다. 그래서 개발자 중 한 명인 윌리 레이는 이 로켓에 '실패를 잘한다'라는 뜻으로 '레풀조' Repulsor라는 별명을 붙였다. 미라크 3호를 만든 이후로는 모두가 미라크 대신 레풀조라고 불렀다. 1932년, 레풀조의 시험비행은 베를린에서 남쪽으로 100km 떨어진 쿰머스도르프에 주둔한 독일 육군에서 이루어졌다.

이듬해인 1933년에 히틀러는 권력을 장악했다. 곧 나치의 비밀경찰은 VfR 활동 내용과 각종 실험 기록과 장비 등을 조사하기 시작했다. 전쟁 무기로서의 로켓의 이용 가능성에 주목하였던 것이다. 한편 로켓 개발 상황이 외부에 공개될 것을 염려해 재정적인 압박을 가했다. 나치는 1930년대 후반에 헤르만 오베르트의 우주여행 연구에 대한 재정지원을 줄였다. 해외의 로켓 연구 그룹들과 교류하게 될 것을 염려했기 때문이다.

초기 로켓 개발은 인상적이지 못했지만, 나치 지도자 아돌프 히틀러는 로켓의 군사적 잠재 이용가치를 깨닫고 흥미를 가졌다. 히틀러는 군사적 이용을 위해 오베르트 그룹의 연간 연구비를 8만DM(독일 마르크화)에서 1,100만DM 이상으로 올려주었다. 오베르트 그룹은 로켓 기술 중 3가지 난제인 엔진의 균일한 작동, 엔진 부품의 냉각, 엔진의 안정화를 해결하기 위해 열심히 연구에 매달렸다.

1930년 12월 12일, 독일 육군은 특수 분야를 연구할 육군 무기국을 설립하고 책임자로 발터 도른베르거Walter Dornberger 대위를 임명했다. 발터 도른베르거 대위는 공학박사이자 로켓 연구자였지만, 독자적으로 실험을 할 정도는 아니었다. 그래서 발터 도른베르거 대위는 VfR(우주여행협회)의 로켓 발사 시험장을 여러 번 방문한 끝에 베르너 폰 브라운을 연구원으로 발탁했다. 이때가 1932년 11월 1일이었다. 폰 브라운은 열여덟 살 때 이미 우주여행협회에 가입해 왕성한 활동을 했고, 오베르트 박사의 조수로까지 선발되어 연구와 실험을 도우며 많은 것을 배운 로켓 연구가였다. 1933년, 이들은 첫 번째 로켓인 A-1을 개발했다.

독일 V2의 이정표

날짜	개발
1942년 6월 13일	페네뮌데에서 A4 로켓 첫 발사 시험.(실패)
1942년 10월 3일	V2가 성공적으로 첫 발사돼 192km를 비행함.
1943년 2월 17일	10번째 V2 로켓이 193km를 비행함.
1943년 5월 - 6월	폴란드의 블리즈나에서 100발 이상의 V2가 시험 발사되어 그 가운데 1/10은 발사에 실패함.
1944년 9월 8일	첫 V2가 발사되어 파리 교외에 떨어져 폭발하고, 몇 시간 뒤 또 다른 V2가 런던에도 명중함.
1945년 5월 8일	전쟁이 끝날 때까지 1,115기의 V2가 런던으로 발사되었고 1,675기의 V2가 유럽 대륙의 목표물에 발사됨.
1945년 12월	페이퍼클립 작전의 일부로 독일의 V2 로켓 과학자들이 미국에 도착하였고 나머지는 러시아로 감.

오른쪽:1944년 9월 8일 런던과 파리를 겨냥하여 첫 발사되는 V2 미사일. 영국 수도의 치스위크에 명중하여 3명이 사망하고, 10명 이상이 부상당하였다.

이 A-1 로켓은 추진제인 액체산소와 알코올의 무게가 300㎏이나 되었고, 머리 부분이 너무 무거워서 무게 중심의 균형이 잘 맞지 않았다. 이 때문에 발사에 실패했다. 이 로켓은 폰 브라운에 의해 재설계되어 A-2가 됐고, 1934년에 성공적으로 발사되어 최소한 2.5㎞ 고도까지 상승했다. 1933년에 시작한 로켓 연구는 A-1, A-2, A-3, A-5 로켓에 이어 1942년 A-4 로켓까지 개발되었다. 여기서 A는, 로켓이 비행 방향 유도와 연소 조종 등을 위한 장치들이 내장되어 있는 복합기

계란 뜻의 Aggregate의 머리글자 A를 딴 것이다.

이 실험 성공에 고무된 독일 육군은 더 많은 연구비를 로켓 연구에 투입했고, 결과적으로 더 강력한 A-3 로켓이 탄생했다. A-3 로켓은 엔진의 분출구 끝에 흑연으로 만든 작은 날개를 만들어 붙임으로써 배기가스 방향을 바꾸어 로켓의 비행 방향을 조정할 수 있게 하는 3축-조종 안정화 등 획기적인 고안을 포함하고 있었다. 연구비가 늘어남에 따라 노드하우젠 근처에 12,000명이 근무하는 공장이 들어섰고 1937년 발틱 해 연안 우세돔 섬의 작은 어촌 페네뮌데에 로켓 발사장이 만들어졌다. 쿰머스도르프는 베를린에서 너무 가까워 로켓을 발사하면 베를린 시내에서 다 볼 수 있었다. 그러다 보니 보안이 문제가 되었고, 게다가 연구 진척으로 새로운 시설이 많이 필요하게 되어 페네뮌데로 옮긴 것이다. A-3 로켓이 여러 지역에서 산발적으로 행한 실험에 성공할 즈음 A-4 로켓 설계가 시작되었다. 그런데 A-3 로켓이 실제로 비행을 못하게 되자 유도장치만 실어서 실험하기 위해 별도로 A-5 로켓을 제작했다. 1939년 A-5 로켓이 페네뮌데에서 성공적으로 발사되었다. 이 모든 연구는 약 640km 떨어진 목표에 749kg의 폭탄을 정확하게 운반할 수 있는 장거리 로켓을 개발하는 데 초점을 맞추었다. 이것이 바로 A-4 로켓이다. A-4 로켓은 1942년 시험 발사에 성공했다. 이 로켓은 제2차 세계대전이 거의 끝날 무렵에 전투에 투입됐음에도 불구하고 가장 파괴적이고 살인적인 무기 중의 하나인 V2로 더 잘 알려지게 되었다.

무게 5.5톤의 A-4 로켓은 25톤의 추력을 68초 동안 발생시킬 수 있는 능력을 갖추고 있었다. 이 로켓은 액체산소와 알코올을 사용한 엔진으로 추력을 만드는데, 이때 노즐과 연소실의 냉각기 속을 연료가 통과하면서 냉각한 뒤 연소실로 분사된다. 이 과정을 거친 뒤 고다드의 로켓처럼 흑연으로 만든 작은 날개로 배기가스를 내뿜으며 안정된 비행을 했다. 이 로켓은 1942년 10월 3일, 세 번째 발사에서 85km 이상 상승해 페네뮌데에서 200km 정도를 비행하는 데 성공했다.

페네뮌데 연구소장인 발터 도른베르거 대위는 "오늘, 우주선이 태어났습니다"라고 말했다. 독일 기술자들은 2단 로켓을 제작한 후, 지구 대기권 밖과, 심지어는 달에까지 로켓을 발사하려는 희망으로 우주를 향한 웅대한 연구를 준비하고 있었다. 그러나 이 목적은 전쟁을 속히 끝내야 하는 더 긴급한 요구 때문에 한쪽 편에 밀려 있었다.

"오늘, 우주선이 태어났습니다."

1942년 10월 3일 A4 로켓의 성공적인 비행 후 페네뮌데 연구소장인 발터 도른베르거 대위.

A9 동력장치

A9 미사일. 1945년 첫 발사돼 시속 4,320km 속도로 고도 90km까지 도달했던, 날개 달린 원형 미사일. 이 로켓은 V2 기술을 기본으로 하여 연소실의 성능을 더 높인 것이다.

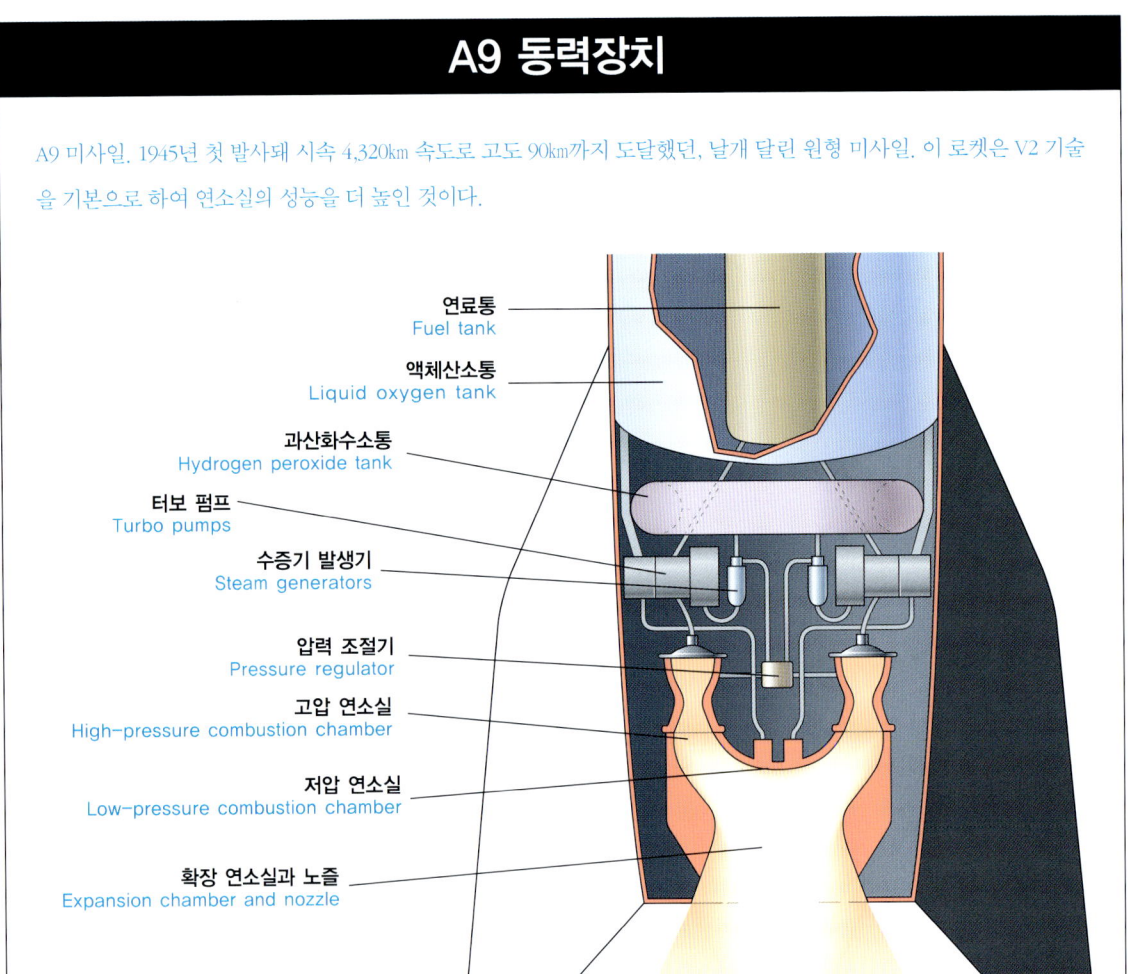

복수 무기

V2는 과학 탑재물 대신 폭탄과 폭약을 실었다. 1944년 9월 8일, 첫 번째 V-2는 파리를 향해 발사되었다. 같은 날 다른 V2는 오후 6시 44분, 런던의 치스위크에 벼락 떨어지는 소리를 내며 떨어져 3명을 죽이고 10명에게 상처를 입혔다. 16초 후 또 다른 V2가 영국 에핑 숲 가까이에 떨어져 많은 통나무 오두막들을 부수었다. 9월 17일까지 로켓은 10일 동안 대략 하루에 2발 정도씩 계속해서 런던 부근에 26발이 떨어졌다. 뿐만 아니라 전쟁이 끝날 때까지 2,789기의 V2가 영국과 유럽으로 발사된 것으로 추정된다.

한편, 페네뮌데의 기술자들은 V2보다 추력이 더 강력하고 큰 첫 번째 대륙간 탄도탄(ICBM)의 시제품을 개발하고 있었다. 이 미사일 개발이 성공해 미국 본토

V2 로켓

V2의 엔진은 25톤의 추력을 63초 동안 발생한다. 로켓은 액체산소와 알코올이 엔진에서 연소할 때 만들어진 힘으로 추진되며 1톤의 폭탄을 실을 수 있다. A4 연구용 로켓과 같은 이 로켓은 1942년 10월 성공적으로 첫 비행을 하였다. 개발 책임자는 V2 미사일이 하늘 높이 85km까지 상승했을 때 "오늘 우주선이 태어났다"고 말하였다.

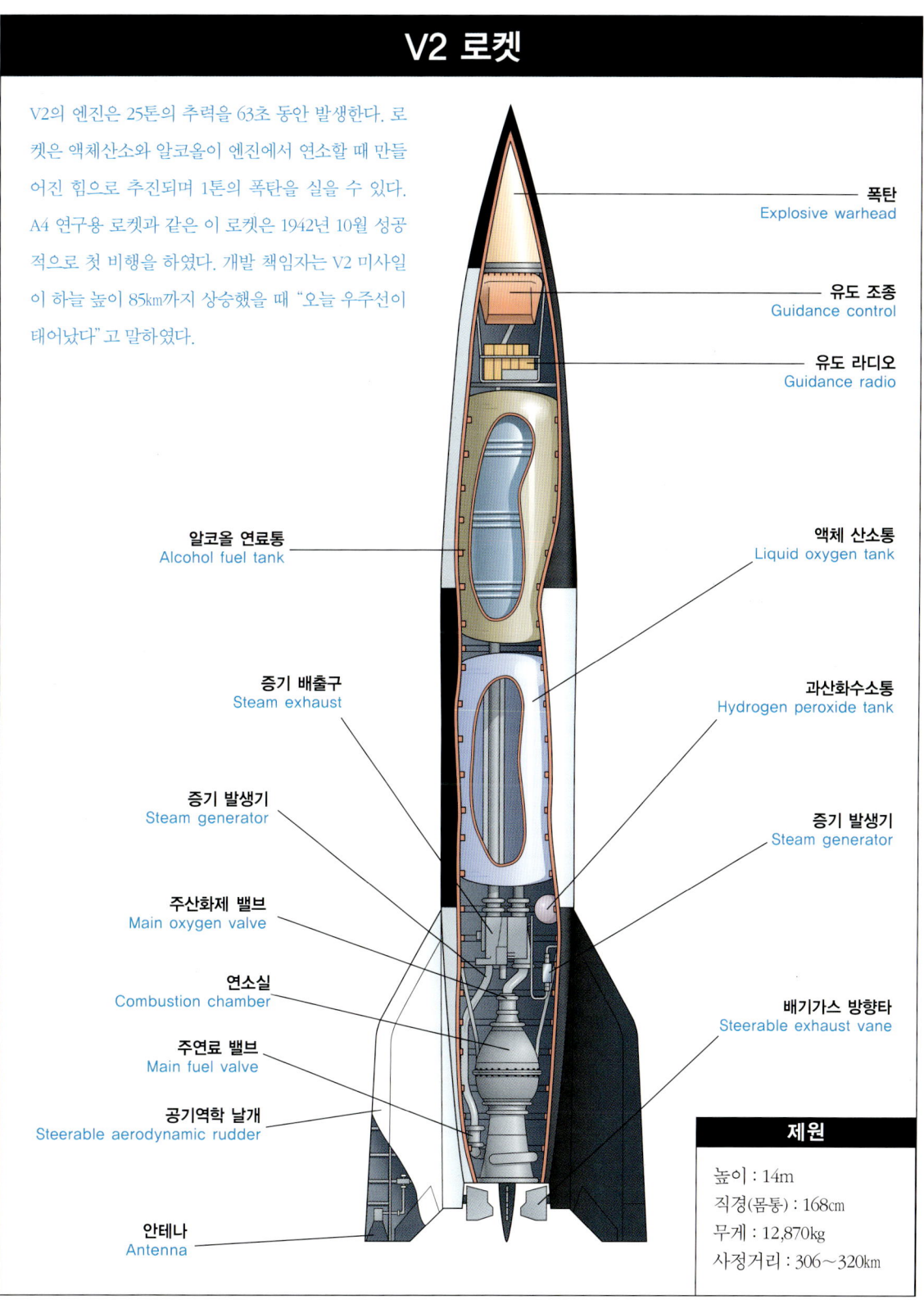

폭탄
Explosive warhead

유도 조종
Guidance control

유도 라디오
Guidance radio

액체 산소통
Liquid oxygen tank

알코올 연료통
Alcohol fuel tank

과산화수소통
Hydrogen peroxide tank

증기 배출구
Steam exhaust

증기 발생기
Steam generator

증기 발생기
Steam generator

주산화제 밸브
Main oxygen valve

연소실
Combustion chamber

배기가스 방향타
Steerable exhaust vane

주연료 밸브
Main fuel valve

공기역학 날개
Steerable aerodynamic rudder

안테나
Antenna

제원

높이 : 14m
직경(몸통) : 168cm
무게 : 12,870kg
사정거리 : 306~320km

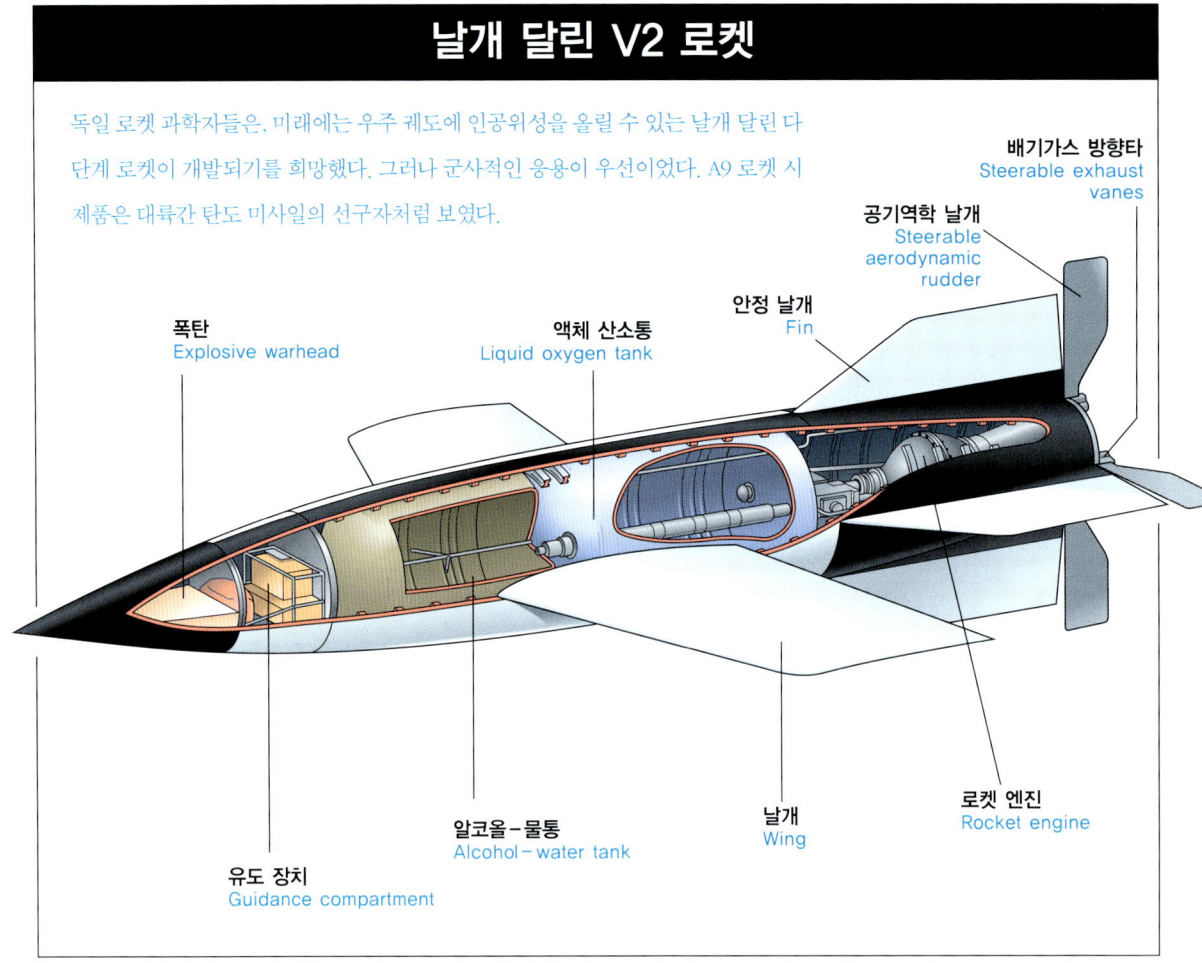

날개 달린 V2 로켓

독일 로켓 과학자들은, 미래에는 우주 궤도에 인공위성을 올릴 수 있는 날개 달린 다단계 로켓이 개발되기를 희망했다. 그러나 군사적인 응용이 우선이었다. A9 로켓 시제품은 대륙간 탄도 미사일의 선구자처럼 보였다.

- 배기가스 방향타 Steerable exhaust vanes
- 공기역학 날개 Steerable aerodynamic rudder
- 안정 날개 Fin
- 폭탄 Explosive warhead
- 액체 산소통 Liquid oxygen tank
- 알코올-물통 Alcohol-water tank
- 날개 Wing
- 로켓 엔진 Rocket engine
- 유도 장치 Guidance compartment

5 부스터 로켓 booster rocket : 우주선을 지구 궤도나 그 너머로 쏘아올리기 위해 특별히 설계된 추력보강용 로켓.

6 피기백 Piggyback : 모(母) 항공기 기체 위에 자(子) 항공기를 실어 공중수송하는 것.

에 로켓 폭탄을 발사했다면 독일의 운명이 바뀌었을지도 모른다. 1945년 1월 24일, 날개가 달린 A-9 기본형 로켓이 성공리에 발사되어 90km까지 상승했으며 최대 속도는 시속 4,320km였다.

폰 브라운과 그의 기술자들은 군사용 로켓을 개발하고 있었지만 오늘날의 우주 왕복선처럼 재사용할 수 있는 추력보강용 로켓[5]을 달고 피기백[6] 스타일(여러 번 재사용할 수 있는)로 비행하는 날개 달린 로켓을 개발하겠다는 꿈을 갖고 있었다. 또 다른 개발 계획들 중에는 시속 28,800km 속도까지 도달할 수 있도록 조종사가 직접 조종하는 다단계 로켓도 포함되어 있었다. 폰 브라운은 이 속도로 로켓을 발사하면 '중력과 원심력이 서로 균형이 잡혀 지구로 되돌아오지 않을 것'이라고 했다. 즉, 이 로켓이 지구 궤도에 진입하는 인공위성이 된다는 것이다. 만약 제2차 세계대전에 끝나지 않았다면 아마 독일이 우주시대를 이끌어갔을 것이다.

한편, 제2차 세계대전이 끝난 후 미국과 독일 기술자들이 함께 로켓을 개발할 때 소련도 열심히 우주시대를 앞당길 연구를 하고 있었다. 그러나 그들의 일은 거의 외부에 알려지지 않았다.

'우주 비행의 아버지' 치올코프스키

러시아의 콘스탄틴 치올코프스키는 '우주 비행의 아버지'이다. 그는 액체수소와 액체산소를 혼합한 연료로 뜨거운 가스를 배출하고 그 노즐 끝에 분사가스 방향을 조정할 수 있는 방향판을 설치하는 실용적인 액체 추진제 조종 로켓 이론에 대한 많은 논문을 발표했다. 그는 스물여섯 살 때인 1883년에 로켓이 우주의 진공 속에서 작동할 수 있다고 생각했다. 반작용에 의한 비행을 착상한 것이다. 즉, 로켓의 분출가스가 공기에 부딪쳐 앞으로 추진되는 것이 아니라 로켓의 노즐로 배출되는 가스의 힘으로 추진된다는 것이다. 비록 지금은 잘 알려진 사실이지만, 당시로서는 쉽게 생각할 수 없는 획기적인 생각이었다. 치올코프스키는 우주여행에 필요한 계산과 액체 추진제 우주선의 진보한 개념에 대해 이론적인 연구를 계속했다. 1903년에는 로켓을 설계하기까지 했다. 액체수소와 액체산소를 혼합한 뒤 폭발할 만큼 뜨거운 가스가 되어 노즐을 통해 방출될 때 추력을 얻는 로켓이었다. 그는 계속해서 연구를 하였고, 다양한 종류의 추진제를 사용하는 로켓을 구상했다. 또한 로켓 조종을 위해 배기가스 배출구 안에 방향판을 사용하는 것과, 날고 있는 로켓을 안정시키기 위해 회전식 플라이휠인 자이로스코프의 사용도 고안했다. 또 다른 혁신적인 고안은 다단계 로켓에 대한 개념이다. 그는 다단계 로켓의 비행 원리를 단계별로 보여주었다. 로켓의 추진제를 1단, 2단, 3단으로 나누어 실었다가 추진제를 다 사용한 로켓의 단을 떼어내면서 무게를 줄이면 보다 빠르게 치솟아 오르며 지구 중력을 이길 만큼 속도를 낼 수 있는 것이다. 이처럼 다단계 로켓은 단일 로켓보다 가벼워서 지구 중력을 넘어 우주 공간으로 쉽게 진입할 수 있다. 치올코프스키

●●●
위:러시아의 콘스탄틴 치올코프스키는 '우주 비행의 아버지'로 불린다. 소박한 학교 선생님의 초기 로켓 이론은 러시아의 첫 액체 추진제 로켓 엔진을 개발하도록 이끌었다.

세르게이 코롤로프 Sergei korolev

2차 세계대전 이전에 코롤로프라는 이름은 생소한 이름이었다. 소련 로켓 엔진의 개발 성과들이 전 세계에 알려졌을 때도 그의 이름은 철저히 베일에 가려져 있었다. 그의 이름은 사후에야 알려지게 되었다. 1966년 1월 14일, 사망 후 10년 동안 그는 단순히 '수석 설계사'로만 알려져 있었다. 그러나 그는 대륙간 탄도탄(ICBM) 스푸트니크 1호와 루니크를 발사했으며, 유리 가가린에게 "1961년 이제 최초의 사람이 블록 하우스(발사대 근처 지하에 있으며 로켓 발사를 지휘하는 곳)로부터 우주로 여행한다"고 말하였던 것이 드러났다. 그가 죽은 뒤 오랫동안 우주시대 한 영웅의 이름은 알려지지 않았다.

코롤로프는 1907년 12월 30일 우크라이나에서 태어났고 초기 소련의 비행기와 글라이더 디자이너로, 그리고 항공기 회사의 시험 비행사로 일하였다. 1932년 그는 GIRD의 설계와 생산부의 관리를 맡았고, 그의 그룹은 액체 추진제 로켓 엔진의 개발 책임을 맡아 나중에는 RNII(과학적인 로켓 연구소)의 한 부서가 되었다. 코롤로프는 1934년 《성층권에서의 로켓 비행》이라는 책을 썼는데, 이 책은 로켓 추진 글라이더나 비행기 개발을 도왔다. 그는 나중에 진보된 형태의 V2 로켓을 개발하는 책임을 맡았다.

위: 세르게이 코롤로프 1932년 로켓연구 및 개발 센터(GRID)의 설립을 도왔고, 후에는 카자흐스탄 근처의 티우라탐 부근 비밀 기지에서 첫 대륙간 탄도탄 개발을 지휘하였다.

코롤로프는 티우라탐Tyuratam이라고 불리던 카자흐스탄 철도역 부근의 황량한 대초원에서 1954년에 개발 승인을 받은 대륙간 탄도탄을 설계하였다. 극한적인 겨울 추위와 여름 더위 속에서도 그는 시험실과 오두막에 살면서 연구를 계속 하였다. 코롤로프는 러시아의 케이프 커내버럴Cape Canaveral과 같은 바이코누르Baikonur 우주 센터에서 개발을 시작하였는데, ICBM의 성공적인 발사 후에 스푸트니크 1호의 발사와, 그리고 거의 모든 새로운 로켓과 유인 및 무인 우주선 등의 개발 책임을 맡았다. 이것은 우주 개발 역사의 몇 안 되는 대단히 획기적인 사건이었다. 코롤로프는 또한 처음으로 우주 비행을 시도한 젊은 시험 조종사들로 이루어진 소련 우주 비행사 팀의 아버지였다.

교수는 로켓의 속도가 초속 8km에 도달하면 원심력이 지구의 중력을 이길 것이고, 로켓은 지구 궤도에 진입해서 연속적으로 돌게 될 것이라고 예측했다.

소련의 로켓 기술자들은 치올코프스키의 초기 로켓 이론들을 실행에 옮겼다. 소비에트 사회주의 공화국 연방 성립 후 6년이 지난 1928년, 레닌그라드 가스역학연구그룹Leningrad Gas Dynamics Laboratory ; GDL이 발족되었다. 군의 고체 추진제 로켓을 좀 더 발전시키기 위한 목적이었다. GDL은 액체 추진제와 단일 추진제 로켓 개발을 시작했다. 1931년에 첫 번째 액체 추진제 로켓 엔진 ORM 1의 지상실험이 있었다. 40번 이상 실험을 한 후 가솔린과 질산을 포함한 다른 종류의 추진제를 사용하는 다음 단계의 ORM 엔진, 즉 연소실과 같은 엔진의 중요 부품들에 대한 연구가 시작되었다.

1931년, 액체 추진제 엔진 개발의 기본적인 연구를 하는 '반작용 추진 연구그룹' GIRD이 창설되었다. 1932년 소련 정부는 모스크바에 로켓 연구개발센터라고 불리는 GRID의 분소를 설립했다. 이 연구소 소장은 비행기 조종사이며 기술자인 세르게이 코롤로프 Sergei Korolev였다. 코롤로프 팀은 처음으로 액체산소와 겔 형태의 휘발유를 사용하는 일련의 액체 추진제 로켓을 개발했다. 거드 GIRD 9이라고 불리는 로켓은 1933년 8월 17일 발사되었고 약 1.5km까지 상승했다. 이 로켓은 결국 소련의 첫 번째 비행기 격추용 로켓이 되었다. 지금의 지대공 미사일과 같은 것이다. 두 번째 로켓인 거드 10은 소련에서 제대로 개발된 첫 번째 액체 추진제 로켓이었다. 1933년 11월 25일 발사되어 약 4.9km까지 상승했다.

크렘린은 로켓의 군사적 이용 가치를 깨닫고 실용화하기 위해 1934년에 가스역학연구그룹(GDL)과 거드 GIRD를 통합해 순환냉각식 추진기관연구소(RNII)를 설립했다. 1939년 RNII는 2단 하이브리드 로켓을 발사해 1.8km까지 올리는 데 성공했다. 이 무렵 제2차 세계대전이 발발했고, 이 모든 일은 비밀에 부쳐졌다.

●●●
아래 : 최초의 소련 로켓 거드 GIRD 09, 1933년 8월 17일 발사되어 1.5km의 고도까지 상승하였다. 1933년 11월 25일 발사된 또 다른 후속 모델인 거드 GRID 10은 4.9km까지 상승하였다.

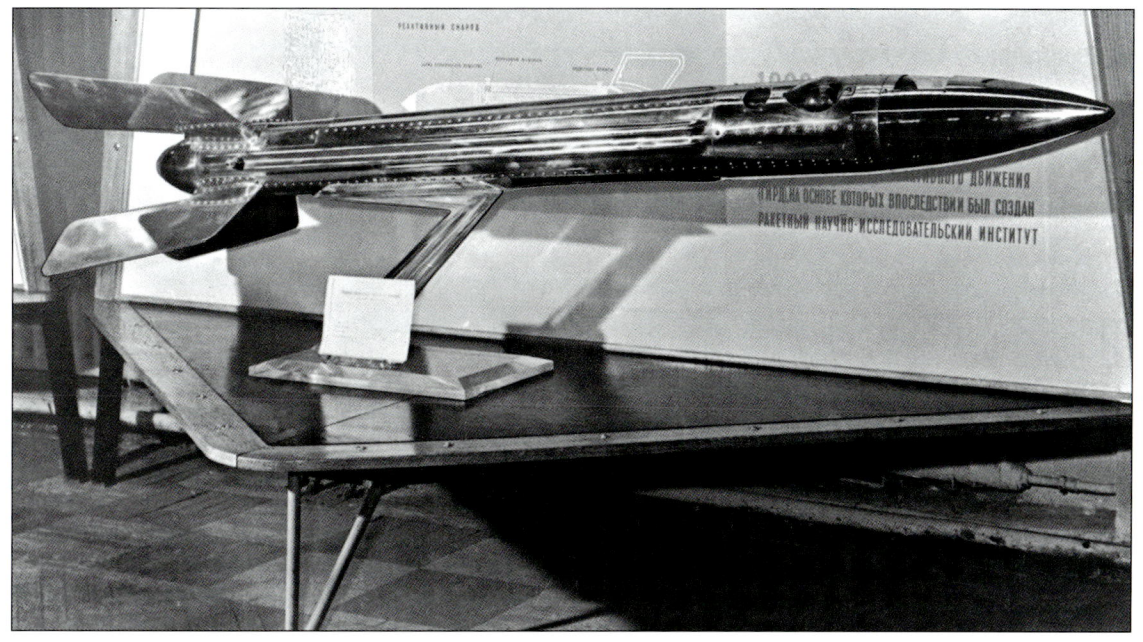

전쟁이 종반으로 치닫고 있을 때 폰 브라운은 훔친 기차에 500명을 태우고 미 육군 사단에 항복하였다. 폰 브라운과 126명의 페네뮌데 과학자들은 미국의 V2 로켓의 연구에 참여하기 위해 미국의 화이트 샌드에 자리잡게 된다.

소련의 로켓 개발은 제2차 세계대전 기간 동안 모두 중지됐지만, 작은 군용 미사일은 예외였다. 1945년 5월, 소련과 미국은 전후에 초강력 우주국이 되기 위해 페네뮌데에서 독일의 로켓연구 기술을 누가 더 많이 차지하느냐를 두고 양보할 수 없는 경쟁을 벌였다.

'우주경쟁'의 시작

1945년 5월 2일 미국, 영국, 소련 군대는 페네뮌데까지 진격했다. 이제 더 이상 페네뮌데는 로켓 개발 연구소가 아니었다. 연합군과 소련군은 로켓 연구 개발 연구자들과 로켓 도면, 그리고 로켓 부품들을 확보했다. 제2차 세계대전이 끝나고 독일의 V2 로켓과 그 기술은 미국, 소련, 프랑스, 영국, 중국에 전파되어 각국

페이퍼클립 Paperclip 작전

미국의 페이퍼클립 작전과 소련의 대응 작전은 두 강대국이 로켓에 대한 독일의 진보된 지식과 경험을 확보하려는 것으로, 우주 탐험 역사의 2대 중요 사건이 되었다. 발틱 해안에 있는 독일의 로켓 개발 및 발사 기지인 페네뮌데는 연합군에 의해 포위되었고, 전쟁은 깨끗하게 끝나가고 있었다. 베르너 폰 브라운은 동쪽의 붉은 군대가 아닌 미국이라면 어느 곳이라도 그의 로켓 팀과 함께 가겠다고 결심하였다.

미국 육군은 노즈하우젠 근처의 공장에 도착하였을 때 깜짝 놀랄 만큼 많은 수의 V2 미사일을 발견하였다. 곧 페이퍼클립 작전, 즉 완전한 V2 미사일과 과학자들을 안전하게 미국의 뉴멕시코에 있는 화이트 샌

위:베르너 폰 브라운.(오른쪽) 그의 팔은 모터사이클 사고 후에 석고로 싸서 고정되어 있다. 2차 세계대전이 끝날 무렵에 미국의 44사단에 항복하고, 그의 미국과 아폴로 여행이 시작되었다.

드 성능 시험장으로 옮기기 위한 작전이 시작되었다. 폰 브라운과 그의 팀원 몇 명은 미군 44사단에 항복하였고, 14톤의 V2 자료와 100대분의 로켓이 회수되었다. 그러나 미군은 전쟁 말미에 노즈하우젠이 소련의 지배 하에 있게 된다는 것을 알리지 않았고, 그래서 공장을 파괴하려는 시도도 하지 않았다. 이곳에 있던 V2와 문서들은 결국 몇 명의 기술자들과 함께 소련의 통제 아래 남게 되었고, 다른 V2 팀 일원은 도망갔다. 노즈하우젠에서 도망간 로켓 과학자들과 기술자들, 그리고 이미 항복하였던 과학자들에게는, 미국에서 일할 수 있는 계약이 제공되었다. 첫 번째 독일 V2 과학자들은 1945년 9월 20일 미국에 도착하였고, 1954년에 50명의 독일 기술자들이 미국에 귀화하여 앨러배마 기지로 옮겨 갔다.

의 미사일 개발과 우주개발용 로켓 개발의 모체가 되었다. 미국은 제2차 세계대전이 끝날 무렵, 독일의 로켓 과학자들과 로켓 관련 자료 및 로켓 부품을 얻기 위해 '페이퍼클립' 작전을 세웠다. 이 작전을 통해 미국은 페네뮌데에 제일 먼저 들어갔고 V2 로켓의 많은 부품과 자료, 그리고 120여 명의 핵심 로켓 과학자들을 얻었다. 이들은 후에 미국 최초의 인공위성을 발사한 레드스톤Redstone 로켓과 인간을 달에 보낼 때 사용한 길이 111m의 새턴 5형 달로켓을 개발하는 데 크게 공헌했다. 폰 브라운과 그의 페네뮌데 연구팀 대다수가 미국으로 망명했다. 그들은 미국의 뉴멕시코 화이트 샌드 미사일 시험장에서 과학연구용으로 새로 개발되는 V2 발사를 감독했고, 미 육군의 탄도 미사일 개발을 주도했다.

많은 V2 로켓이 초고층 대기를 연구하기 위한 각종 과학 탑재물을 싣고 발사되었다. 또한 미 육군이 개발해서 실험을 끝낸 1단계 로켓인 와크 코퍼럴 로켓과 V2 로켓을 연결해 2단 로켓을 만드는 '범퍼 와크'Bumper-Wac가 계획되었다. 이 계획은 고공에 탑재물을 올리고 다단계 로켓 시스템을 실험해보기 위한 목적을 갖고 있었다. 마침내 1948년 5월 13일 범퍼 와크 로켓은 과학 탑재물을 싣고 대기층 최상부로 발사되었다. 1949년 2월 29일 발사된 로켓은 390km까지 올라갔다.

1950년에, 악어와 모기가 득실거리는 플로리다 주의 바닷가 모래 사취(sand spit)에

아래:2대의 에어로비Aerobee 관측 로켓이 뉴멕시코 화이트 샌드로부터 동시에 발사되고 있다.

베르너 폰 브라운 Wernher von Braun 1912. 3. 23. ~ 1977. 6. 16.

최초로 달에 사람을 보내고 새턴5 로켓의 개발을 지휘한 사람은 베르너 폰 브라운이다. 그는 1912년 3월 23일 남작 매그너스 폰 브라운Magnus von Braun의 세 아들 중 둘째로 독일의 비르지츠Wirsitz에서 태어났다. 1932년, 베르너 폰 브라운은 기계공학 학위를 받고 로켓 엔진의 과학적인 조사를 위한 연구를 제안받게 된다. 폰 브라운은 독일 우주여행 로켓협회에 가입하고 독일 육군으로부터 400달러의 연구비를 받아 로켓 연구를 시작하였다. 그는 육군 대위 발터 도른베르거에게 깊은 인상을 주었고, 두 사람은 80명의 기술자 팀으로부터 도움을 받으며 1934년에는 쿰머스도르프에 로켓 센터를 설립하고 그곳에서 2개의 로켓을 성공적으로 개발하여 발사하였다. 후에 로켓 팀은 V2를 개발하기 위해 페네뮌데로 옮겼다.

전쟁이 끝날 무렵, 폰 브라운은 기차를 이용하여 500명의 사람들을 미국으로 가게 하였다. 이때 독일 비밀경찰은 V2 로켓 팀을 없애도록 명령하였다. 폰 브라운과 126명의 페네뮌데 과학자들은 미국 텍사스 주의 휘트 블리스Fort Bliss에 배치되어 화이트 샌드에서 미국형 V2 개발에 참여하였다. 1950년 그들은 앨러배마 헌츠빌로 이주하여 레드스톤 병기 연구소를 세우고 레드스톤 중거리탄도탄IRBM을 개발했다. 폰 브라운 팀은 결국 1958년 미국 최초의 인공위성인 익스플로러 1호를 발사한, 주피터-C라고 불리는 인공위성 발사 로켓인 레드스톤의 개량형을 개발하였다. 2년 뒤, 새로이 구성된 미항공우주국NASA은 헌츠빌에 마셜 우주 비행 센터를 설립하고, 폰 브라운 박사를 첫 소장으로 임명하였다.

마셜의 중요 프로그램은 아폴로 달 프로그램을 위한 달 로켓을 개발하는 것이었다. 그는 1970년 워싱턴 D.C.에 있는 NASA 본부의 계획을 담당하는 행정관으로 임명을 받았다. 그러나 NASA의 미래 우주 계획은 폰 브라운의 생각과는 달랐다. 그는 1972년 NASA를 사임하고 훼어차일드Fairchild사의 부사장이 되었다. 후에 그는 암에 걸려 1976년 훼어차일드사를 은퇴하고, 1977년 6월 16일 사망하였다.

위 : 독일 태생의 베르너 폰 브라운은 1969년 달에 사람을 처음 착륙시키기 위해 발사한 새턴5 달 로켓 개발을 이끌었다.

새로운 로켓 발사장이 운영되기 시작했다. 작은 규모의 과학 관측 로켓을 실험하기에는 '화이트 샌드'가 적합했으나 대형 다단계 로켓이나 탄도 미사일을 실험하기에는 적당치 않았기 때문이다. 이렇게 해서 새로운 장소로 선정된 곳이 우주시대와 동의어가 되어버린 케이프 커내버럴Cape Canaveral이다.

V2 기술에 기초해 개발된 또 다른 미국 로켓인 에어로비Aerobee도 성공적으로 초고층 대기 속으로 비행했다. 같은 시각 화이트 샌드에서는 과학자들이 초

미국에서의 V2

날짜	개발
1946년 1월 16일	미국형 V2가 제작되기 전, 미국의 고층 대기 연구 프로그램은 노획한 60기 이상의 독일 V2 로켓을 이용하여 시작됨. V2 기술을 이용하여 해군 연구 실험실에서 넵튠 고고도 로켓(후에 바이킹으로 이름 바뀜)을 개발할 때 응용 물리 연구실은 에어로비Aerobee 중고도형 로켓을 개발하였다.
1946년 3월 15일	미국에서 첫 조립된 V2, 화이트 샌드에서 지상 시험 실시.
1946년 4월 16일	미국에서 첫 조립된 V2가 발사됨. 7월의 5번째와 9번째 비행에서 180km를 넘는 새 고도를, 17번째 비행에서는 시속 5,760km의 속도를 기록함.
1946년 10월 24일	V2의 13번째 비행에서는 지구로부터 104km 위에서 활동사진을 촬영함.
1946년 12월 17일	V2가 185km 높이까지 상승하는 기록을 세움.
1947년 2월 20일	20번째 V2 발사, 곤충과 각종 씨앗을 넣은 상자를 고공으로 발사하여 방출시킨 뒤 우주선(Cosmic ray)에 노출시키고 낙하산으로 회수하는 블로섬 계획Blossom Project의 첫 비행.
1947년 3월 7일	미국 해군 V2로 180km 상공에서 처음으로 지구 사진 촬영.
1947년 9월 6일	항공모함 '미드웨이'로부터 V2를 발사하였으나 9.6km 상공에서 폭발.
1948년 2월 6일	V2 비행하며 112km까지 전자 조정 장치 시험.
1948년 5월 13일	미국의 와크 코포럴 로켓을 2단으로 부착한 V2를 화이트 샌드에서 발사하여 126km까지 비행.
1948년 9월 30일	범퍼 와크3는 143km까지 상승.
1949년 2월 24일	범퍼 와크를 화이트 샌드에서 발사하여 390km까지 상승하는 기록을 세움.
1949년 6월 14일	앨버트 2세 원숭이 태우고 V2가 132km까지 상승하였으나 로켓이 지상에 충돌하여 동물은 죽음.
1950년 7월 24일	범퍼 와크 8호 케이프 커내버럴Cape Canaveral에서 첫 발사.
1950년 7월 29일	범퍼 와크 7호 케이프 커내버럴에서 발사하여 음속 7배의 속도를 얻음.
1951년 10월 29일	미국에서 조립된 독일의 V2는 66기가 발사되었는데, 발사를 요약해 보면 8회는 범퍼 로켓과 같이 2단 로켓으로 발사되었고 2회는 케이프 커내버럴에서, 그리고 64회는 화이트 샌드에서 발사됨.

고층 대기와 우주 환경에 대해 더 많은 정보를 수집하기 위하여 미국 연구용 로켓인 바이킹[7]을 고도 252km까지 발사했다. 바이킹 로켓은 원뿔형 노즈콘에 과학 실험 기구를 실었다. 또한 로켓 엔진을 회전 고리 속에 설치하여 추력 방향을 조종하고 경량 추진제 탱크를 사용하는 등 나중에 군 미사일에 사용되는 여러 특정 기술들을 실험하였다.

7 바이킹Viking : 원래 이름은 바다의 신 넵튠Neptune이었다.

위:미국에서 조립된 첫 V2 로켓이 뉴멕시코 화이트 샌드에서 1946년 4월 발사되었다. 개량형은 2단으로 미국의 코포랄 미사일을 부착한 것이다. 개량형의 새 로켓을 범퍼 와크Bumper Wac라 불렀고, 1948년 처음으로 비행하였다.

한편 1945년 5월, 콘스탄틴 로코싸브스키Konstantin Rokossovsky 장군 휘하의 제2백러시아 육군도 페네뮌데를 점령했다. 또한 1945년 8월, 소련의 과학자 코롤로프는 붉은 군대의 대령으로 임명되어 페네뮌데로 향했다. 소련 군대가 텅 빈 페네뮌데 로켓 개발 현장을 접수한 것이다. 코롤로프에게 주어진 임무는 독일 팀들이 이룩했던 성과를 철저히 파헤치고 조사하는 것이었다. 1945년 9월, 그는 독일 땅을 밟았다. 폰 브라운이 떠난 지 넉 달 후였다. 경황 없이 연구 현장을 떠난 독일 과학자들은 방대한 분량의 논문, 장비, 부품 등을 많이 챙기지 못했다. 이렇게 해서 소련은 대형 로켓 개발의 기초 능력을 차츰 갖추게 되었다. 1946~1947년 사이에 소련에서 생산된 V2 로켓은 독일에서 얻었던 것보다 더 많았다. V2 로켓은 정기적으로 과학 탑재물을 싣고 지구의 대기권으로 발사되었다.

소련은 코롤로프의 지도 아래 예전 거드GIRD에서 근무했던 기술자들이 모여 T-1이라 불리는 소련형 V2 로켓을 빠르게 개발했다. 곧이어 130kg의 탑재물을 싣고 100km 가까운 높이까지 올라갈 수 있는 1단 지구 물리학 로켓을 개발했다. 또 다른 로켓 T-2는 79kg의 탑재물을 190km까지 올릴 수 있는 성능을 갖추었다. 1957년 7월 1일부터 1958년 12월 31일까지 국제적인 협력 아래 지구물리학 연

●●●
왼쪽:2개의 범퍼 와크 V2-코포랄 미사일이 대서양 해안가의 새 로켓 성능 시험장인 플로리다 주 케이프 커내버럴에서 발사되었다. 1950년 7월 24일, 커내버럴에서 범퍼 와크 8호가 처음 발사되었다.

구를 하는 국제지구관측년(International Geophysical Year ; IGY)이 열렸다. 이때 미국은 지구 관측을 위해 바이킹 로켓을 사용했고 소련은 T-2 로켓을 사용했다. T-2는 또한 소련의 중거리 탄도탄(IRBM)으로 대륙간 탄도탄의 기초가 되었다.

1957년까지 새로운 로켓 T-3가 개발됐고 로켓 기술은 크게 도약했다. 이 로켓은 무게 2톤 이상의 탑재물을 싣고 211km까지 올라갈 수 있었고, 실제로 세계 최초의 대륙간 탄도탄이 되었다. 이 부분에 있어서 소련은 다시 한 번 미국을 앞서가기 시작했다.

냉전시대에 서방과 소련 양측은 히로시마와 나가사키에서 효과적으로 제2차 세계대전을 끝내는 데 결정적인 영향을 미쳤던 핵무기 개발 기술을 갖고 있었다. 하지만 적의 영토에 무기를 나르는 것은 오직 대륙간이나 중거리 미사일, 혹은 장거리 항공기로만 가능했다. 미국과 소련 양국은 우주 과학 프로그램을 계속해서 발전시켰다. 몇몇 연구용 로켓은 성능이 무척 좋아서 회수 가능한 캡슐에 과학 실험기구와, 심지어는 동물들을 싣고 발사하기도 했다. 그러나 장거리 미사일을 개발할 필요가 있었다.

미국은 유사시 허슬러Hustler 폭격기를 이용해 소련에 핵폭탄을 떨어뜨릴 계획이었다. 그러나 소련은 대륙간 탄도탄의 개발로 나아갔다. 소련의 대륙간 탄도탄 개념은 1946년 초에 생겨났다. 소련 공군은 사정거리가 짧은 V2에만 의존해 미국과 대결할 수는 없다고 여겼고, 장거리 로켓의 중요성을 깨달았다. 중거리 탄도탄의 개발은 1949년에, 그리고 대륙간 탄도탄의 개발은 1954년에 정부의 승인을 받았다. 미국이 대륙간 탄도탄의 필요성을 깨달았을 때, 소련은 이미 첫 번째 대륙간 탄도탄의 시험 발사를 순조롭게 진행하고 있는 중이었다. 미국은 대륙간 탄도탄의 개발에 대한 첫 단계로써 폰 브라운의 V2 로켓 기술을 이용해 중거리 탄도탄인 '레드스톤'의 개발을 시작했다. 미국은 1954년까지도 176.5톤의 추력을 내는 '아틀라스 대륙간 탄도탄'의 개발을 시작하지 못하고 있었고, 케이프 커내버럴에서는 1957년 12월 17일까지도 첫 비행을 실시하지 못했다.

우주를 향한 조준

국제지구관측년(IGY)에 참가한 공식 비공식 국가는 70여 개 국가나 되었다. IGY의 주요 관측 종목은 기상, 지자기, 극광과 야광, 태양의 활동, 우주선(Spaceray), 위도와 경도, 빙하와 기후, 해양, 자장, 중력의 측정, 방사능 측정으로 극한 고도에서 관측하도록 되어 있었다. 이를 위해서는 과학 관측 로켓(Sounding rocket)을 이용해야 했다. 하지만 과학 관측 로켓으로는 지구의 한 부분을 짧은 시간 동안만 조사할 수밖에 없다. 그러니 인공위성을 발사해서 지속적이고 광범위한 관측을 하자는 제안이 많이 나왔다.

1955년 7월 23일, 미국의 아이젠하워 대통령은 기자들과 만난 자리에서 "미국은 IGY 계획의 일환으로 농구공만한 소형 인공위성을 지구 궤도에 발사할 계획을 세우고 있다"고 말했다. 곧이어 미 해군은 뱅가드Vanguard로 불리는 과학 연구용 로켓을 1957년에 발사하겠다고 발표했다. 뱅가드 로켓은 화이트 샌드에서 12번의 준準궤도 비행을 실시한 과학 관측 로켓 '바이킹'을 기본으로 하고 있었다. 소련도 인공위성을 발사하겠다고 발표했다. 그러나 서방에서는 소련의 로켓 개발 기술이 미국에 많이 뒤처질 것이라 여겨 별다른 관심을 갖지 않았다. 당연한 일이었다. 소련은 비밀리에 로켓을 개발했기 때문에 아무도 알 수 없었다. 한편 미국에서는 육군, 해군, 공군이 각각 미사일을 개발하고 있었다. 당시 육군 로켓 연구팀은 폰 브라운을 포함해 독일 로켓 과학자들로 이루어졌고, 해군 로켓 연구팀은 순수한 미국 과학자들로 이루어졌다. 미국인들은 아마도 미국 최초의 인공위성이 순수한 미국 과학자들에 의해 쏘아 올려지기를 바랐는지도 모른다. 인공위성 발사 임무는 해군에게 주어졌다. 이렇게 뱅가드 프로그램은 해군이 관리하는 가운데 순수한 미국 과학자들에 의해 진행되었다.

육군과 공군은 탄도 미사일 개발 경쟁을 하고 있었다. 폰 브라운이 이끄는 육군 로켓 연구팀이 주피터-C라고 불리는 '레드스톤 개량형'을 제안할 때, 공군 로켓 연구팀은 로켓에 날개가 달린 탄도 미사일인 보마크Bomarc를 제안했다. 둘 다 모두 군사용으로 설계된 것이다. 아이젠하워 대통령은 군용 미사일로 미국의 과학 위성을 발사하는 것은 바라지 않는다고 발표했다. 그는 소련이 인공위성을 발사할 것이라고는 꿈에도 생각지 못하고 있었다.

폰 브라운은 아이젠하워 대통령의 발표에 실망했지만, 미래의 과학적 활용을 위해 주피터 로켓의 개발을 계속했다. 그동안 뱅가드 프로그램은 미국 정부와 고위관료들의 적극적인 지원을 받으며 개발되고 있었다.

1950년 8월 7일, 폰 브라운은 주피터-C를 960km 높이까지 발사했다. '미사일 27호'라는 이름이 붙은 주피터-C 로켓의 탄두에는 모래 자루가 들어 있었다. 폰 브라운은 미사일 27호의 발사 성공 후 '미사일 29호'로 이름 붙인 새 로켓에 모래 자루 대신 10여 개의 소형 로켓을 부착하여 실험할 수 있게 해달라고 상부에

●●●
위:미 육군의 레드스톤 중거리 탄도탄(IRBM)은 V2의 직계 후예였다. 암호명은 헤르메스 Hermes로 화이트 샌드 시험장에서 발사 준비를 하고 있다.

요청했으나 거절당했다. 만약 아이젠하워 대통령이 발사를 방해하지 않았다면 이 로켓이 미국 최초의 인공위성이 됐을 것이다. 한편, 뱅가드는 개발상의 문제로 고생하고 있었다. 1958년까지 미국의 인공위성이 지구궤도를 진입하는 일은 힘들어 보였다.

같은 시각, 소련 로켓 기술자 코롤로프는 카자흐스탄의 티우라탐Tyuratam 로켓 기지에서 첫 번째 대륙간 탄도탄 발사를 준비하고 있었다. 1957년 8월 26일, 소련은 지난 8월 3일 첫 번째 장거리 대륙간 다단계 탄도 로켓을 발사했다고 발표했다. 로켓은 5개의 과학 로켓을 하나로 묶는 개념을 기초로 개발되었다. 4개의 과학 로켓을 다섯 번째 과학 로켓에 묶은 형태로, 극한 고도에서 4개를 분리시키면 남은 하나의 로켓이 계속해서 비행하는 것이다. 코롤로프는 대륙간 탄도탄 개발을 완성한 후에 곧바로 좀더 호화로운 쇼를 위해 다음 대륙간 탄도탄을 준비하고 있었다.

소련의 대륙간 탄도 미사일

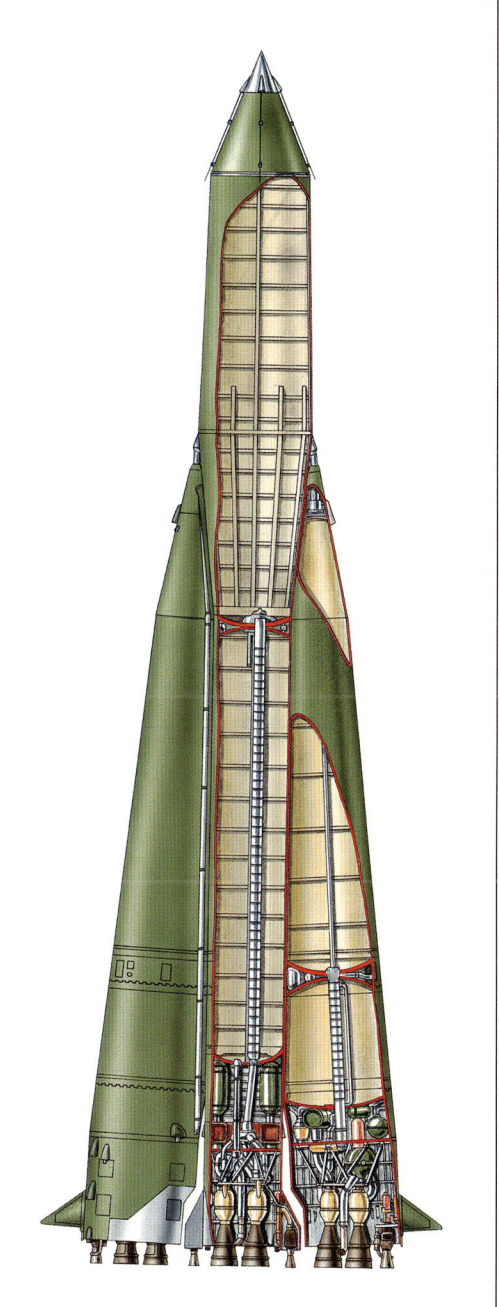

●●●
왼쪽:소련이 개발해서 R-7로 이름 붙인 첫 번째 대륙간 탄도탄. 이 로켓은 첫 위성을 지구 궤도에 발사한 우주 로켓의 선구자이다.

●●●
먼 왼쪽:폰 브라운(오른쪽에서 2번째)은 1950년 앨러배마 주의 헌츠빌에 레드스톤 병기 공장을 세우고 첫 레드스톤 중거리 탄도탄을 개발했다. 레드스톤은 새턴 5 달 로켓의 직계 조상이다.

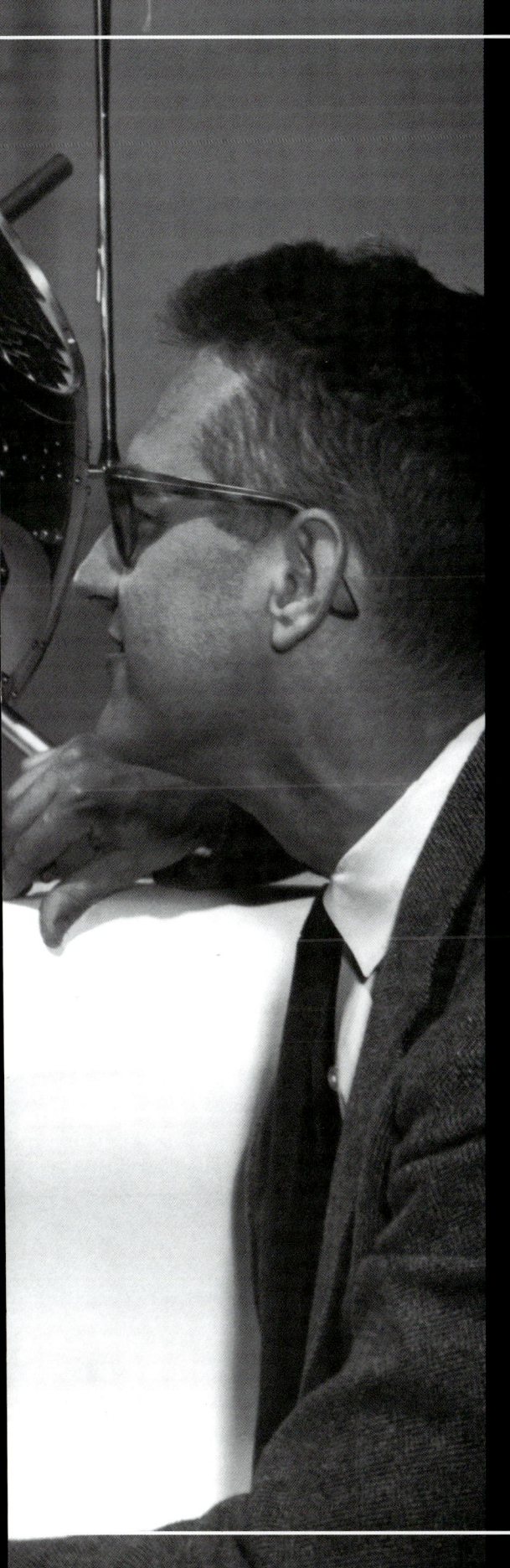

2장
처음 5년

소련은 기념일을 매우 중요하게 생각하는 나라이다. 치올코프스키의 100번째 생일인 1957년 9월 14일 세계 최초의 인공위성을 발사할 계획이었다. 그러나 카자흐스탄의 티우라탐Tyuratam에서 개량된 R7 미사일의 발사는 10월 4일까지 연기되어 소련의 혁명 기념일에 보다 가깝게 되었다. 이날은 우주시대가 진정으로 시작하였던 날로 역사에 길이 남을 것이다.

왼쪽 : 미국의 해군 연구 실험실(NRL) 과학자들이 1961년 발사된 태양 방사선 3호의 태양전지판에 대해 토론하고 있다.

스푸트니크 효과 Sputnik Effect

서방 세계는 소련이 핵폭탄을 생산하고 있었음에도 불구하고, 우주에 스푸트니크 1호 인공위성을 발사했을 때 어리석은 짓이라며 소련을 후진국 취급하였다. 소련은 우주 경쟁에서 미국을 이겼다. 그리고 그들이 미국에 핵탄두를 운반할 능력이 있는 로켓(대륙간 탄도 미사일)을 가지고 있다는 것을 증명해 보였다. 스푸트니크 인공위성은 무서운 것이었다. 그 당시는 냉전이 최고조에 달했던 시기였으므로 몇몇의 미국인은 그들의 뒤뜰에 벙커를 만들기도 할 정도였다. 서방 세계는 우주시대의 탄생을 경축하기보다는 오히려 종말의 위협을 느꼈다. 가능한 한 빨리 미국이 우주에 인공위성을 쏘아 올려야 한다고 생각하였다. 그러나 미국의 인공위성은 스푸트니크의 크기에 전혀 상대할 수 없었으며, 로켓 역시 강력하지 못하였다. 미국은 아직 작전용 대륙간 탄도탄인(ICBM)도 가지고 있지 못하였다.

아이젠하워 대통령은 미국 해군에게 가능한 한 빨리 뱅가드 로켓을 발사하고 우주에 인공위성을 쏘아 올리라고 지시하였다. 그래서 궤도에 도달할지 도달하지 못할지도 모르는 아주 작은 시험용 인공위성과 함께 뱅가드 로켓의 시험 발사를 시도하였는데, 이것이 인공위성 발사로 발표되어 버렸다. 뱅가드 로켓이 케이프 커내버럴Cape Canaveral의 발사대에서 발사되어 30cm쯤 올라가다 추력을 잃어버리는 장면이 미국 전역에 TV로 생중계되었다. (소련은 비밀리에 발사하였다.) 로켓의 윗부분에 있던 시험 위성은 삐뚤어지고, 로켓은 거꾸로 떨어지며 폭발하였다. 언론은 이 사건을 마음껏 즐기며 갖고 놀았다. 'Kaputnik'(고장난 스푸트니크)와 'Flopnik'(플로리다+스푸트니크)는 기사 제목 중에서 기자들이 가장 좋아하는 것이었다. 그리고 많이 비꼬아서 실은 제목이기도 했다.

아이젠하워는 폰 브라운의 주피터-C를 불러냈다. 뱅가드는 군용 로켓이 아니었기 때문에 일반 벤처로 취급되었다. 그러나 폰 브라운의 주피터-C는 기본적으로 레드스톤 중거리 탄도 유도탄(IRBM)을 개량한 것이기에 우선적으로 순위가 매겨졌다. 아이젠하워는 평소 미국의 인공위성이 과학적이고 비군사적이어야 한다고 생각하였지만, 스푸트니크 인공위성의 출현 이후에 그 정책은 바뀌었다. 미국과 소련이 서로 대항하며 벌이는 우주 경쟁에 그의 정책이 바뀐 것이 곧 알려지게 되었다. 각각의 우주 비행은 국가의 지도력을 나타내는 잣대처럼 되어 버렸고, 소련은 항상 우주에서 첫째인 국가인 것처럼 보였다.

1957년 10월 4일, 모스크바 시간으로 22시 28분 4초에 세계 최초의 인공위성은 천둥 치는 소리를 내며 밤하늘을 향해 발사되었다. 약 5분 후, 고도 215km까지 상승했고 초속 7.99km 속도로 2단 로켓과 분리되며 지구궤도에 성공적으로 진입했다. 지구 중력의 영향을 받아 아래로 떨어지지 않고 지구를 계속 돌 수 있었다. 궤도¹가 적도를 지나가며 만든 경사각은 65.1도였다.

앞의 작은 노즈콘은 로켓 본체로부터 방출되었다. 직경 58cm의 은빛 구형 물체는 로켓으로부터 스프링에 의해 분리되었고, 길이가 3m나 되는 4개의 긴 안테나가 전파를 내보내기 위해 튀어나왔다. 얼마 후에 무게 82kg의 인공위성은 지

1 궤도 : 태양 주위를 도는 행성 또는 지구 주위를 도는 달의 반복되는 진로를 말한다. 우주선이 행성이나 달 둘레를 돌게 될 때 궤도에 있다고 말한다. 우주선의 속도에 따라 궤도 높이가 결정

구에서 가장 먼 원지점 939km에 도달했고, 가장 가까운 근지점 228km의 타원 궤도에 진입했다. 이렇게 스푸트니크 1호는 1시간 36분을 주기로 지구를 한 바퀴씩 돌았다.

라디오 모스크바는 며칠 뒤인 10월 5일 이 사실은 뉴스로 발표해 전세계를 놀라게 했다. 인공위성은 소련 말로 '동반자'라는 뜻의 '스푸트니크'라고 불렸다. 우주선은 아주 간단하게 무게 3.5kg짜리 송신기 2개를 갖추고 있었다. 송신기는 주파수가 20에서 40메가사이클인 전파를 발신했다. 이 신호는 서방세계를 포함한 전세계에서 라디오로 들을 수 있었다. "삐이, 삐이" 하며 지구에 보내오는 신호음은 곧 우주시대의 새벽이라는 동의어가 되었다. 신호음은 서방세계, 특히 미국에서 더 자주 들을 수 있었다. 이제 미국의 체면은 땅에 떨어졌고 우주개발 기술에서 한참 뒤처진 국가처럼 보였다.

스푸트니크는 또한 인공위성의 첫 번째 응용 사례 중 하나를 보여주었다. 질소가스로 압력을 유지하고, 원격 신호 주파수 변화의 영향을 받는 온도 감지기를 인공위성 안에 설치했다. 이 신호들로 기술자들은 인공위성의 온도 변화를 알 수 있었다. 인공위성이나 로켓의 궤도를 추적하는 동안에 전리층에서 받은 자료들이 지구 대기에서 신호의 전달이나 대기의 저항에 의한 영향을 어떻게 받고 있는지에 관한 자료를 얻게 되었던 것이다.

서방세계에서 스푸트니크 인공위성의 신호를 추적한 것은 오늘날의 '위치 확인 시스템'(GPS) 위성들을 만들어낸 첫 단계였다. 스푸트니크 인공위성의 정확한 위치는 인공위성에서 보내는 신호들의 도플러 효과에 의해 결정되었다. 일반적으로 도플러 효과는 소리나 빛, 그리고 그 원인과 관찰자의 움직임에서 생겨나는 전파 파장의 주파수 변화를 말한다. 관찰자는 이 주파수 변화에 따라 물체와의 위치 관계를 식별할 수 있었다.

되고, 발사 방향에 따라 궤도 모양이 결정된다. 일단 궤도에 집입하면 궤도 모양을 바꾸거나 대기권의 인력 같은 외부적인 힘에 반작용해야 하는 경우가 아니면 우주선 엔진을 점화할 필요가 없다. 지구궤도는 크게 네 가지로 나눌 수 있다. 저궤도는 115~345마일(185~555km), 중궤도는 5,758마일(9,266km) 이상, 고궤도는 10만 마일(160,930km)이다. 정지궤도는 대략 22,300마일(35,887km) 높이이다. 정지궤도의 주기는 지구의 자전주기인 24시간과 똑같다.

●●●
아래:기술자가 발사를 위해 4개의 안테나와 함께 직경 58cm의 빛나는, 구형의 스푸트니크 1호 인공위성을 준비하고 있다.

오른쪽 : 우주 궤도에서 생활한 최초의 생명체로, 아마도 이 세상에서 가장 유명한 동물이 될 라이카의 역사적인 비행이 준비되고 있다. 스푸트니크 2호의 공기는 일주일 뒤 고갈되었고, 라이카가 죽게 되자 많은 동물 애호가들이 분노하였다.

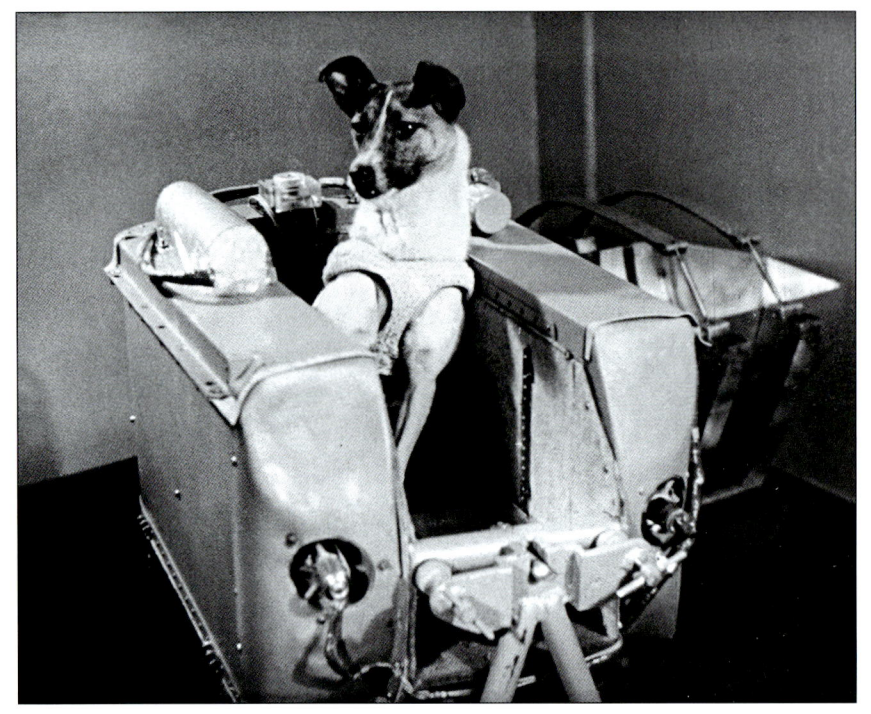

국제적인 규칙에 따라 궤도상의 물체들은 1957 알파1, 2, 3이라고 이름 붙여졌다. 첫 번째 물체, 즉 1957 알파1은 추진제를 다 써버린 무게 7.5톤쯤 되는 스푸트니크 1호를 발사하는 데 사용한 로켓단stage이었다. 이것은 재미있게도 우주 공간에 최초로 등록된 물체이자 첫 번째 우주 쓰레기다. 스푸트니크 1호 인공위성은 1957 알파2였다. 그리고 노즈콘nose cone(원추형 앞머리 부분)과 다른 쓰레기 조각들은 1957 알파3라고 이름 지어졌다. 스푸트니크 1호 인공위성은 전지를 동력으로 사용했는데, 전지의 동력이 서서히 소모되면서 "삐이, 삐이" 하는 신호음도 21일 후에는 결국 사라져 서방세계는 한시름 놓게 되었다. 고공 대기의 저항은 점차적으로 스푸트니크 1호의 속도를 느리게 했고, 결국은 공기의 밀도가 높은 지구 대기 속으로 들어가 빠른 속도로 비행을 하다 1958년 1월 4일 불타버렸다. 이러한 현상이 바로 지구 '재진입'인데, 로켓단과 노즈콘도 같은 운명이 되어버렸다.

먼 오른쪽 : 1957년 12월 6일 미국 최초로 위성 발사를 시도하는 뱅가드가 케이프 커내버럴에서 이륙에 실패했다. 뱅가드 로켓은 수십 cm를 오르다 떨어져서 폭발하였다. 이 재앙은 후에 세계의 언론에 '카프트니크'로 알려졌다.

또 한 번 타격을 받은 미국

미국이 스푸트니크 1호에 응수할 기회를 얻기 전에, 소련의 두 번째 인공위성이 11월 3일 궤도에 또 발사되었다. 스푸트니크 2호는 1957 베타로 등록됐고, 무게

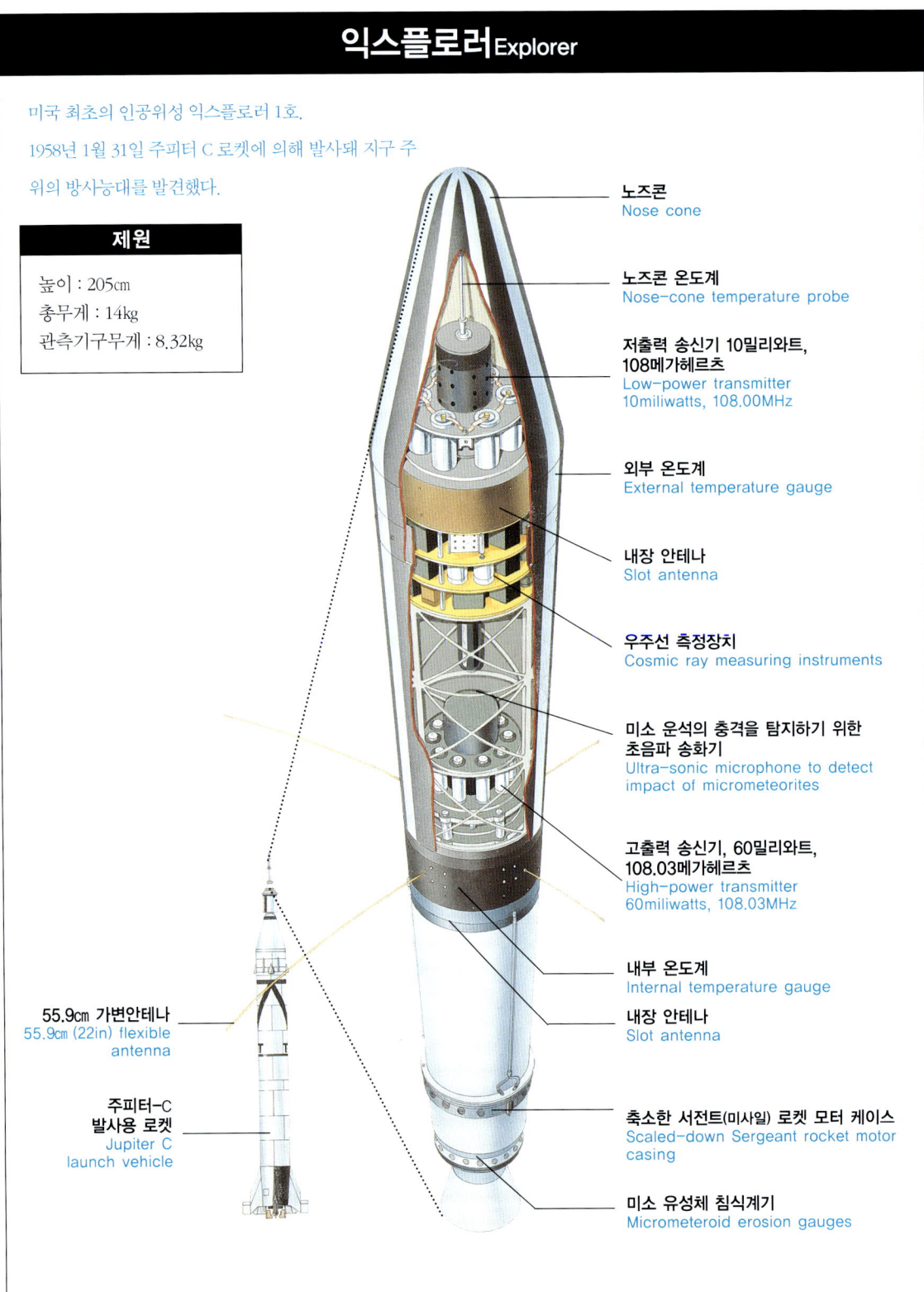

인공위성 보기 | Satellite Spotting

우주시대의 초기에 전세계 사람들은 별처럼 보이는 인공위성이 높은 고도로 움직이는 여객기보다 좀더 빠르게 머리 위로 지나가는 것을 볼 수 있었다. 왜냐하면 인공위성은 우주 궤도에서 태양빛에 반사되어 빛나기 때문이다. 인공위성이 지구의 그림자 속을 지나갈 때나 빛이 희미해지거나 일식에 들어갔을 때 그 궤도에서 더욱 또렷이 보인다. 스푸트니크 1호를 발사한 큰 로켓의 몸통이나 발사한 로켓 일부가 붙어 있는 스푸트니크 2호는 쉽게 볼 수가 있었다. 스푸트니크 1호는 쌍안경을 이용해야 잘 볼 수 있었다. 직경 30m의 에코Echo는 알루미늄 필름으로 덮여 있고 빛을 잘 반사해서 많은 사람들이 볼 수 있었다. 이 때문에 에코는 전세계 사람들에게 우주시대의 상징이 되었다.

위: 긴 시간 노출을 준 사진에 에코 위성이 마치 별들이 스러지는 것 같은 밤하늘을 가로질러 움직이는 궤적이 드러났다.

어떤 위성은 머리 위로 날아오를 때 빛을 낸다. 이런 위성들은 스스로 돌며 비행하기 때문에 태양빛을 간헐적으로 받는다. 밤하늘에 카메라의 노출 시간을 길게 해놓고 사진을 찍으면, 가득 찬 별들 사이로 전광석화처럼 머리 위를 가로지르는 인공위성이 잡히기도 한다.

는 508.3kg이나 되었다. 이것은 서방세계를 또 한 번 놀라게 했다. 왜냐하면 이것은 처음으로 살아 있는 생명체인 '라이카'라는 허스키종 개를 지구 궤도로 운반했기 때문이다. 소련도 미국처럼 우주에 동물을 보내고 있었다. 소련의 경우에는 수년 동안 준궤도 포물선 비행 로켓에 개를 태워 연구 비행을 했다. 마침내 라이카가 지구 궤도에 올라간, 최초의 살아 있는 동물이 되었다. 길이 4m의 원뿔 모양인 스푸트니크 2호는 스푸트니크 1호와 같은 구형 컨테이너와 라이카가 들어 있던 원통형 컨테이너로 구성되었다. 무게 7톤의 우주선과 로켓의 마지막 단은 1,660km의 원지점 사이에서 65.3도 경사각을 갖고 비행했다.

우주선으로부터 공급된 원격 계측기 자료는 첫째, 우주 속의 태양과 우주 방사능에 관한 정보였다. 특히 지구를 둘러싼 방사능 띠의 존재에 대한 자료를 제공했다.

라이카는 공기의 공급이 중단될 발사 일주일 후에는 우주에서 죽게 될 운명이었다. 작은 개가 타고 있는 캡슐 속에서는 수증기를 방출해 탄산가스를 흡수했고, 강력한 화학 반응으로 산소를 만들어 공급했다. 스푸트니크 2호는 1958년 4월 14일 지구 대기권에 재진입하며 타버렸다.

소련은 계속해서 인공위성 발사에 성공하며 우주개발을 이끌었지만, 미국은 여전히 지구를 벗어나지 못하고 있었다. 미국은 되도록 빨리 우주에 인공위성을 올려놓아야 하는 정치적인 압력을 받고 있었다. 미국 해군의 뱅가드 프로그램을 위한 아주 작은 실험 위성은 무게가 1.35kg으로, 크기는 자몽만했다. "카푸트니크" Kaputnik(Kaput+Sputnik, 고장난 스푸트니크)라고 역사에 기록된 세련되고 가느다란 뱅가드 로켓은 1957년 12월 6일 발사가 시도되었다. 점화 후, 뱅가드 로켓은 약간 올라가다가 떨어지며 굉장한 폭음을 내고는 장관을 이루며 폭발했다. 폰 브라운이 이끄는 미국 육군 로켓 연구팀은 최대한 빨리 군사용 미사일인 주피터-C 로켓으로 익스플로러 위성을 발사하기 위해 아이젠하워 대통령에게 간청을 했다.

미국도 궤도에 진입

1958년 1월 31일, 케이프 커내버럴의 26A 발사대에서 익스플로러 1호가 성공적으로 발사되었다. 연필 모양의 13kg짜리 인공위성은 356km의 근지점과 2,548km의 원지점인 궤도에 33.3도로 들어갔다. 또한 미국의 첫 번째 인공위성 익스플로러 1호는 우주 탐험자의 역할도 훌륭히 수행했다. 익스플로러 1호는 충격 감지기인 초음파 마이크로폰을 포함해 우주진 감지기, 위성 밖과 안의 온도를 재는 온도계, 우주선(cosmic ray)을 측정하는 가이거Geiger 계수관을 싣고 있었다. 아이오와 주립대학교의 제임스 밴 앨런 박사가 제공한 가이거 계수관은 익스플로러 1호가 인공위성의 원지점 가까이 갔을 때 활동을 시작했다.

밴 앨런은 지구 둘레를 강력한 방사능대가 둘러싸고 있을 것이라고 예상했다. 익스플로러 1호는 2개의 밴 앨런 방사능대 중 내대內帶를 발견했고, 1958년 발사된 파이어니어 1호는, 달에 가는 것은 실패했지만 밴 앨런 방사능대 중 외대外帶를 발견했다. 지구를 둘러싸고 있는 고리 모양의 방사능대는 후에 밴 앨런 방사능대(Van Allen ratiation belt)라고 이름 붙여졌다.

익스플로러 1호는 1958년 5월 23일까지 배터리 동력에 의해 자료를 계속해서 보냈고, 1970년까지 궤도에 남아 있었다. 아주 초기의 인공위성은 배터리를 실었다. 배터리를 쓰지 않은 인공위성으로 최초의 것은 1958년 3월 17일, 근지

뱅가드 Vanguard 3와 스푸트니크 Sputnik 3호

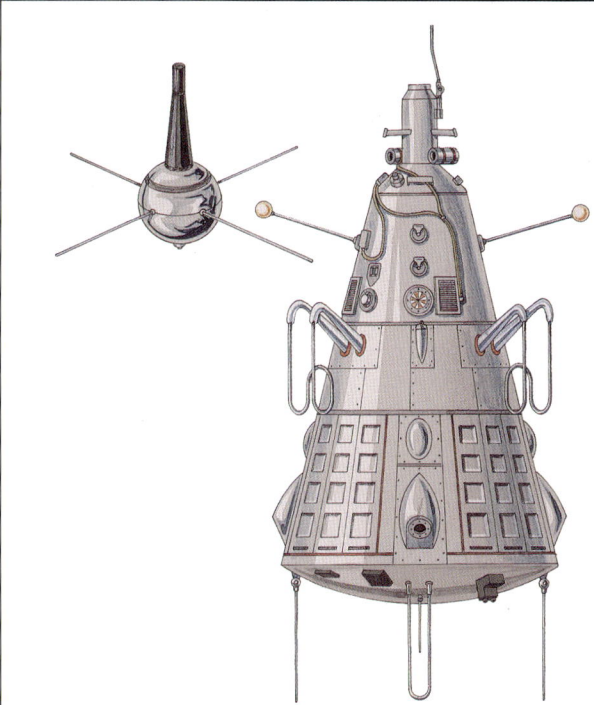

위:미국 최초의 인공위성 익스플로러 1호는 케이프 커내버럴에서 역사적인 궤도 비행을 시작하는 주피터-C 로켓의 위쪽 끝에 부착되었다. 주피터-C는 레드스톤 중거리 탄도탄(IRBM)과 3단의 고체 추진제 상단 로켓을 합친 것이다.

뱅가드 3호	스푸트니크 3호
직경 : 50.8 cm	직경 : 355cm
무게, 탑재체 : 23kg	기본폭 : 173cm
궤도 : 512km × 3,744km × 33.35도	주파수 : 40.008MHz
	궤도 : 217km × 1,864km × 65.18도

왼쪽:무게 22kg의 미국 인공위성 뱅가드 3호와 소련의 스푸트니크 3호. 뱅가드 3호는 무게 1.3톤짜리 스푸트니크 3호보다 16개월 뒤인 1959년 9월 발사되었다.

> ## 우주 경쟁 점수판 1957~1962
>
> **미국**: 인공위성과 우주 탐사선을 101번 성공적으로 발사하였다. 여기에는 두 번의 행성 탐사선 발사가 포함되었다. 미국은 6번의 행성 탐사를 포함해서 30회의 발사 실패를 경험하였다. 최고의 계속적인 발사 성공 횟수는 14회이며 최악의 계속적인 발사 실패 횟수는 7회인데, 여기에는 2회의 행성 탐사 발사가 포함되어 있다.
>
> **소련**: 3회의 행성 탐사를 포함해서 31회를 성공적으로 발사하였다. 그리고 13회의 행성 탐사를 비롯해서 24회의 발사 실패를 경험하였다. 최고의 계속적인 발사 성공은 9회였으며, 최악의 계속적인 발사 실패는 4회의 행성 탐사선 발사였다.

점 653km, 원지점 3,897km 궤도로 발사되어 작동된 뱅가드 우주선이었다. 뱅가드 1호는 무게가 1.47kg이고, 위성의 직경은 16.25cm로 구형 위성 표면 6곳에 실리콘 태양전지판을 붙였다. 이것은 미래 위성의 전력을 만드는 중요한 근원으로 선구자 역할을 했다. 거울 같은 태양전지들은 태양 에너지를 전기로 전환시켰다. 이 경우에 5밀리와트 송신기에 동력을 공급하기 위해 태양전지가 사용되었다.

뱅가드 3호와 다른 위성 2개가 1959년에 성공적으로 발사됐고, 제일 큰 것은 직경이 50cm의 구형에 무게는 23kg이었다. 인공위성은 지구의 자기장과 방사능을 측정하도록 설계되었다. 인공위성은 23도의 적도 경사각과 근지점 513km에서 원지점 3,524km 궤도에 진입했다.

뱅가드 계획은 여덟 번의 발사 실패를 경험했다. 오늘날의 발사 성공률로 볼 때는 쉽게 이해되지 않는 숫자이다.

초기 미국 로켓의 발사 실패 장면은 아직도 TV에 규칙적으로 방송된다. 가장 장관인 것은 1959년 주노Juno-2 로켓으로, 비콘Beacon 위성을 싣고 발사하다 폭발하는 장면이다. 주노-2는 이륙했고 로켓의 앞부분이 발사대 위에서 왼쪽으로 돌았으며 땅을 향해서 다시 왼쪽으로 돌았다. 그리고 케이프 커내버럴의 발사장 안전 담당자에 의해 좀 떨어진 지역에서 폭발했다.

1958년 5월 15일의 스푸트니크 3호 발사는 전세계를 깜짝 놀라게 한 스푸트니크 1호 발사 후 소련이 만든 우주시대 첫 5년 동안에 발사된 주요한 과학위성이었다. 이 위성은 무게가 1.33톤이나 나갔고, 692일 동안 작동하면서 우주 물리학 현상과 다양한 지구 물리 현상 등 풍부한 자료를 제공했다. 소련은 스푸트니

뱅가드 1호는 오늘날까지도 여전히 우주에 있는 가장 오래된 인공 물체이다. 이 위성은 지구 대기권보다 더 높은 곳을 2시간 13분이라는, 상대적으로 큰 주기로 날아 올랐다. 이 지점에 공기 저항이 발생하지 않아 대기권에 재돌입하지 않았다.

●●●
먼 왼쪽:높이 21m의 뱅가드 로켓이 케이프 커내버럴에서 같은 이름의 인공위성을 싣고 발사되고 있다. 뱅가드는 바이킹 과학 관측 로켓을 기본으로 하고 2단 로켓은 에어로비Aerobee 로켓을, 그리고 그 위에 고체 추진제 상단 로켓을 실었다.

위: '외륜 위성'으로 알려진 익스플로러 6호는 처음으로 전기 동력 발전 태양 전지판을 실었다. 이 태양 전지판은 인공위성에 4개의 팔이 달려 있는 구형의 기구에 부착되어 있다. 이 인공위성은 최초로 궤도에서 희미하게 지구 영상을 촬영했다.

크라는 이름으로 많은 위성을 발사하며 유인 우주 비행의 준비에 전념했다. 후에 달과 행성 탐험 실패를 은폐한 사실이 탄로났지만 말이다.

우주의 활용

한편 미국은 점점 증가하는 과학 지식과 우주 응용의 중요성을 보여주기 위해 12개 이상의 인공위성 발사를 진행시켜 나갔다. 예를 들면 태양을 관찰하기 위한 전용 인공위성이 1962년 3월 7일 발사되었다. 궤도 태양 관측소(OSO)라고 불린 이 인공위성은 17개월 동안 75번 이상의 태양 폭발 자료를 전했다. 무게 208kg의 OSO는 32.9도의 궤도 경사각과 근지점 553km와 원지점 595km 궤도로 발사되었다.

14개의 익스플로러 인공위성이 1962년 말까지 발사되었다. 이중에는 1959년 8월 7일 발사된 익스플로러 6호도 포함되어 있는데 이 위성은 무게 64kg에 궤도 경사각 47도로, 근지점 245km에서 원지점 42,400km의 타원 궤도에 진입했다. 이

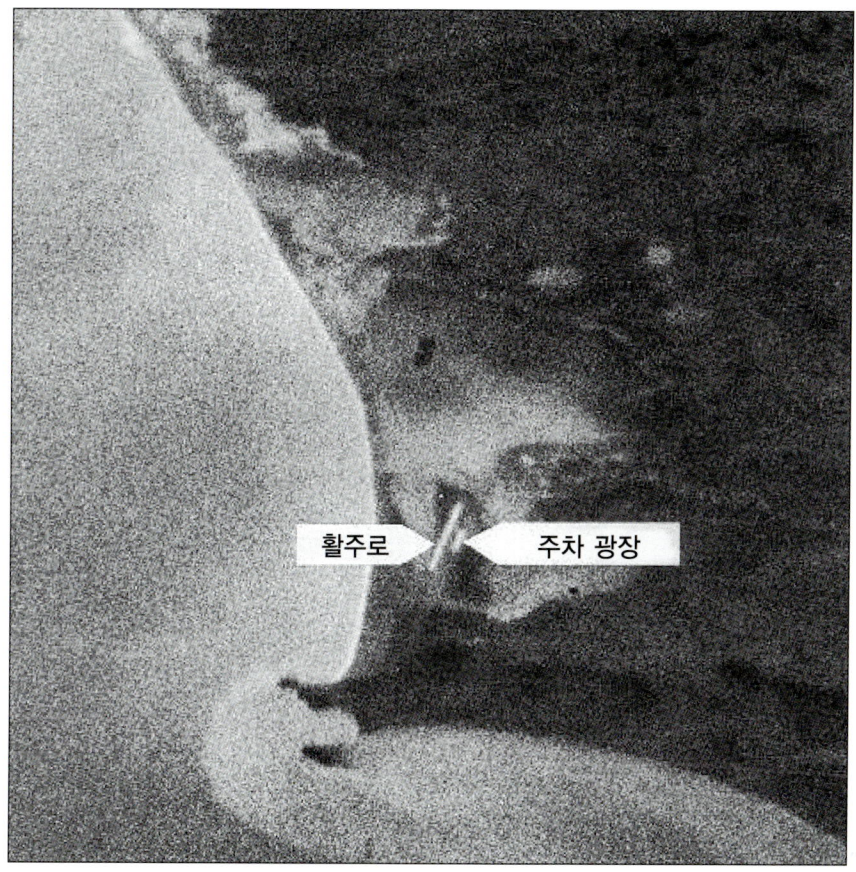

왼쪽:스파이 인공위성이 촬영한 아주 초기의 영상. 이것은 소련의 미스-쉬미타Mys-Shmidta 공군 비행장이며, 1960년 8월 18일 디스커버리 14호가 찍었다.

활주로 주차 광장

원지점은 지금까지 발사된 위성이 도달한 최고의 높이이다. 익스플로러 6호는 '외륜 인공위성'이라는 별명이 붙었다. 왜냐하면 이 위성에는 바람개비처럼 생긴 4개의 태양전지판이 붙어 있었기 때문이다. 각 판에는 8,000개의 태양전지가 부착되어 있어 인공위성의 니켈카드뮴 전지를 재충전할 수 있었다. 과학 실험 기구를 더 많이 실으려 하다 보니 어떤 인공위성은 8개까지 싣기도 했다. 실험 중 하나는 지구의 TV 영상을 만드는 것이었다. 여기에서 얻은 이미지들은 너무 희미해서 실망을 주었다. 하지만 나중에는 그 실험이 아주 중요한 우주 응용 프로그램이었음이 밝혀졌다.

1959년 2월 28일, 미국 공군은 디스커버리 1호를 발사했다. 이 인공위성은 궤도 경사각이 90도로 지구의 양극 위를 비행했다. 이 인공위성은 쏘아 아제나Thor Agena 로켓으로, 캘리포니아 반덴버그 발사장에서 발사되었다. 비행 궤도는 근지점 212km, 원지점 848km이었다. 지구가 자전하기 때문에 하루에 17회전하고 하루에 지구 전체를 비행할 수 있었다. 인공위성은 궤도 경사각이 작으면, 예를

익스플로러 Explorer 인공위성들

위 : 익스플로러 11호 인공위성은 1961년 발사되어 우주로부터 고에너지 감마선을 측정하고, 하늘에 감마선 분포 지도를 작성하였다.

날짜	개발
1958년 1월 31일	익스플로러 1호 밴 앨런 방사능대 발견.
1958년 3월 26일	익스플로러 3호 방사능과 우주진 자료를 보내옴.
1958년 8월 24일	익스플로러 4호 방사능대의 지도 작성.
1959년 8월 7일	익스플로러 6호 흐린 지구 영상 획득과 과학 실험을 위한 비행.
1959년 10월 13일	익스플로러 7호 태양 표면의 폭발 현상과 자기장 자료 보내옴.
1960년 11월 3일	익스플로러 8호 이온층 연구.
1961년 2월 16일	익스플로러 9호 대기의 밀도 측정.
1961년 3월 25일	익스플로러 10호 자기장 지도 작성.
1961년 4월 27일	익스플로러 11호 감마선 연구.
1961년 8월 16일	익스플로러 12호 태양풍과 방사능 자료 보내옴.
1961년 8월 25일	익스플로러 13호 우주진 측정.
1962년 10월 2일	익스플로러 14호 자기권 지도 작성.
1962년 10월 27일	익스플로러 15호 방사능 반감기 측정.
1962년 12월 16일	익스플로러 16호 우주진 측정.

*익스플로러 2호와 5호, 그리고 다른 6개의 익스플로러 인공위성은 실패.

2 역추진 로켓(retro-rocket) : 진행 방향을 향해 분사하는 방식의 로켓이다. 이 로켓은 궤도로부터 지표를 향해 강하, 또는 경로를 옮길 때나 달 표면에 연착륙할 때 사용된다.

들어 30도이면 북위 30도와 남위 30도 사이를 지나게 된다.

디스커버리 1호는 연구용 인공위성이었지만 실패했다. 몇 번의 실패 이후, 역추진 로켓[2]을 점화해 궤도에서 속도를 줄인 후 열 차폐 장치를 이용, 안전하게 대기권을 통과하여 되돌아오게 해 디스커버리 13호의 캡슐을 성공적으로 회수했다. 디스커버리 13호의 캡슐은 궤도에서 착수 지점인 바다로 안전하게 되돌아온 첫 번째 물체였고, 이것은 역사적인 업적이었다. 캡슐 회수는 낙하하는 도중에 비행기로 낚아채는 방법을 이용했다. 우주 개발 역사상 처음으로 인공위성의 정보가 비밀에 부쳐진 채 미국 공군이 발사한 디스커버리 프로그램은 1962년 2월까지 38회나 계속되었다.

디스커버리 39호는 비밀리에 진행됐고, 이후의 발사도 부분적으로 비밀리에 계속되었다. 디스커버리 프로그램의 진실은 1990년대까지 알려지지 않았다. 디

코로나 Corona 계획

몇 차례의 시험용 발사가 실패한 이후, 디스커버리 14호의 캡슐을 C-119 회수용 비행기의 특수한 위성 회수 장비를 가지고 공중에서 성공적으로 회수하였다. 캡슐 속에는 첫 번째로 우주에서 촬영한 정찰 영상 필름이 있었다. 사진으로 만들어 영상을 보았을 때 그들은 환호성을 질렀다. 소련 영토 2,640,000km 지역의 영상을 해상도 10m짜리 사진으로 찍었다. 아이젠하워는 깜짝 놀랐고, 프로젝트는 아주 엄격하게 비밀리에 진행하도록 명령하였다. 그리고 캡슐은 스파이 손에 들어가는 것을 방지하기 위해 파괴하도록 하였다. 초기 디스커버리 2호의 실험 캡슐이 착륙 지점에서 어긋나 북극 지방에 떨어졌다. 미국은 이것이 적의 손에 떨어지지나 않을까 하는 두려움 속에서 광범위한 조사를 시작하였다. 그러나 알라스타이어 맥크린Alastair Maclean의 소설과 영화 〈얼음 정거장 지브러〉Ice Station Zebra의 이야기처럼 쓸데없는 조사였다. 디스커버리의 영상으로부터 확인한 것은 소련 미사일의 위협이 두려워할 정도로 심각하지는 않다는 것이었다. 그럼에도 불구하고 미국 정부는 끊임없이 위협을 느꼈고, 무기 개발과 군용 미사일 프로그램을 가속화하였다. 코로나 프로그램의 끝 무렵에 인공위성들은 소련의 모든 미사일 기지와 잠수함 종류의 영상을 갖게 되었고, 이집트의 수에즈 운하 방어와 관련한 소련 미사일의 존재, 소련이 중국공산당에 핵을 원조한 사실 등도 확인하였다.

스커버리 프로그램은, 사실 소련을 정찰하기 위해 고해상도 카메라를 실은 코로나 위성이 해냈다. 정찰 필름을 실은 캡슐은 지구로 되돌아와 인화되었다. 이 인공위성은 아제나 2단과 이스트만 코닥 필름과 70도 파노라마 아이텍Itek 카메라, 그리고 지구 재돌입 캡슐로 구성되어 있었다. 이 인공위성에서 찍은 영상의 원래 해상도는 10m였는데, 프로그램의 끝부분인 1972년에는 인공위성이 커지고 성능도 좋아져서 1m까지 줄어들었다. 코로나 위성은 소련의 군사력이 소리만 요란할 뿐 실제로는 위협적이지 않다는 사실을 알려주었다. 하지만 당시는 냉전이 더 격렬해지고 있어서 이런 정보가 달갑게 여겨지지 않았다.

소련의 '코스모스'라는 새로운 프로그램은 1962년 소개되었다. 원래는 과학 연구가 목적이었으나 후에는 코로나처럼, 특히 정찰 등 군사용 목적을 위해 사용되었다. 그런데 사모스Samos와 미다스Midas로 불리는 2개의 군사 프로그램이 미국에 의해서 공개되었다. 이들 프로젝트의 원형 인공위성이 1960년 성공적으로 발사되었다. 사모스는 인공위성과 미사일 관측 시스템을 갖추고 있었는데, 코로나 아제나 로켓의 설계를 기초로 했다. 사모스는 이때 필름 덩어리 대신 TV 카메라를 갖고 있어 정찰 영상을 지상에 직접 보내도록 설계되었다. 그 때문에 코로나 인공위성처럼 캡슐을 회수하고 필름을 현상하는 시간을 절약할 수 있게

디스커버리 13호 캡슐은 지구 궤도로부터 안전하게 바다로 귀환한 첫 번째 물체라는 역사적인 기록을 세웠다. 그 후부터 회수는 원칙적으로 낙하산을 펴고 지구로 떨어지는 동안 비행기로 낚아채는 방법을 사용하였다.

디스커버리 프로그램 The Discoverer Programme

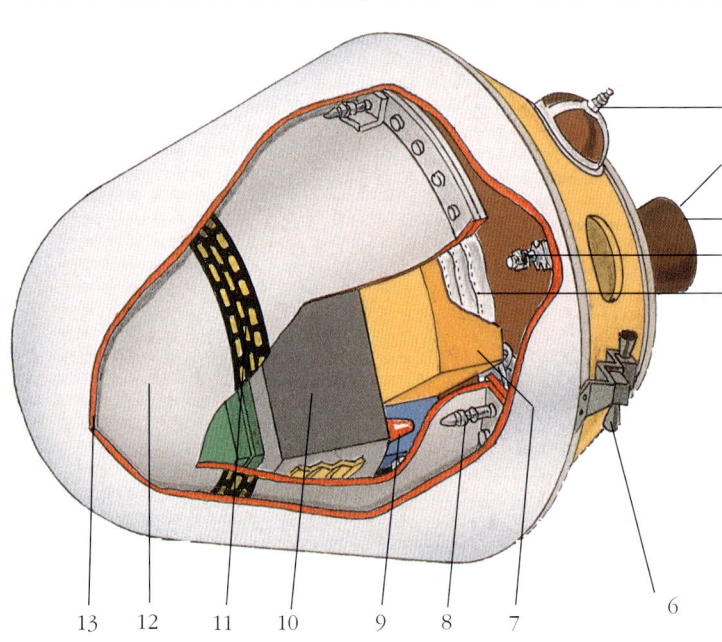

디스커버리 캡슐

재돌입 캡슐은 제너럴 일렉트릭사에서 제작하고 무게는 136kg이다.

낙하산으로 회수하는 부분은 고열로부터 보호받을 수 있게 설계하였다.

캡슐의 내용물은 발사에 따라 여러 가지가 있다.

1960년 8월 18일 발사된 디스커버리 14호는 처음으로 정찰용 카메라와 필름을 실었다.

디스커버리 32호는 방사능의 효과에 대해 조사했다.

(a) 금속 샘플, (b) 콩의 유전자 특징, (c) 보호막(shield) 물질과 (d) 실리콘 태양전지.

디스커버리 36호는 인류와 동물 조직, 포자, 조류 등의 생물팩을 실었다.

1 가스 보관 탱크
2 추력발생 노즐
3 역추진 로켓
4 폭발 띠
5 회수용 낙하산 및 레이더 추적 방해용 알미늄 조각들
6 자세 안정화용 제트
7 낙하산 커버
8 폭발 피스톤
9 깜박이 등
10 기구
11 염색 표시
12 회수용 캡슐
13 라디오 발신기
14 재돌입용 흡열 보호판

디스커버리 회수

디스커버리 우주선이 알래스카를 지나는 동안 뒤쪽 방향으로 캡슐을 방출한다. 대기권에 재돌입 후 일회용 흡열판이 캡슐이 타지 않도록 보호하고, 캡슐은 하와이 근처에서 낙하산으로 회수된다. 정찰용 C-119 비행기는 하강하는 낙하산을 잡는다. 만일 캡슐을 잡지 못하면 이것은 바다에 떨어져 수면에 떠 있게 된다.

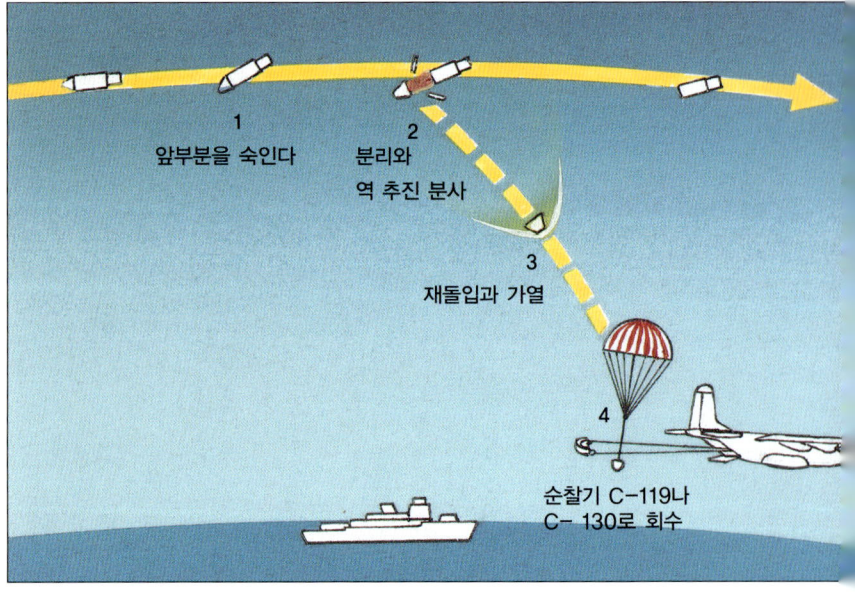

1 앞부분을 숙인다
2 분리와 역 추진 분사
3 재돌입과 가열
4 순찰기 C-119나 C-130로 회수

디스커버리 우주선

디스커버리 우주선은 쏘아Thor 중거리 탄도탄을 개량해 반덴버그 공군 비행장에서 극궤도로 발사한 록히드 아제나 궤도선을 기본으로 만들었다. 전체는 직경이 1.52m인 아제나로 윗부분에 길이 68.6cm, 직경 83.8cm의 회수용 캡슐이 부착되며, 속에는 회수를 돕는 레이더 송신기, 레이더 추적 방해용 알루미늄 조각들이 들어 있다. 디스커버리 프로젝트는 미다스Midas와 사모스Samos, 트랜싯Transit 프로그램이 중대한 공헌을 했다.

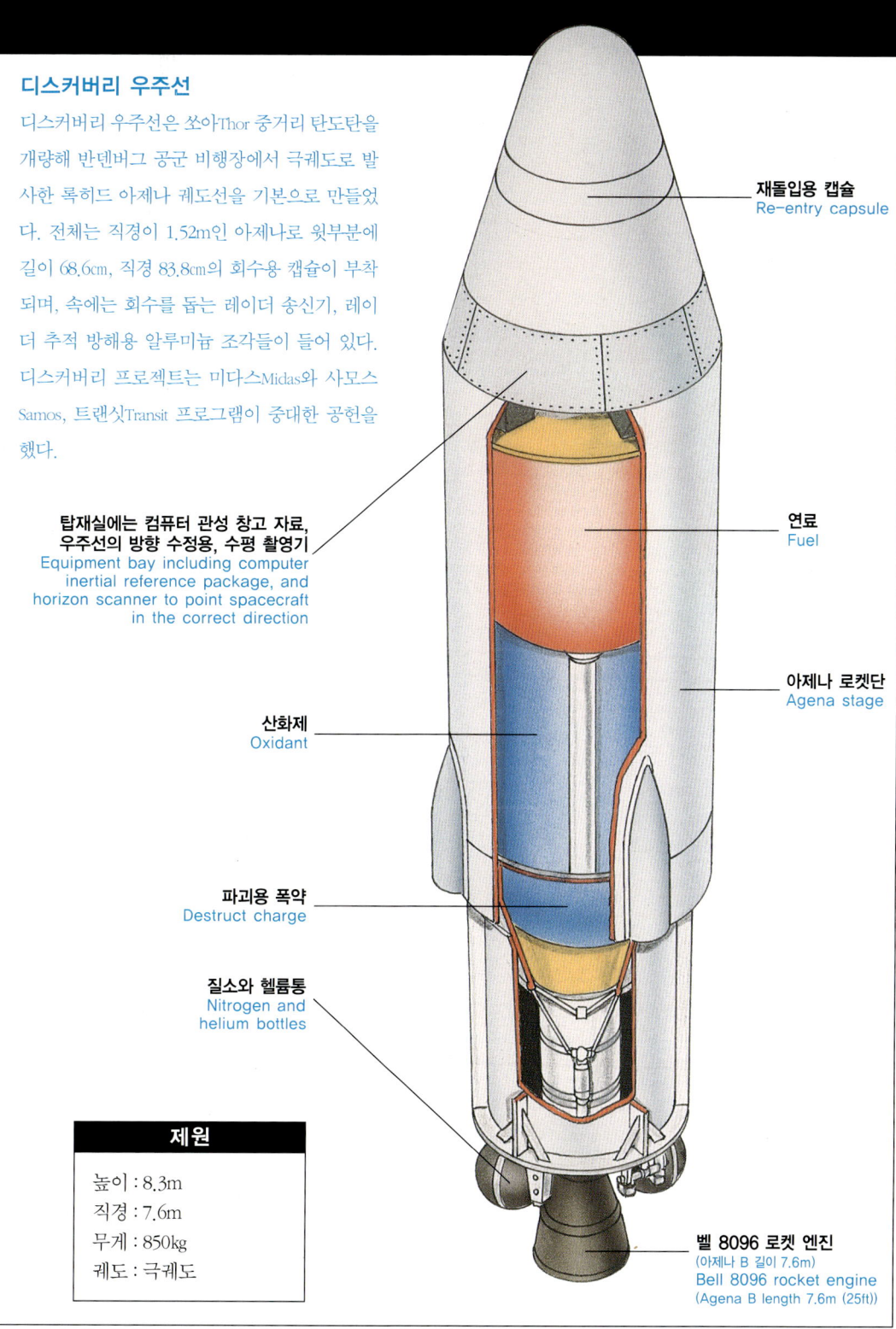

재돌입용 캡슐
Re-entry capsule

탑재실에는 컴퓨터 관성 창고 자료, 우주선의 방향 수정용, 수평 촬영기
Equipment bay including computer inertial reference package, and horizon scanner to point spacecraft in the correct direction

연료
Fuel

아제나 로켓단
Agena stage

산화제
Oxidant

파괴용 폭약
Destruct charge

질소와 헬륨통
Nitrogen and helium bottles

벨 8096 로켓 엔진
(아제나 B 길이 7.6m)
Bell 8096 rocket engine
(Agena B length 7.6m (25ft))

제원
- 높이 : 8.3m
- 직경 : 7.6m
- 무게 : 850kg
- 궤도 : 극궤도

오른쪽:디스커버리 코로나 프로젝트 인공위성의 회수 가능한 재돌입 캡슐이 발사 준비되고 있다. 여기에는 70도 파노라믹 아이택 카메라와 이스트만 코닥 필름이 설치되어 있다.

되었다. 불가피하게도 TV카메라의 해상도는 광학 코로나 카메라와 같을 수는 없었다. 그러나 사모스 인공위성은 미래의 강력한 성능 시스템의 원형이었다.

처음으로 성공적인 임무를 완성한 사모스 위성은 두 번째로 발사된 것인데, 그 무게는 1.9톤으로 아틀라스 아제나 로켓에 실려 1961년 1월 31일 발사되었다. 궤도 경사각은 97도였고 근지점 474km, 원지점 557km 궤도에 진입했다.

미다스 위성도 아제나 우주선의 버스Bus를 기본으로 했다. 이름은 미사일 방어 경보 시스템(Missile Defence Alarm System)에서 따왔다. 미다스 인공위성의 탑재물에는 로켓이나 미사일이 발사됐을 때 분출가스의 열방사를 탐지하도록 설계된 적외선 센서가 부착되어 있었다. 처음 구상은, 소련에서 미국을 향해 발사되는 미사일을 찾는 조기 경보 시스템을 갖추는 것이었다. 첫 번째 2.3톤짜리 미다스가 1960년 5월 24일 아틀라스 아제나 로켓으로 발사되어 궤도에 도착했다. 미다스 2호는 궤도 경사각 33도, 근지점 484km, 원지점 511km 궤도에 도착했으나 다음날부터 동작되지 않았다. 이것은 실제로 실용적인 인공위성이라기보다는 개발 초기의 기술시험 위성에 더 가까웠다. 미다스 3호는 1961년 7월 12일 케이프 커내버럴이 아닌 반덴버그에서 발사되었다. 무게는 1.6톤이었고 91.1도의 경사각으로, 거의 원궤도에 가까운 근지점 3,345km와 원지점 3,538km의 남·북극을 도는 궤도에 진입했다.

미다스 4호는 1961년 10월 케이프 커내버럴에서 발사된 타이탄 1 미사일의 발사를 포착해 기술을 입증했을 뿐만 아니라 발사 90초 후에는 발사 포착을 보

●●●
왼쪽:아틀라스 아제나 로켓이 캘리포니아 포인트 아구엘로 Point Arguello에서 사모스 Samos위성을 궤도로 발사하고 있다.

●●●
위:미다스MIDAS 인공위성은 펼쳐지는 태양전지판을 설치하여 인공위성에 필요한 전기 동력을 공급받았다.

고했다. 그러나 미다스의 시스템이 아직 확실하게 작동되고 있지는 않았다. 이 시스템의 작동은 나중에 확인되었다. 1963년 미다스를 발사하고 나서야 처음으로 미다스의 임무가 완전히 성공했다고 밝혀졌다.

우주 응용의 다음은 내비게이션navigation의 소개이다. 미국 해군은 인공위성이 항행 서비스를 할 수 있는지를 알아보기 위해 1960년 4월 트랜싯Transit 1B 위성을 발사했다. 121kg의 인공위성은 쏘어에이블 스타 로켓으로 케이프 커내버럴에서 발사되어 373km와 478km 궤도에 진입했고, 적도와의 경사각은 51도였다. 트랜싯 1B는 미국 해군의 잠수함과 배에 첫 번째 우주 기반 항행술을 공급하기 위해 만든 3개의 인공위성 시스템의 선구자 역할을 했다. 위치를 예측할 수 있는 최고의 정확도는 160m였다. 우주시대의 첫 5년 동안 초기 형태의 트랜싯 항행 위성이 발사되었다. 1967년부터 민간에서도 이 위성 시스템을 이용하기 시작했다.

아마도 다른 것들보다 더 빨리 자신의 가치를 입증한 우주 응용 프로그램은 타이로스Tiros 위성 시스템을 이용한 일기예보였을 것이다. 텔레비전 실험과 적

왼쪽:트랜싯 1B는 첫 항행 인공위성의 초기 모델이다.

외선 관측 인공위성인 첫 타이로스는 1960년 4월 1일 발사되어 근지점 677km와 원지점 722km, 그리고 적도와 48도인 궤도에 진입했고, 1962년 말까지 6개가 발사되었다. 지름 106cm의 원통형처럼 생긴 무게 129kg의 타이로스는 9,260개의 태양전지로 64개의 배터리를 재충전할 수 있었다. 이 인공위성은 광각과 협각, 그리고 고해상도 비디콘Vidicon 카메라를 갖고 있어, 궤도를 1회전하는 동안 매회 32장의 영상을 자기장 테이프에 저장할 수 있었다. 인공위성이 2,500km 거리의 지상국 위에 오면 영상자료를 전송했다. 녹화기 플라스틱 테이프의 길이는 42m였고 녹화 속도는 분당 127cm였다. 타이로스 인공위성은 1분에 9번씩 자전

텔스타 Telstar 혁명

1962년 7월 11일 미국 시간으로는 오후 7시 35분, 유럽 방송국들은 인공위성을 경유한 프랑스와 미국 간의 TV 프로그램을 방송하기 전에 몇 가지 시험적 TV 전파를 수신했다. 프랑스 통신 장관 자크 M. 마레트Jaques M. Maretta는 사전 제작된 프로그램에서 기념식의 수장으로서 다음과 같이 말했다. "마음을 편하게 가지세요. 여러분은 파리에 있습니다. 저는 여러분들이 저와 함께 즐거운 시간을 보내도록 초청할 것입니다." 그는 프랑스 영화 스타인 이브 몽탕을 소개하였다. 이브 몽탕은 〈작은 노래〉La Chansonette를 불렀다. 이 7분짜리 프로그램은 영국에 반감을 샀다. 프랑스는 이것은 단순히 시험 방송이었고, 정규 방송 프로그램은 아니라고 주장하였다. 그

위 : 텔스타 인공위성을 통한 첫 번째 국제 TV 프로그램에서 케네디 대통령이 특집 생방송에 출연하여 연설을 하고 있다.

렇지만 몇 시간 뒤 영국은 자국의 군힐리 지상국에서, 유럽에서 미국으로 가는 첫 생방송을 내보내겠다고 주장하였다. 7월 23일 그때까지의 통신 역사상 최대의 장관이 벌어졌다. 유럽의 16개 나라가 미국과 TV 프로그램을 교환하였는데 미국과 유럽에서 2억 명 이상의 시청자가 미국에서는 낮에, 유럽에서 밤에 시청을 하였다. 방청객들은 라프랜드Lapland에서 시실리Sicily까지, 그리고 세계 무역 박람회가 열리는 시애틀에서 미국 대륙을 건너 뉴욕 만의 자유의 여신상까지 여행을 하였다. 케네디John F. Kennedy 대통령은 백악관에서 TV 시청자에게 인사를 하였고, 우주 비행사 존 글렌은 머큐리 우주 프로그램에 대해서, 그리고 우주 비행사 윌리 쉬라는 곧 다가오는 시그마 7 우주 비행에 대해 이야기하였다.

하면서 자세를 안정화했고, 적외선 탐지기를 이용하여 지평선과 관계를 유지했다. 처음에는 70,650장의 영상을 전송했다. 물론 영상들은 지금의 기상 위성 사진과 비교할 때 선명하지는 않았다. 그러나 타이로스 인공위성은 현재 기상 인공위성의 선구자로서의 역할을 훌륭히 수행했다. 특히 허리케인의 진로를 미리 예측하는 데 효과적이었다.

통신 혁명의 시작

통신은 또 다른 우주 기술의 응용이었다. 이러한 사실은 1962년 발사된 텔스타 Telstar 위성을 포함해 초기 5년 동안에 발사된 인공위성이 잘 보여주었다. 인공위성을 이용해서 메시지를 보내는 최초의 공개실험은 1958년 12월에 이루어졌다. 인공위성은 아틀라스 B 로켓에 실려 발사되었다. 무게는 3.96톤이고 궤도는

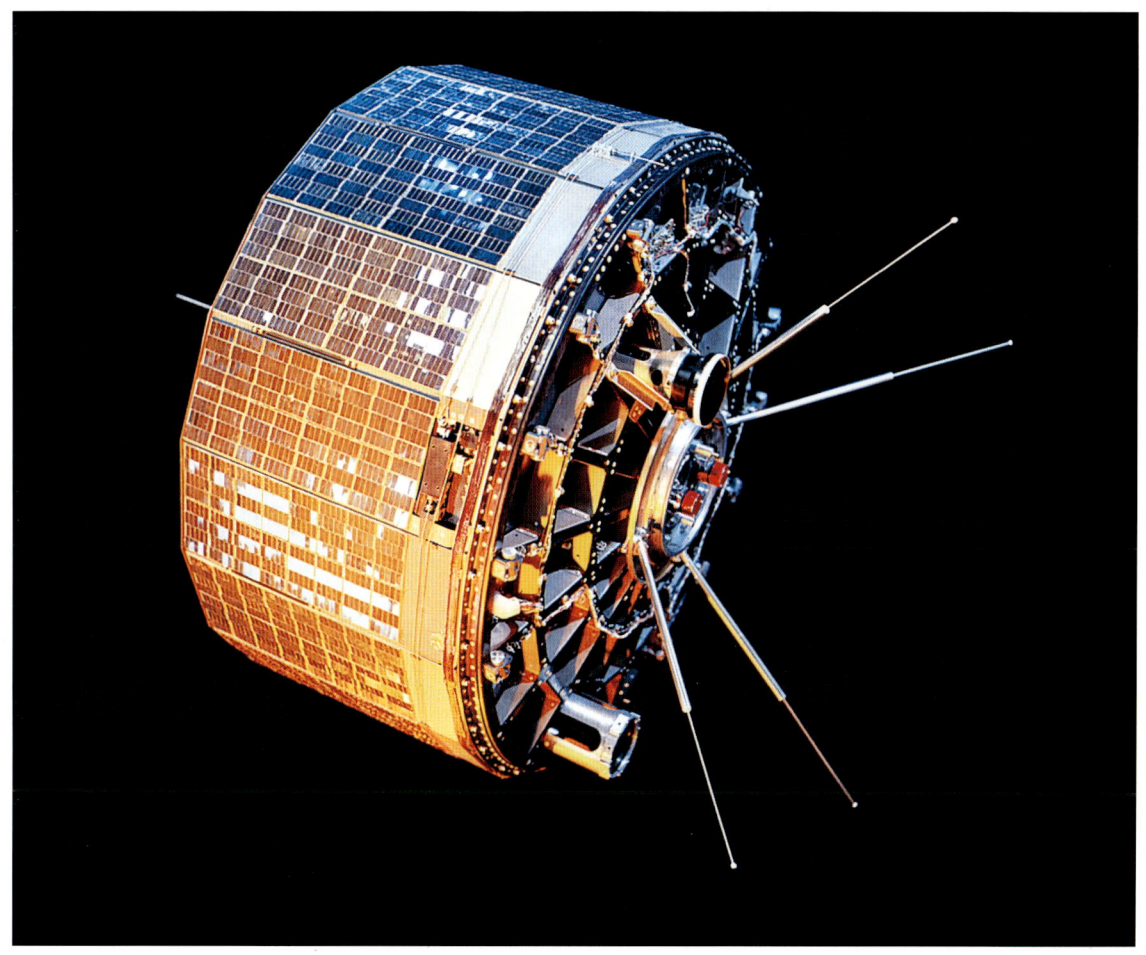

근지점 184km, 원지점 1,483km에 적도 경사각은 32.3도였다. 인공위성에는 '신호 통신 궤도 중계 실험'(SCORE)이라는 명칭의 탑재물을 실었다. 이 탑재물의 기능은 지상국으로부터 라디오 메시지를 받아서 다른 지상국으로 전달하는 것이었다. 스코어는 아이젠하워 대통령의 크리스마스 축하 메시지를 34일 동안 궤도에서 중계했다.

  1959년에는 영국의 조드랠 뱅크Jodrell bank에서 라디오 전파를, 준비된 위성인 달 표면에 보내고 3초 후에는 반사된 전파를 매사추세츠 주의 케임브리지에서 수신했다. 이런 방식의 통신 실험은 이후에 에코-1이라는 이름의 직경 30m 기구위성을 궤도에 올려 뉴저지 주의 홈델Holmdel에서 캘리포니아 주의 골드스톤Goldstone으로 TV 신호와 음성을 반사하는 데 이용되었다. 에코-1은 궤도 진입에 실패했다. 그러나 에코-1B는 1960년 8월 12일 성공적으로 발사되어 75.9도

● ● ●
위:무게 130kg의 타이로스 인공위성은 9,260개의 태양전지판에서 생산하는 전기를 64개의 재충전용 전지에 공급한다. 이 인공위성은 광각과 협각 비디오 카메라가 설치되어 궤도를 1회전할 때마다 32장의 영상을 찍었다.

오른쪽:녹음된 미국 대통령의 성탄 메시지를 담은 스코어 위성과 아틀라스B 로켓이 1958년 12월 발사를 기다리고 있다.

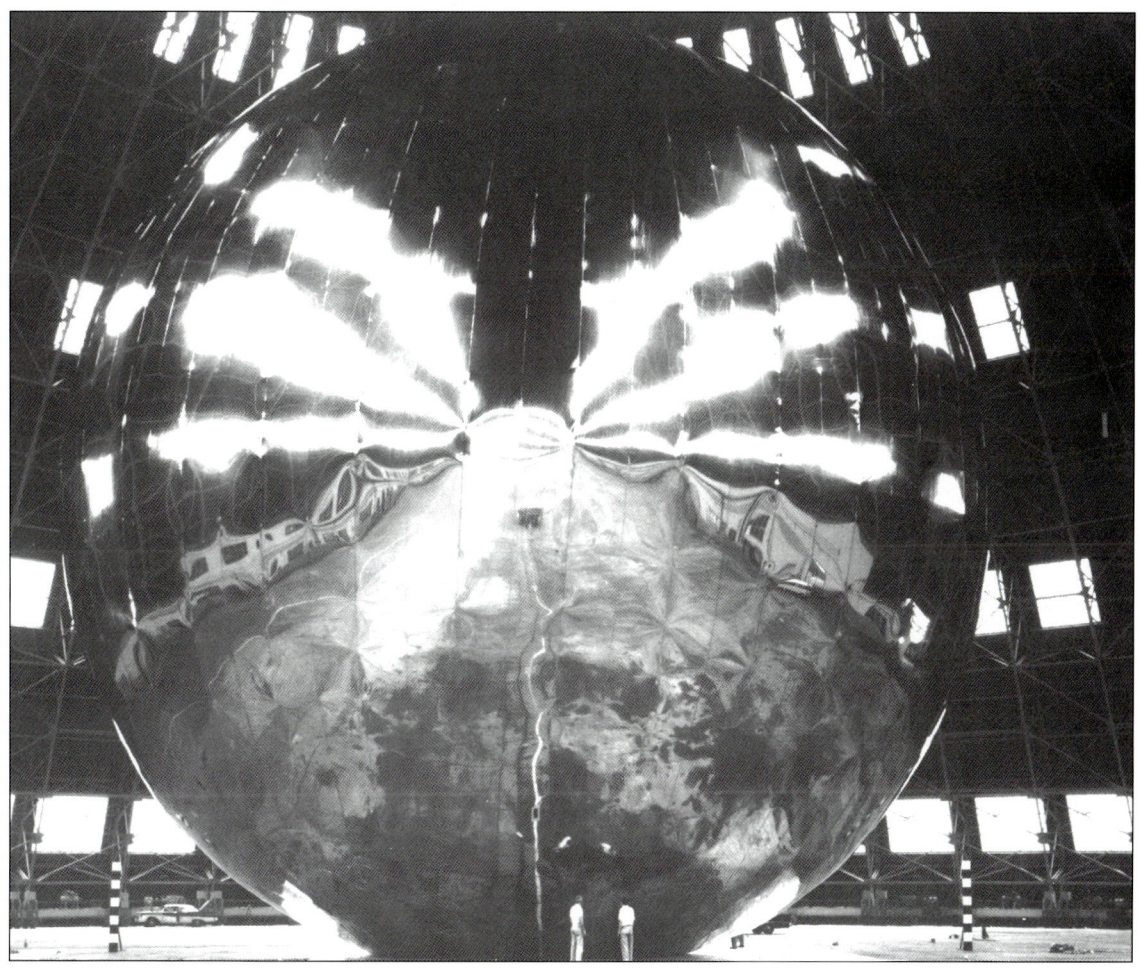

●●●
위: 전파가 잘 반사되도록 얇은 알루미늄 막을 마일라 플라스틱에 입힌 직경 30m의 에코 1호 기구위성. 작게 접어 우주로 발사한 후 기구처럼 팽창시켜 사용했다.

의 경사각과 1,524km의 근지점과 1,684km가 원지점인 궤도에 진입했다. 이 인공위성은 마일라Mylar 플라스틱 표면에 알루미늄 막을 얇게 입혔는데, 그 두께는 정확히 0.0127mm였다. 이 위성이 소어델타 로켓의 2단 위에 배치되었고, 61kg의 기구氣球는 약 20kg의 아세트아미드acetamide에 의해서 부풀려진다. 기구가 접히기 전에 인공위성 안에 있던 가루를 넣어 두는데, 기구가 우주로 올라가면 가루가 가스로 변하며 10분 만에 최대직경 30m로 팽창하게 되는 것이다. 에코 위성은 밤하늘에 천천히 움직이는 별처럼 선명하게 보여 세상 사람들의 상상력을 사로잡았다. 인공위성의 표면이 빛을 아주 잘 반사했기 때문이다. 이 인공위성이 보이는 시간은 신문에 주기적으로 공고되었다.

우주 응용의 가장 의미 있는 진전은 1962년 7월 10일 발사된 무게 77kg의 텔스타 1호에서 이루어졌다. 이 인공위성은 44.8도의 궤도 경사각과 936km와

개척자 텔스타 위성은 1962년 7월 발사되었다. 미국과 유럽 사이의 대서양을 건너 최초로 TV 생방송 전파를 전송하여 오늘날의 위성 TV와 위성 통신 혁명이 시작되었다.

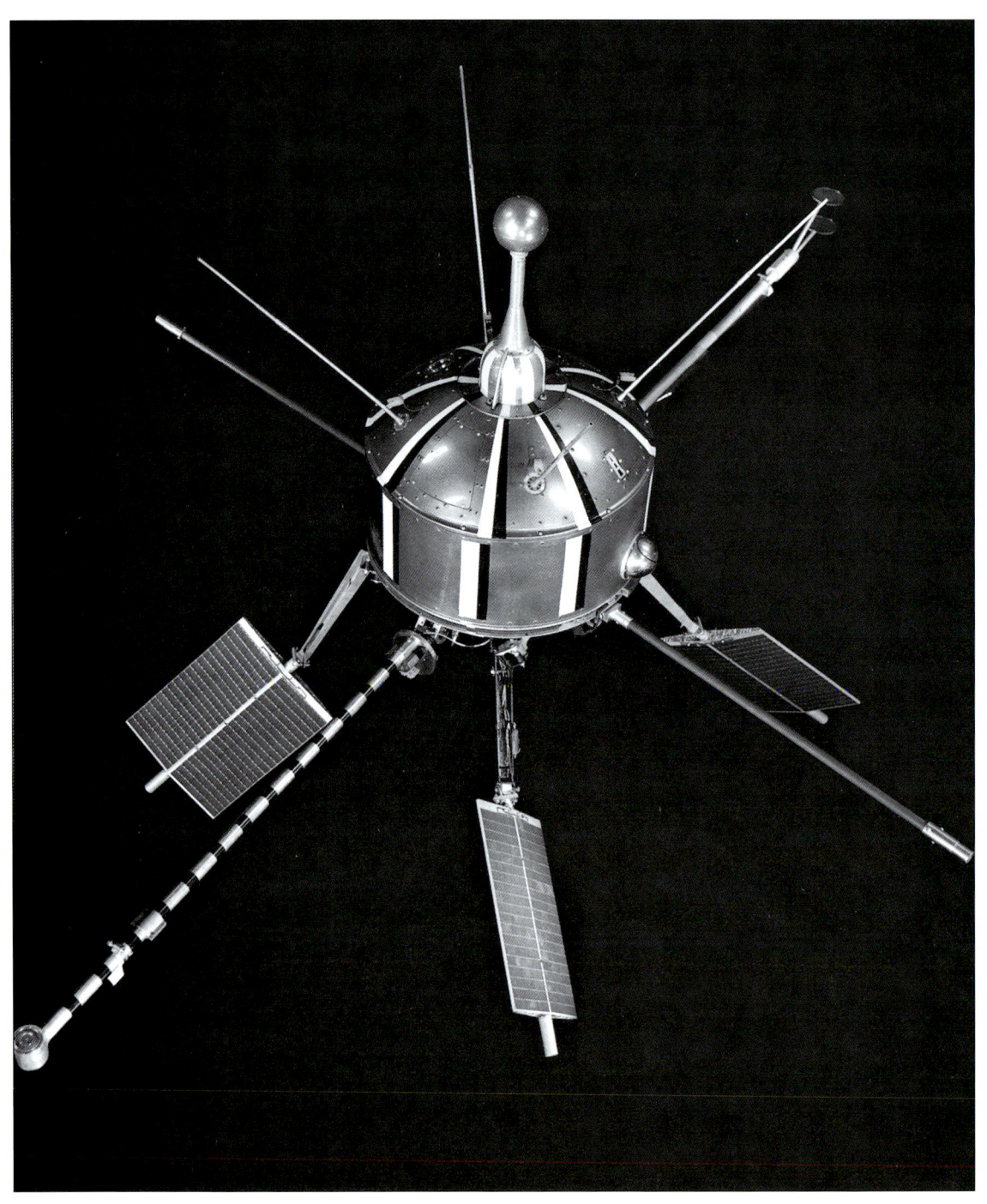

5,653km의 궤도에 진입하여 미국과 유럽으로 TV 생방송을 중계했다. 바로 인공위성 통신의 혁명이 시작된 것이다. 미국과 유럽의 지상국에서 대서양 위의 이 인공위성에 전파를 보내 실시간으로 텔레비전을 볼 수 있었다. 미국 전화와 전

보회사(AT&T)는 직경 80cm의 3형 텔스타 1호 인공위성을 이용한 광대역 TV와 전화 통신을 시범적으로 운영했다. 텔스타는 오늘날의 정지 궤도 통신위성의 선구자였다. 텔스타의 중요 기술은 송신전파 증폭기, 그리고 이와 관련된 설비였다. 이 설비로 미국 메인 주에 있는 앤도버Andover '벨' 사의 지상국에서 5,000배로 증폭한 전파를 영국의 콘월Cornwall과 군힐 다운Goonhilly Downs, 프랑스의 브리타니Brittany와 쁠러메르 보두Pleumer-Bodou의 지상국에서 받을 수 있었다. 사진을 찍어 미국에서 유럽으로 실시간에 보내는 것이 성공한 것은 1962년 7월 11일이었다. 이어 백악관에서 케네디 대통령의 메시지 등과 같은 TV 프로그램을 두 대륙 사이에 생중계했다.

미국과 소련 다음으로 우주에 인공위성을 갖게 된 나라는, 무게 60kg의 아리엘Ariel 1호를 발사한 영국이었다. 1962년 4월 26일, 아리엘 1호는 적도 경사각 53.9도, 근지점 389km, 원지점 1,214km 타원 궤도에 들어갔다. 아리엘 1호는 지구의 전리층과 태양과 지구의 전리층과의 관계를 조사하여 우주선(cosmic rays)을 기록하도록 설계되었다.

1962년 12월까지 우주 공학에는 대단한 진보가 이루어졌다. 우주 환경과 지구 사이의 상호작용 등 우주 속에서의 지구 주변에 관한 이해가 크게 증진되었다. 스푸트니크 1호가 5년 전에 우주시대를 시작했을 때 가능하다고 생각되지 않았던 우주 개발이 착실하게 진행되고 있었던 것이다.

먼 왼쪽:영국의 첫 번째 인공위성 아리엘 1호. 미국의 우주 로켓 소어델타 로켓에 실려 1962년 4월 발사되었다. 이 인공위성에는 우주선(Cosmic rays)과 지구의 이온층을 연구하도록 설계된 과학 기구가 실려있었다.

3장
최초의 유인 우주선

• • •

우주시대가 열리자 인간을 우주로 보내는 것은 당연한 것처럼 되었다. 사실 첫 인공위성을 우주로 발사한 후 최초로 우주 여행자가 지구 궤도에 오르는 데는 4년밖에 걸리지 않았다. 이 우주로의 약진은 냉전시대 두 강대국 간의 경쟁 때문에 빚어졌고, 그것은 양국 중 어느 국가가 최초로 인간을 우주에 보내느냐 하는 경쟁으로 발전했다.

왼쪽: 1965년 12월에 역사적인 최초의 랑데부가 진행되는 순간 제미니 6호가 찍은 제미니 7호.

위:보스토크 로켓이 바이코누르Baikonur 1번 발사대 위에서 유리 가가린Yuri Gagarin을 태우고 지구 궤도를 향해 떠나고 있다. 발사되는 최초의 사진과 귀한 영상물들은 1968년까지 공개되지 않았다.

미국이나 소련이 최대한 빨리 유인 우주선을 발사하기 위한 방법은, 보유하고 있던 대륙간 탄도탄과 같은 로켓을 이용해서 로켓 앞부분에 사람을 태워 보내는 것이었다.

유인 우주선의 무게는 좀 더 정확하게 계산해야만 했다. 물론 우주선에 탄 우주 비행사들의 생명을 유지해야 했고, 무사히 귀환시킬 수 있어야 했기 때문이다. 그럼에도 불구하고 우주선은 무척 기본적이고 간단하여 스푸트니크 1호가 발사되기 이전에 상상한 미래의 우주선과는 거리가 멀었다.

소련이 최초의 인공위성 발사에 성공함에 따라 우주 경쟁에서 손쉽게 선두를 차지한 듯했고, 1959년에 최초의 유인 우주 비행을 향한 노력이 시작되었다. 두 강대국은 유인 우주선 설계와 실험을 시작했다. 첫 번째 우주 비행사는 군인 파일럿 팀에서 선택을 했다. 그들은 소련에서는 코즈모노트cosmonaut로, 미국에선 애스트러노트astronaut로 알려지기 시작했다. 두 국가는 그들의 우주선 모델로 몇 가지 비행 실험을 하였는데, 그 우주선은 소련에서 보스토크Vostok로, 그리고

보스토크 Vostok

보스토크 로켓 위의 보스토크 우주선. 우주선은 재진입 시스템(retro-rocket system)을 포함한 원뿔 형태의 설비 모듈과 우주 비행사들의 체형에 맞게 제작한 사출 좌석 위에 누워 있는 구형의 낙하 모듈로 구성되어 있다.

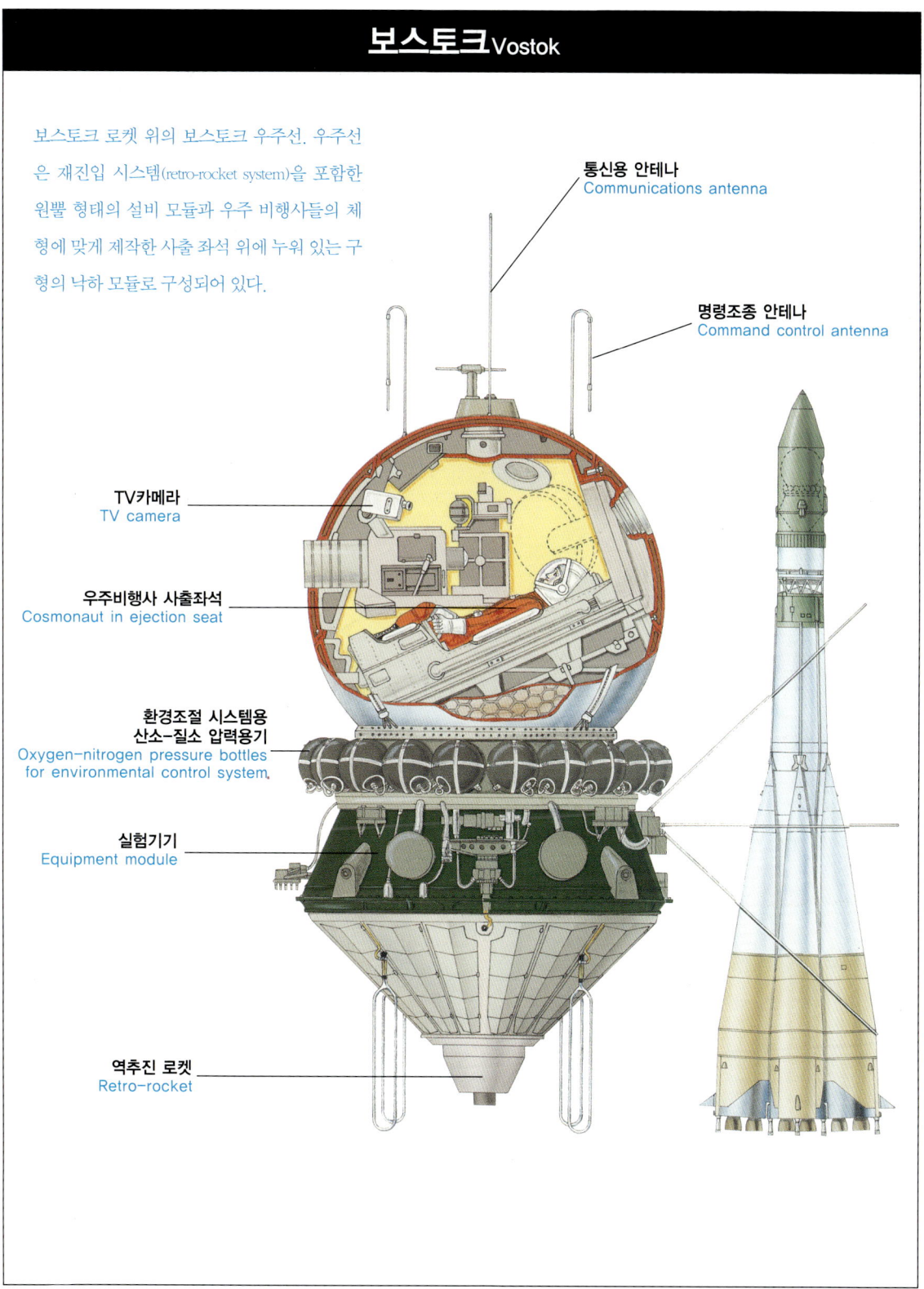

- 통신용 안테나 / Communications antenna
- 명령조종 안테나 / Command control antenna
- TV카메라 / TV camera
- 우주비행사 사출좌석 / Cosmonaut in ejection seat
- 환경조절 시스템용 산소-질소 압력용기 / Oxygen-nitrogen pressure bottles for environmental control system
- 실험기기 / Equipment module
- 역추진 로켓 / Retro-rocket

3장_최초의 유인 우주선

> 우주 유인 비행은 엄격하게 우주 비행사가 발사될 때와 착륙할 때 우주선 안에 있어야 한다고 정의하고 있다. 가가린이 그의 우주선에서 이탈하여 낙하산을 타고 착륙했다는 사실은 그의 역사적인 비행 이후 오랫동안 공개되지 않았다.

미국에서는 머큐리Mercury로 알려졌다. 미국의 실험은 완전히 공개되었으나 소련의 실험은 일급비밀이었다. 이런 다양한 시험 비행은 로켓과 우주선의 개발을 위한 것이고, 많은 로켓들이 우주 개척자로 동물들을 탑승시켰다. 소련은 개를 이용한 반면, 미국은 침팬지를 이용했다. 이러한 실험들은 매우 귀중했고 절대로 필요한 것이었다. 특히 많은 실험은 실패로 끝났다. 소련의 경우 많은 동물이 죽었음에도 불구하고 그 당시에는 알려지지 않았다.

보스토크

1961년이 되자 미국과 소련은 유인 우주선을 띄울 만반의 준비를 갖추었다. 미

유리 가가린Yury Gagarin, 1934.3.9~1968.3.27의 탈출

유리 가가린은 많은 업적을 이루었지만, 우주 공간에서 죽은 최초의 인간이 될 수도 있었다. 가가린의 우주선이 역추진 로켓을 분사한 이후 문제가 발생해 재진입하는 동안에 아주 위험했다는 사실이 나중에 알려졌다. 구 모양의 캡슐 안에서, 가가린은 재진입을 위하여 우주선의 속도를 늦추려고 설비 모듈(instrument section)에 부착되어 있는 역추진 로켓을 발사했을 때 반동을 느낄 수 있었다. 역추진 로켓은 계획대로 40초 동안 연소되었다. 설비 모듈은 대기권으로 돌입하기 위하여 둥그런 낙하 모듈(캡슐)과 분리되도록 설계되어 있었으나 분리에 실패했다. 우주선은 심하게 덜컹거렸고, 30rpm의 속도로 회전을 했다. 우주선이 지구 대기권 상층부에 진입할 때 회전은 감소했지만, 대신 좌우로 90°씩 심하게 움직였

위 : 1961년 4월 12일에 바이코누르 우주항의 발사대에서 유리 가가린이 세르게이 코롤로프Sergei Korolev에게 작별 인사를 하는 모습.

다. 가가린은 우주선 창문 밖으로 진홍색의 밝은 불꽃을 감지했다. 재진입은 딱딱거리는 큰 소리와 함께 시작되었다. 우주선은 조종 불가능한 상태로 재진입하고 있었고, 아주 위험한 분열이 일어났다. G값은 10g 수준까지 올라갔다. 재진입하면서 생긴 강한 열이 캡슐과 설비 모듈 사이에 연결되어 있던 탯줄을 끊어 버려 설비 모듈이 떨어져 나갔던 것이다. 가가린의 재진입은 그 이후 안정되었다. 그는 계획대로 자동적으로 캡슐로부터 사출되었고, 그가 외계인일지도 모른다고 생각한 여인과 아이가 바라보는 가운데 밭에 착륙했다. 국제 항공 연맹의 법규에 따르면 유인 우주 비행은 발사할 때와 마찬가지로 착륙할 때도 사람이 우주선에 타고 있어야 하는 것이다.(이것은 소련이 주장한 것이다.) 그러나 가가린이 우주선과 분리되어 낙하산으로 착륙했다는 사실은 훨씬 나중에 알려졌다.

소련 보스토크Soviet Vostok의 임무

날짜	발사체	임무
1959년 7월 18일	보스토크	무인비행실험.(발사 실패)
1960년 4월 15일	보스토크	무인비행실험.(발사 실패)
1960년 4월 16일	보스토크	무인비행실험.(발사 실패)
1960년 5월 15일	스푸트니크 4	모형 비행사로 무인비행실험. 역추진 로켓은 위성을 재진입시키는 대신 더 높은 궤도로 보냈다.
1960년 7월 28일	보스토크	로켓이 폭발함에 따라 개 차이카Chaika와 리시취카Lisichka가 죽음.
1960년 8월 19일	스푸트니크 5	개 스트렐카Strelka와 벨카Belka가 보스토크 캡슐 안에서 궤도를 18바퀴 돈 후 귀환.
1960년 12월 1일	스푸트니크 6	보스토크는 재진입 동안 소각됨. 개 피첼카Pchelk와 무쉬카Mushka 죽음.
1960년 12월 22일	보스토크	개 담카Damka와 카라사브크Krasavk는 발사 실패 후 귀환.
1961년 3월 9일	스푸트니크 9	개 체르누쉬카Chernushka 보스토크 실험 후 귀환.
1961년 3월 25일	스푸트니크 10	개 즈베즈도치카Zvezdochka 보스토크 실험 후 귀환.
1961년 4월 12일	보스토크 1	최초의 우주 비행사 유리 가가린 1시간 48분 동안 우주비행.
1961년 8월 6일	보스토크 2	헤르만 티토프Gherman Titov가 최초로 하루 동안 1일 1시간 11분의 비행을 함.
1962년 8월 11일	보스토크 3	앤드래인 니콜라예프Andrian Nikolyev가 3일 22시간 9분의 비행을 함.
1962년 8월 12일	보스토크 4	파벨 포포비치Pavel Popovich가 2일 22시간 44분의 비행을 하는 동안 보스토크를 가깝게 지나감.
1963년 6월 14일	보스토크 5	발레리 비코프스키Valeri Bykovsky가 가장 긴 4일 22시간 44분의 1인 비행을 함.
1963년 6월 16일	보스토크 6	최초의 여성 우주 비행사 발렌티나 테레쉬코바Valentina Tereshkova가 2일 22시간 40분 비행을 함.

왼쪽: 1960년 8월 개 스트렐카Strelka와 벨카Belka가 최초로 지구에 귀환한 생물이 된 후 환희 속에서 높이 들려지는 모습.

오른쪽: 발렌티나 테레쉬코바Valentina Tereshkova는 1963년 보스토크 6호를 타고 지구 궤도를 돈 최초의 여성이 되었다.

국 해군의 앨런 B. 셰퍼드[1]는 1961년 3월에 우주 비행을 위해 시험 탄도 비행 준비를 하고 있었다. 그러나 유인 우주선 발사는 안전을 확인하기 위해 무인 레드스톤 로켓을 한 번 더 발사하기로 함에 따라 5월로 연기되었다. 1961년 4월 12일에 소련은 공군 대위 유리 가가린을 궤도 위에 올렸다. 셰퍼드와 미국은 경쟁에서 진 것이다. 가가린의 비행은 전세계 언론의 엄청난 주목을 받은, 20세기 가장 위대한 비행 중 하나가 되었다. 가가린은 세계적인 영웅으로 환대를 받았다. 소련은 우주 경쟁에서 승리를 거둔 것처럼 보였다. 하지만 나중에 밝혀진 바에 따르면 사실상 가가린은 우주선을 조종하는 우주 비행사가 아니라 우주선에 가만히 타고만 있는 승객이었고, 지구로 귀환했을 때도 우주선에서 지구에 발을 내려놓지 않았다. 소련 유인 우주선이 지구로 귀환을 한 곳은 바다가 아닌 육지였다. 가가린은 귀환 캡슐에서 탈출해 낙하산으로 착륙했고, 캡슐은 캡슐대로 낙하산을 펴고 따로 지구에 착륙했다.[2] 보스토크 로켓은 스푸트니크를 발사한 대륙간 탄도탄과 비슷하나 상단로켓(upper stage)을 부착한 로켓인 SL-3 위에 실려서 발사되었고, 지정된 궤도에 도달한 후 상단 로켓과 분리되었다.

보스토크 우주선은 무게 4.73톤, 길이 4.4m, 직경 2.43m였다. 우주 비행사는 무게 2.46톤, 직경 2.3m의 구 모양의 귀환용 캡슐 안에서 비행했다. 우주 비행사는 초속 10m의 속도로 하강하는 우주선에서 100g의 짐을 지고도 낙하산을 펴 탈출할 수 있는 사출좌석에 앉았다. 우주 비행사는 캡슐에서 탈출하여 낙하산을 타고 초속 5m의 속도로 착륙했다. 훨씬 큰 낙하산 시스템이나 더 부드러운 역추진 착륙은 발사할 때의 우주선 무게 때문에 불가능했다. 사출좌석은 발사가 실패했을 경우 탈출용으로도 사용되었다. 그때도 비행은 매우 간단했고, 비행사는 단지 승객에 불과했다.

선실은 음식 저장고, 라디오, 실험상자와 광학 방향 지시기를 가진 창으로 구성되어 있었다. 조종실 안은 비행사가 안전벨트를 풀고도 떠다니기에 충분한 공간이 있었다. 가가린은 그렇게 못했지만, 나중에 탑승한 우주 비행사들은 그렇게 할 수 있었다.

모듈[3]에는 외부 명령과 조종, 그리고 통신용 안테나가 부착되어 있다. 그리고 캡슐 외부의 열 방어 보호막은 재진입시 열을 흡수하고 태워지도록 설계되었다. 낙하 모듈 밑에는 설비 모듈이 있는데, 낙하 모듈을 둥글게 감싸고 있는 네 개의 금속 띠로 두 모듈을 부착하였고 통신, 전기, 산소 파이프 등이 들어 있는

---

1 앨런 B. 셰퍼드Allan B. Shepard 1923.11.18~1998.7.21: 미국 최초의 우주 비행사. 1961년 5월 5일 프리덤 7호를 타고 185km 높이에서 15분 동안 궤도에 진입하지 못한 채 탄도비행을 했다.

2 가가린의 착륙 과정은 수년간 공개되지 않았다. 그 이유는 국제항공연맹(FAI)의 규정을 위반했기 때문이다. FAI는 비행체에 승무원이 탑승한 채 이륙하고 착륙해야 기록을 인정했다.

3 모듈 : 우주선의 일부를 이루지만 독립적으로 작동할 수 있는 시스템.

먼 오른쪽:1961년 5월 5일 머큐리 레드스톤Mercury Redstone 3호가 앨런 셰퍼드를 태운 프리덤Freedom 7호를 싣고 이륙하는 모습. 15분 동안의 그의 우주 비행은 미국 최초의 유인 우주 비행이었다.

태줄이 두 모듈 사이에 연결되어 있었다. 무게 2.27톤의 설비 모듈은 길이가 2.25m, 최대직경은 2.43m의 원뿔형인데, 여기에는 우주 비행사의 생명 유지 시스템에 공급할 산소와 질소가 들어 있고, 지구의 대기권에 낙하 모듈이 재진입하도록 비행 속도를 늦추는 데 중요한 역추진 로켓 시스템이 달려 있다.

보스토크는 만약 역추진이 실패할 경우, 중력과 대기의 끌림에 의해 자연적으로 10일 안에 지구 대기권으로 재진입할 수 있도록 충분히 낮은 궤도에 발사되었다. 추력 1.61톤의 역추진 로켓은 산화질소를 산화제로, 그리고 산화제와 자동적으로 점화되는 아민을 기초한 연료를 썼으므로 점화 장치는 필요하지 않았다. 이 로켓은 45초 동안 점화하여 궤도 속도를 대략 초속 155m로 줄였다.

머큐리 계획

1958년 10월 1일, 미국은 우주경쟁에서 소련을 추월하기 위해 미국항공우주국(NASA)을 발족시켰다. NASA는 라이트 형제가 하늘을 처음으로 난 지 100주년이 되는 1958년 12월 17일에 유인 우주선을 발사하겠다는 내용의 '머큐리 계획'을 발표했다.

가가린의 착륙 직후인 1961년 5월 5일, 세 번의 동물 우주 비행에 성공해 자신감이 생긴 미국은 레드로켓을 장착하고 캡슐을 실은 우주선 '프리덤 7호'에 앨런 B. 셰퍼드를 태워 우주로 보냈다. 미국 최초의 유인 우주선 발사였다. 셰퍼드는 15분간 지속된 탄도 비행을 통해 우주 공간에서 비행사가 직접 우주비행선을 조정할 수 있다는 것과, 러시아의 보스토크처럼 육지에 착륙하는 것보다 바다에 착륙하는 것이 좋다는 것을 증명해 보였다.

앨런 B. 셰퍼드는 미국인들의 열렬한 환대를 받았다. 하지만 그것은 보스토크 1호와 비교해 볼 때 꽤 수수한 비행이었다. 머큐리의 캡슐은 보스토크보다 훨씬 작았다. 너무 작아서 비행사들이 농담으로 "들어가지 않고 입는다"고 말할 정도였다.

캡슐은 2.76m 높이에 바닥 직경은 1.85m였다. 무게는 발사시에 1.35톤이었다. 바닥은 융제용 열 보호막으로 덮여 있었고 캡슐은 재진입 동안 열 보호막이 올바른 방향을 가리키도록, 그리고 대기권으로 진입하는 바른 각을 만들 수 있도록 조심스럽게 동쪽으로 향해 있어야 했다. 고체 추진제를 쓰는 역추진 로켓은 열 보호막에 붙어 보통 점화 후, 재진입 전에 분리되었다. 머큐리는 보스토크

머큐리 Mercury

우주선 윗부분에 발사 비상 탈출 시스템 로켓(launch-escape-system rocket)이 있다. 이 그림에서 머큐리의 비좁은 공간이 잘 드러난다.

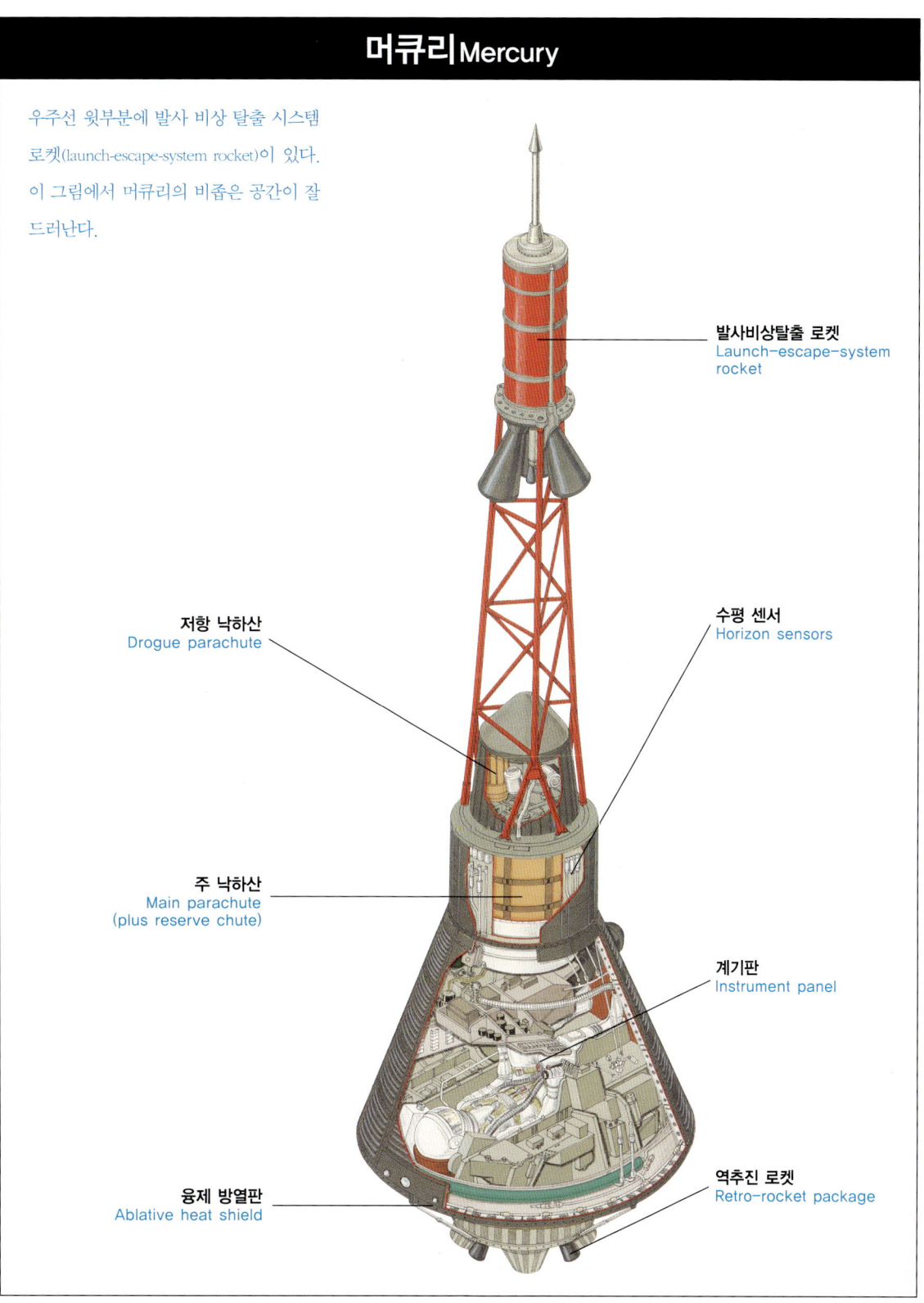

- 발사비상탈출 로켓 Launch-escape-system rocket
- 저항 낙하산 Drogue parachute
- 수평 센서 Horizon sensors
- 주 낙하산 Main parachute (plus reserve chute)
- 계기판 Instrument panel
- 융제 방열판 Ablative heat shield
- 역추진 로켓 Retro-rocket package

3장_최초의 유인 우주선 · 71

미국 머큐리 US Mercury 우주선의 임무

날짜	발사체	임무
1959년 8월 21일	리틀 조 1	Max Q 중지 탈출 시스템 실험.(실패)
1959년 9월 9일	빅 조	융제 열 보호막 테스트 실험.(실패)
1959년 10월 4일	리틀 조 6	캡슐 공기 역학 실험.(부분적 성공)
1959년 11월 4일	리틀 조 1A	Max Q 중지 탈출 시스템 실험.(실패)
1959년 12월 04일	리틀 조 2	원숭이 샘Sam의 고고도에서 탈출 실험.(성공)
1960년 1월 21일	리틀 조 1B	원숭이 미스 샘Sam의 Max Q 중지 탈출 시스템 실험.(성공)
1960년 5월 9일		발사 탈출 시스템(launch-escape system) 실험.(성공)
1960년 7월 29일	머큐리 아틀라스 1	최초의 로켓/우주선 통합 발사.(실패)
1960년 11월 8일	리틀 조 5	Max Q 에서의 캡슐 자격.(실패)
1960년 11월 21일	머큐리 레드스톤 1	이륙 중지, 우발적 발사대 화재 탈출.(실패)
1960년 12월 19일	머큐리 레드스톤 1A	15분 45초간의 궤도에 오르지 않는 비행 복귀.(성공)
1961년 1월 31일	머큐리 레드스톤 2	침팬지 햄Ham의 비행.(성공) 그러나 문제 많음.
1961년 3월 18일	리틀 죠 5A	Max Q 탈출 그리고 충돌 실험.(부분적 성공)
1961년 3월 24일	머큐리 레드스톤 BD	궤도에 오르지 않는 비행.(성공)
1961년 4월 25일	머큐리 아틀라스 3	머큐리 캡슐의 궤도 비행 : 부스터 폭발.
1961년 4월 28일	리틀 조 3B	Max Q 탈출 진행 실험.(부분적 성공)
1961년 5월 5일	머큐리 레드스톤 3	앨런 셰퍼드가 프리덤Freedom 7호를 타고 15분 28초의 비행.(성공)
1961년 7월 21일	머큐리 레드스톤 4	거스 그리솜이 리버티 벨Liberty bell 7호를 타고 15분 37초간 궤도를 오르지 않는 비행.(성공) 그러나 캡슐 가라앉고 그리솜은 구조됨.
1961년 9월 13일	머큐리 아틀라스 4	첫 번째 머큐리 캡슐의 궤도 비행.(성공)
1961년 11월 1일	MS 1	머큐리 실험.(실패)
1962년 11월 29일	머큐리 아틀라스 5	침팬지 에노스Enos가 머큐리 캡슐을 타고 궤도 두 바퀴를 돈 후

위: 원숭이 샘Sam이 머큐리 탈출 로켓 고고도 시험 비행을 준비하고 있다.

위: 고든 쿠퍼Gordon Cooper의 머큐리 아틀라스가 케이프 커내버럴Cape Canaveral의 14번 발사대에서 발사를 준비하고 있다.

			중지됨. 에노스Enos는 귀환.
1962년	2월 20일	머큐리 아틀라스 6	존 글렌이 프리덤Freedom 7호를 타고 4시간 56분 동안 지구 궤도 세 바퀴를 돎.(성공)
1962년	5월 24일	머큐리 아틀라스 7	스콧 카펜터Scott Carpenter가 오로라Aurora 7호를 타고 4시간 56분 동안 지구 궤도 세 바퀴를 돎.
1962년	10월 5일	머큐리 아틀라스 8	윌리 쉬라Wally Schirra가 시그마Sigma 7호를 타고 9시간 13분 동안 지구 궤도 여섯 바퀴를 돎.
1963년	5월 15일	머큐리 아틀라스 9	고든 쿠퍼Gordon Cooper가 신의Faith 7호를 타고 4시간 19분에 지구 궤도 22바퀴를 돎.

와 달리 우주 비행사가 직접 조종했다. 조종실의 우주 비행사 얼굴 앞면에는 100개가 넘는 계기와 제어장치가 설치되어 있어 우주선의 방위와 위치, 환경과 통신 상태 등을 알려 주었다. 가운데 부분에 잠망경이 있고, 캡슐에는 창문이 있는데 첫 번째 우주선만 둥그런 창문이었고, 나머지는 직사각형 창문을 가지고 있었다.

머큐리 캡슐의 위치는 비행기 조종간과 비슷하게 닮은 조종간을 이용하여 변경하고 조절할 수 있었다. 이 조종간은 우주선의 여러 부분에 위치한 10개의 분사 제어용 로켓에서 나오는 과산화수소 가스 분출량을 조정했다. 이런 움직임들은 자동안정 조종시스템(ASCS), 안정화 및 과조정시스템(RSCS), 혹은 수동이나 전기적인 방법으로 조절할 수 있었다. 머큐리 우주선의 비상탈출 시스템은 캡슐 윗부분에 고체 추진제 로켓을 부착하였다. 비상 출입구는 수면에 착륙한 이후와 같은 긴급한 대피 상황에서 화약으로 폭발시켜 열었다. 머큐리는 보조 낙하산과 주 낙하산을 펴고 바다로 내려왔고, 착수 충격을 완화하기 위해 후

아래:조마조마하게 재진입 후 바다에 착수한 프랜드십 7호 캡슐을 회수하고 있다.

미로부터 10g의 착륙용 완충백을 펼쳤다.

유인 머큐리 우주선은 궤도에 진입하지 않는 탄도 비행을 위해서는 레드스톤 로켓 위에서 발사되었고, 궤도 비행을 위해서는 아틀라스Atlas 로켓 위에서 발사되었다.

원래는 7명의 머큐리 우주 비행사들이 각각의 궤도 비행 전에 우주 비행에 익숙해지기 위해 레드스톤 탄도 비행을 하는 것이었으나, 세 번만 탄도 비행하는 것으로 계획이 수정되었다. 세 번의 비행 중 두 번째는 거스 그리솜이 1961년 7월 21일, 리버티 7호라고 스스로 이름 붙인 캡슐을 타고 비행한 것이다. 그 비행은 착수 후 출입구가 너무 빨리 열린 것을 제외하고는 훌륭했다.

물이 캡슐 안으로 들어오는 순간, 그리솜은 재빠르게 탈출을 시도했고 헬기가 캡슐이 가라앉는 것을 막으려고 하면서 혼란한 상황이 벌어져 하마터면 익사할 뻔했다. 다행히 그리솜은 구조됐으나 캡슐은 가라앉고 말았다. 1999년 리버티 벨Libertybell 7호는 잠수 구조정의 탐색 결과 대서양 바닥에서 끌어 올려졌다. 이후의 레드스톤 탄도 비행 계획은 취소되었다.

더 많아진 소련의 '최초 기록'

25세의 소련 우주 비행사 헤르만 티토프Gher man Titov는 최연소 우주 비행사이다. 1961년 8월, 그는 보스토크 2호에 승선하여 하루 이상을 우주에 머물렀다. 이것은 가가린이 궤도를 한 바퀴 돈 것과 비교해볼 때 경험 면에서 대단한 도약이었다. 티토프는 우주 공간에 오래 머물러야 했다. 그는 지구의 자전 때문에 17바퀴나 돈 후에야 낮에 소련의 안전 지대에 착륙할 수 있었다. 티토프는 우주 멀미를 했지만, 잠깐 동안 잠을 자고 치약 같은 튜브를 통해 음식을 먹고 물도 마실 수 있었다. 우주 멀미는 주로 내이(inner ear)가 무중력 상태에 노출될 때 생기는 영향 때문이었다. 물론 소련은 그 모든 어려움들을 언급하지 않았다. 티토프는 영웅으로 환대를 받았다. 가가린과 티토프는 인간이 닿을 수 있는 가장 높은 경사각 궤도인 65도까지 비행했다.

또 다른 영웅은 미국인 우주 비행사 존 H. 글렌이었다. 그는 1962년 2월 마침내 프렌드십 7호를 타고 미국을 지구 궤도에 올렸다. 소련이 가가린을 궤도에 보내기에 앞서 개들을 태워 시험 비행한 것처럼 미국은 글렌의 비행에 앞서 1961년 11월에 침팬지 에노스Enos를 먼저 우주로 보냈다. 글렌의 지구 궤도 비

프랜드십Friendship 7호의 효과

1962년 2월 20일, 프랜드십Friendship 7호에 승선한 존 글렌의 우주 비행은 역사상 아주 유명하다. 그가 지구 궤도를 3바퀴를 돌았다는 것 때문이 아니었다. — (러시아의 우주 비행사는 글렌의 비행이 있기도 전에 이미 지구를 17바퀴나 돌았다.) 그 이유는 글렌으로 인해 미국은 우주 영웅을 발견했기 때문이었다. 그 이전에 탄도 비행을 한 미국의 우주 비행사 앨런 셰퍼드와 거스 그리솜에게는 이런 비행이 다소 어려웠다. 짧고 붉은 머리에 주근깨 투성이의 옆집 소년같이 친근한 얼굴을 한 글렌이 미국 최초로 지구 궤도 비행을 했다는 사실은 미국 국민들의 사기를 진작시켰다. 그의 비행은 신문, TV, 라디오 생방송을 통해 전세계적인 언론의 관심을 받았다. 그의 비행은 드라마틱했다. 그가 탄 우주선에 이상 신호가 감지되었다. 그 신호는 글렌이 탑승한 캡슐의 열 보호막이 느슨해져서 그와 그의 우주선이 재진입할 때 불에 타버릴

위:프랜드십Friendship 7호의 자동 카메라가 우주 비행 동안 존 글렌을 모니터한다.

수 있다는 것을 의미했다. 나중에서야 신호가 잘못된 것으로 증명되었지만, 그 사실은 글렌이 재진입 하는 동안 열 보호막이 제자리를 잡게 하기 위해 위험스럽게도 역추진 로켓 팩을 지녀야 한다는 것을 뜻했다. 이러한 모든 사건은 국민이 짜릿한 스릴을 느끼게 만드는 것이었다. 열 보호막의 가죽 끈이 불에 타서 나가떨어져 그의 옆을 둥둥 떠다닐 때 그 모습이 글렌에게는 꽤 장관이었던 모양이다. 재진입시 예상된 통신의 두절 후, 글렌은 지지직거리는 소리와 함께 다시 방송으로 되돌아왔다. "와우, 진짜 불덩이였네……."

행 세 바퀴는 미국의 사기를 높였다. 마침내 미국이 소련을 따라잡은 것처럼 보였다. 다시 한 번 지구 궤도 세 바퀴를 도는 임무는 1962년 5월 오로라 7호에 탑승한 스콧 카펜터Scott Carpenter가 수행했다. 카펜터는 실수로 착수 지점을 400km나 빗나가긴 했지만 NASA에 우주 비행 길이를 늘렸다는 자신감을 주었다.

한편, 소련은 두 우주 비행사가 우주 공간에서 만나는, 우주 항공 역사에 길이 남을 만한 대단한 업적을 남겼다. 보스토크 3호는 앤드리안 니콜라예프Andriyan Nikolayev를 태우고 1962년 8월 11일 처음 발사되었고, 다음날 파벨 포포비치Pavel Popovich를 태운 보스토크 4호가 발사되었다. 두 우주선은 궤도가 일치함에 따라 6.4km 간격을 두고 지나갔다. 이것은 사실상 만남은 아니었다. 우주선이 그들의 궤도를 바꾼 것일 뿐 약속에 의한 만남도 아니었다. 소련 연방과 이에 잘

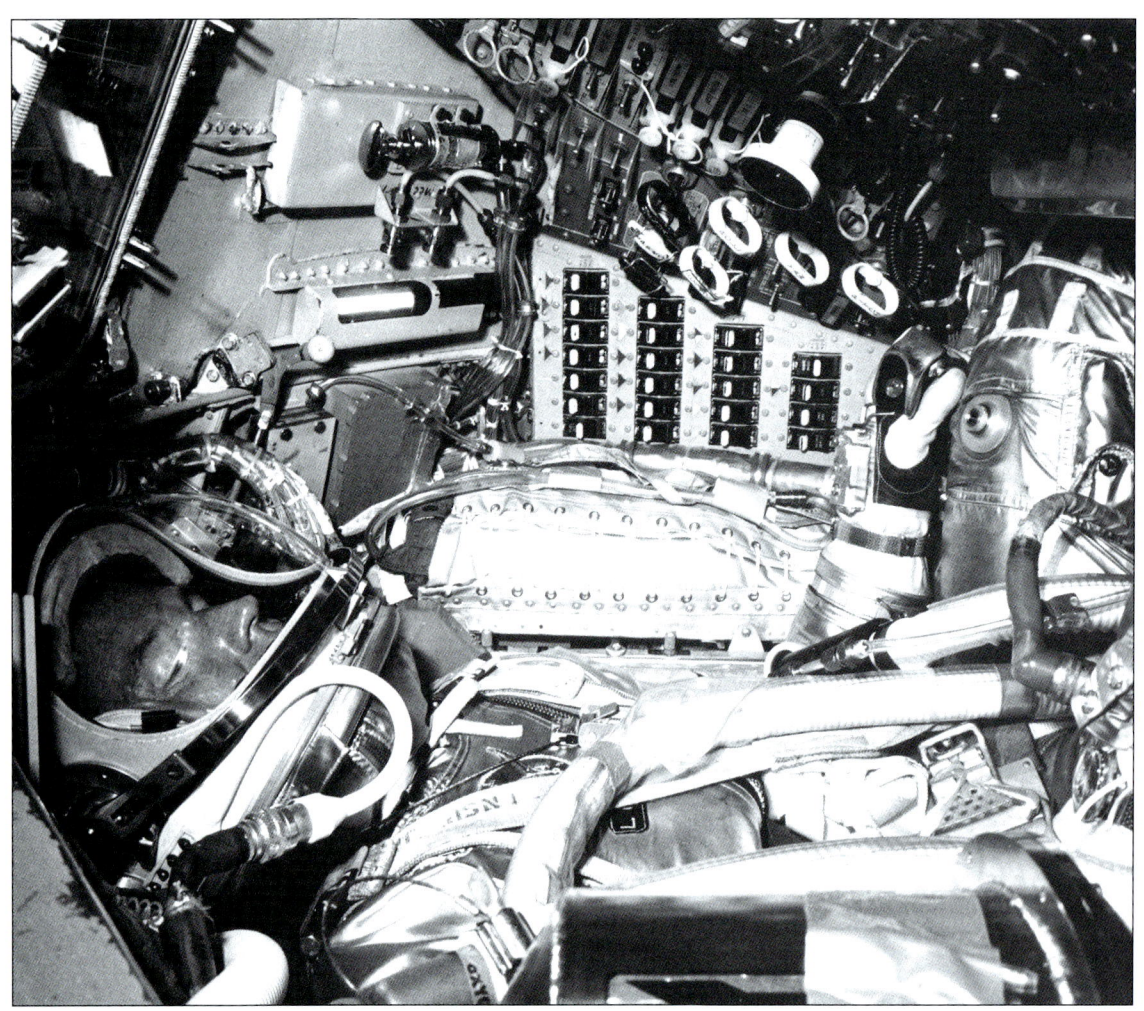

위:우주 비행사 고든 쿠퍼Gordon Cooper가 페이스Faith 7호 안에서 비행 연습을 하는 동안 머큐리 캡슐 내부의 비좁은 환경을 보여주고 있다.

먼 오른쪽:1962년 8월 3일 월리 쉬라Wally Schirra를 태운 시그마 7호의 발사 모습. 그의 아틀라스 로켓은 발사와 비행 중지를 하는 동안 급격한 좌우 요동을 고려하도록 개발되었다.

속는 서방 언론은 곧이곧대로 받아들였고, 우주 항공 경쟁에서의 소련의 '리드'는 더욱더 확고해졌다. 한편 니콜라에프는 유인 우주 비행 시간을 거의 4일까지 늘려놓았다.

1962년 10월, 월리 쉬라Wally Schirra는 시그마 7호를 타고 지구 궤도를 9회 돌았다. 1963년 5월 15일, 고든 쿠퍼Gorden Cooper는 34시간 동안 지구 궤도를 22회 돌며 머큐리 계획의 마지막 임무를 수행했다. 미국의 진정한 승리였다. 특히 쿠퍼는 귀환할 때 발생한 몇 가지 문제를 잘 극복했다. 소련의 보스토크 프로그램에 대한 커튼콜curtain call은 1963년에 이루어졌다. 놀랍게도 또 다른 최초의 기록이 되었다. 발렌티나 테레슈코바는 우주 여행을 한 최초의 여성이 된 것이다. 그녀는 1963년 6월 16일 보스토크 6호에 승선했다. 그녀는 이틀 전 발레리 비코프

오른쪽:보스호트 로켓은 보스토크 로켓에 좀더 성능이 좋은 새로운 상단 로켓을 부착하여 개량하였다.

보스호트 Voskhod

스키 Valeri Bykovsky가 탑승한 보스토크 5호와 짧게 근접 우주 비행을 했다. 테레슈코바는 전직 방직 공장 노동자였고, 아마추어 낙하산 강하자였다. 그녀는 우주 비행을 하는 대부분의 시간에 우주 멀미를 하였고, 계획보다 빨리 내려오기를 간청했다. 반면에 비코프스키는 약 5일 동안 우주 비행을 지속해 단독 비행 역사상 우주에서 가장 오래 머무른 사람이 되었다.

이것은 소련에게 대단한 성공이었다. 니키타 흐루시초프 수상은 훨씬 더 인상에 남는 위업을 갈망하며 3명의 우주 비행사를 우주로 보낼 것을 명령했다. 2명을 탑승시키는 미국의 제미니 계획을 따돌리기 위해서였다. 당시 소련은 3인승 우주선을 가지고 있지 않았으므로 보스토크 우주선에 3명을 태우기 위해 내부를 개조하였다. 그 결과 1964년 10월 12일에 첫 비행을 한 보스호트 1호는 역사상 가장 모험적인 경험을 했다.

보스호트

보스호트 우주선은 기본적인 보스토크 우주선에서 몇몇 부품들을 빼거나 추가한 것인데, 무게는 5.4톤으로 증가했다. 더 무거운 우주선

소련 보스호트Voskhod의 임무

날짜	발사체	임무
1964년 10월 6일	코스모스 47	보스호트의 성공적인 무인 비행 실험.
1964년 10월 12일	보스호트 1	세 비행사, 블라디미르 코마로프와 콘스탄틴 페오크티스토프, 보리스 예고로프의 성공적인 1일 17분의 비행.
1965년 2월 22일	코스모스 57	무인 보스호트 2호 실험 비행이 궤도에서 폭발.
1965년 3월 7일	코스모스 59	보스호트 없이 선외 활동용 에어로크 실험.
1965년 3월 18일	보스호트 2	1일 2시간 2분 동안 지속된 비행과 알렉세이 레오노프의 20분 동안 지속된 우주유영으로 특징지어짐. 사령관은 파발 벨라예프. 시스템 고장 후 수동으로 우주선 재진입.
1966년 2월 22일	코스모스 110	개 베테로크와 우골로크는 보스호트 우주선을 타고 지구 궤도를 21바퀴 돈 후 지구로 무사히 귀환.

이 10일 동안 비행하다 보면 자연적으로 비행 높이가 줄어들기 때문에 더 높은 궤도로 우주선을 발사해야 한다. 때문에 성능이 더 좋은 새로운 상단 로켓을 부착한 SL-4 우주 로켓과 역추진 로켓이 필요했다. 우주선은 컵 모양의 고체 역추진 로켓이 구 모양의 우주선 꼭대기에 덧붙여져 있는 모양이었다.

보스토크와 다른 점은, 보스호트는 내부의 대부분을 제거해서 우주 비행사 3명이 나란히 누울 수 있는 것이었다. 미래의 보스호트 2호의 경우, 유연한 기밀식 출입구가 세 번째 비행사의 자리를 대신할 수 있도록 했다. 이것은 승무원이 사출식 좌석을 가지고 있지 않았다는 것을 의미했다. 발사 실패 시 탈출할 수 없었다. 그들은 또한 우주복보다는 운동선수의 보온복을 입고 비행했다. 탈출 능력도 없고, 캡슐 안에 있는 동안 착륙해야 했기 때문에 우주선은 부드러운 착륙에 적당하도록 개량되었다. 그것은 주 낙하산을 펼치고 착륙 바로 직전에 역추진 로켓을 점화해 착륙 속도를 초당 0.2m까지 줄여야 했다.

1964년 10월 12일, 3명의 우주 비행사를 태운 보스호트 1호가 성공적으로 발사되었다. 파일럿 출신 비행사 블라디미르 코마로프Vladimir Komarov와 의사 보리스 예고로프Boris Yegerov, 우주선의 설계를 도운 우주선 설계사 콘스탄틴 페오크티스토프Konstatin Feoktistov는 하루 동안 우주 비행을 한 후에 무사히 집으로 돌아왔다. 그들은 우주 비행을 하는 동안 움직일 수가 없어서 아무 일도 하지 못했다. 그러나 서방 진영에서 신형 우주선이 개발되었다고 추측하는 동안 소련

보스호트 Voskhod 2호

알렉세이 레오노프는 1965년 3월 18일, 사상 최초로 우주유영을 한 사람이 되었다. 그는 보스호트 2호로부터 확장된 공기 팽창식의 에어 로크를 통하여 밖으로 나갔다.

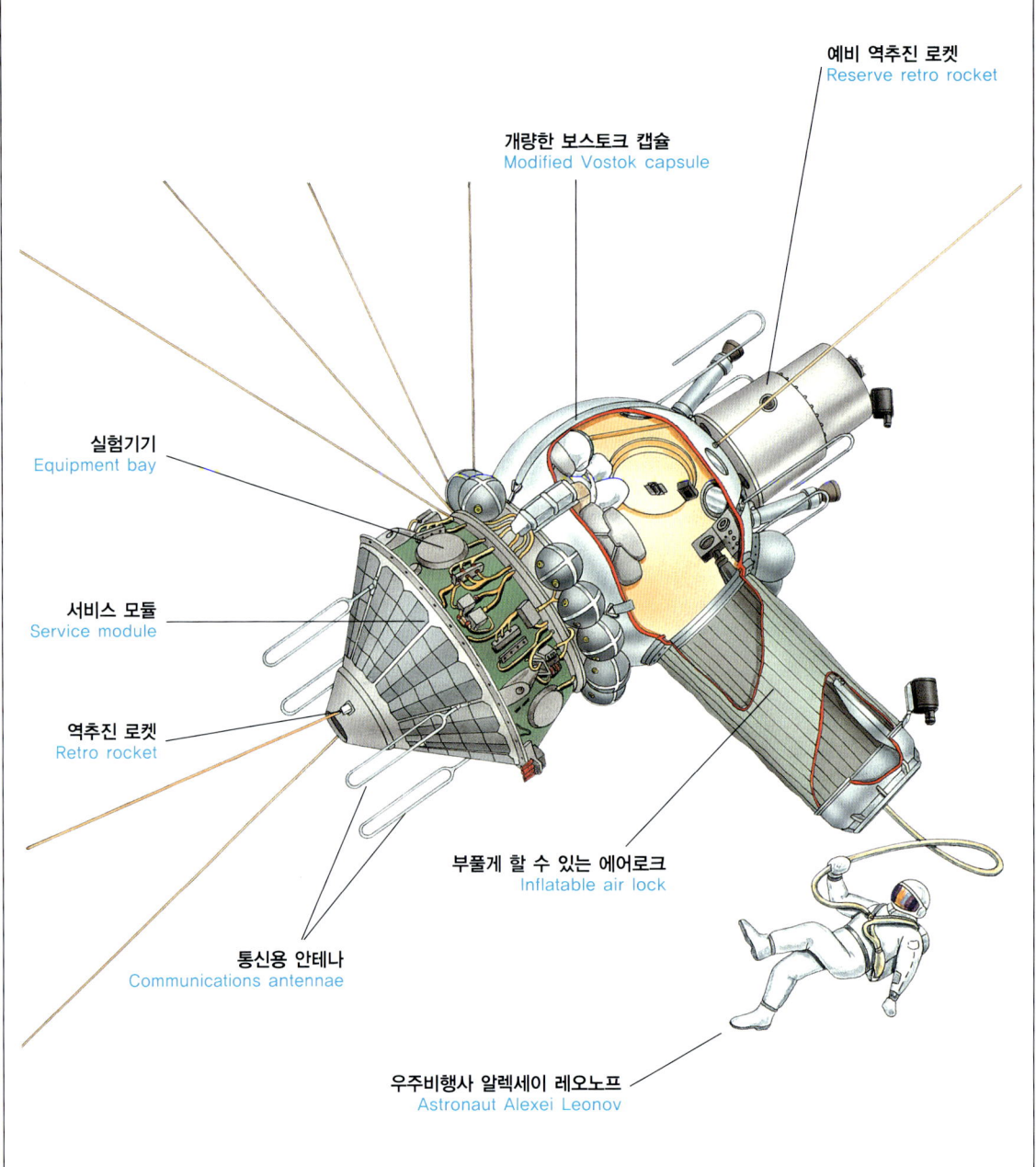

예비 역추진 로켓
Reserve retro rocket

개량한 보스토크 캡슐
Modified Vostok capsule

실험기기
Equipment bay

서비스 모듈
Service module

역추진 로켓
Retro rocket

통신용 안테나
Communications antennae

부풀게 할 수 있는 에어로크
Inflatable air lock

우주비행사 알렉세이 레오노프
Astronaut Alexei Leonov

의 여론 조작 기구는 또 다른 성공을 새겨 놓았다.

최초의 우주유영

1961년 5월, 머큐리 프로그램이 끝났을 때 존 F. 케네디 미국 대통령은 국회에 보낸 교서에 "미국은 1969년까지 인간을 달에 보냈다가 지구로 돌아오게 할 것"이라는 과감한 결정을 발표한다. 이에 따라 새로 계획된 프로그램은 우주 비행사들이 달 탐험에 필요한 경험을 쌓는 데 그 목적이 있었다. 오랜 기간의 우주 비행, 우주에서의 방향 조정, 우주선과 우주선이 서로 접근 비행하는 랑데부, 두 우주선이 한 우주선으로 결합하는 도킹 기술, 우주인이 우주선 밖으로 나가서 우주를 산책하는 유영, 혹은 별도의 선외 활동을 하는 것이다. 이 계획을 제미니[4]라고 부른다.

1965년에 NASA가 제미니 프로그램을 통해 선외활동[5]을 준비하고 있을 때 불가피한 일이 일어났다. 소련의 우주 비행사가 먼저 성공을 한 것이다. 알렉세이 레오노프Alexei Leonov는 3월 18일 보스호트 2호에서 출입구를 통해 밖으로 나가 우주공간에서 자유롭게 떠다니며 의지대로 움직임을 통제하는 훈련을 했다. 약 20분 동안 TV 카메라 앞에서 껑충거리며 소련 국민들에게 승리의 사진들을 보여준 후, 레오노프는 늘릴 수 있는 유연한 출입구로 비집고 들어가기 위해 그의 부풀어져 있던 우주복의 압력을 줄였다.[6] 그것은 어렵고도 힘든 일이었다. 레오노프 중령과 파발 벨라예프Pavel Belayev 대령은 역추진 로켓에 문제가 생겨 착륙 지점을 훨씬 벗어나 눈으로 뒤덮인 숲 속에 착륙한 후, 무사히 집으로 돌아왔다.

레오노프의 그늘 속에서 NASA의 제미니 프로그램은 1965년 3월 23일에 머큐리 명성에 빛나는 우주 비행사 거스 그리솜Gus Grissom과 NASA가 임명한 9명의 정예 비행사 중 한 명인 존 영John Young이 조심성 있게 지구 궤도를 세 바퀴 도는 비행으로 시작했다. 비행의 주요 업적은 우주 공간에서의 방향 조정, 궤도 수정, 비행 컴퓨터의 사용 등이었다. 종 모양의 2인용 제미니 우주선은 재진입 승무원 모듈과, 주로 역추진 로켓이 붙어 있는 어댑터adapter의 두 구간으로 나누어진다. 우주선은 무게 약 3.25톤, 길이 5.58m, 하얀 어댑터 부분의 바닥 직경이 3.05m이다. 검정색으로 칠해진 승무원 모듈은 3.35m 길이에 바닥 직경은 2.28m 이다. 각 비행사들은 작은 창문을 가지고 있고, 승무원들은 발사 때 비상 탈출할 수 있는 사출좌석에 누워 있었다. 우주 비행사들은 각자 출입문을 가지고 있었

[4] 제미니Gemini : 이름은 천문학의 황도 12궁 별자리에서 따왔다. 제미니는 카스트로Castor와 폴룩스Pollux라는 쌍둥이자리를 뜻한다.

[5] 선외 활동EAV:Extra-Vehicular Activity : 우주비행사가 우주선 밖에서 작업하는 모든 우주 유영을 말한다.

[6] 러시아는 우주유영에서도 미국을 한발 앞질렀다. 러시아 우주비행사 레오노프는 보스호트Voskhod 2호에 올라 선외 활동을 하는 데 성공했다. 그러나 우주복 압력이 너무 세서 다시 우주선 안으로 돌아갈 수 없었다. 초조한 몇 분이 흐른 뒤 레오노프는 밸브를 돌려 압력을 낮추고 나서야 무사히 우주선으로 돌아갈 수 있었다.

미국 최초의 머큐리 우주 비행 프로그램이 1961년 끝난 후 대통령 케네디는 1969년까지 우주 비행사를 달에 보내기로 과감한 결정을 내렸다. 이것이 바로 아폴로 계획이다.

는데, 이 문은 밖으로 나가서 선외 활동을 할 수 있도록 쉽게 수동으로 열렸다. 계기들은 잠망경이 없는 것을 제외하고는 머큐리의 것과 비슷했다. 우주선은 처음으로 내장된 컴퓨터에 의해 작동이 되었다.

우주선의 돌출부에는 역추진 로켓 연소시 우주선의 자세를 안정화시키는 재진입 조정 시스템(re-entry control system)을 위한 추력기들이 달려 있었다. 또, 돌출부에는 낙하산 시스템을 갖추고 있다. 낙하산은 머큐리 우주선의 것과 다르게 제미니 우주선을 당겨 수평으로 만들어주는 쫌 끈 위에서 펼쳐졌다. 이것은 낙하산이 펼쳐질 때 격렬하게 '잡아당겨지는 것'을 원하지 않는 우주 비행사들이 제기한 것이다. 그리솜의 헬멧 유리는 제어판에 부딪히면서 금이 갔다. 미래의 우주 비행사들은 무엇을 보완해야 할지 알았다. 궤도 위치 유지와 기동 시스템을 위한 조종용 추력기가 부착되어 있는 어댑터는 우주선의 뒤쪽에 위치하고 있었는데, 두 부분으로 나뉘었다. 앞부분은 총 추력이 1.13톤인 4개의 역추진 로켓이 설치되어 있고, 또 다른 어댑터 부분에는 우주선의 환경을 위한 공급품인 산소와, 그리고 전력을 만드는 연료전지 등이 설치되어 있었다. 제일 뒤쪽의 어댑터가 첫 번째로 분리되고, 역추진 로켓의 연소를 위해 내부가 노출된다. 일단 역추진 로켓의 연소가 완료되면 앞쪽의 어댑터 역시 캡슐의 지구 대기권 재진입을 준비하기 위해 분리된다.

제미니 우주선에는 랑데뷰용 레이더와 관련 부품이 장착되었다. 제미니 3, 4, 6호를 제외한 나머지 우주선은 전기를 발생시키기 위한 산소·수소 연료전지를 장착했다. 연료전지는 두 가지 화학 물질 간의 반응을 통해 화학 에너지를 전기 에너지로 전환시킨다. 이 경우, 액체산소와 액체수소를 서로 반응시킨다. 산소와 수소 간 화학반응의 부산물로 물을 얻을 수 있었고, 우주 비행사들은 그 물을 식수로 이용했다.

제미니가 선두를 잡다

제미니는 미국에서 개발된 2세대 대륙간 탄도탄인 타이탄 2호 로켓 위에서 발사되었다. 제미니 3호의 유인 우주 비행 전에 두 번의 무인 비행 실험이 있었다. 미국은 1965년부터 1966년 11월까지 제미니 3호에서부터 제미니 12호까지 아홉 번의 유인 우주 비행을 실시했다. 역사상 가장 멋진 일련의 우주 비행 중 하나였다. 각각의 비행은 달 탐험에 필요한 경험을 쌓음으로써 달에 한 걸음 앞으

제미니Gemini의 임무

날짜	발사체	임무
1964년 4월 8일	제미니 1	타이탄 우주 로켓의 두 번째 단에 붙은 캡슐의 최초 비행. 복귀 계획 없었음.
1965년 1월 19일	제미니 2	1964년 12월 8일의 발사대 중지 이후 높은 고도로의 고속 실험, 고온의 재진입 실험을 위해 비행, 그리고 발사 후 18분 뒤 귀환.
1965년 3월 23일	제미니 3	거스 그리솜과 존 영의 4시간 52분 51초 동안 지구 궤도 세 바퀴를 비행하는 실험.
1965년 6월 3일	제미니 4	짐 맥디빗 사령관의 지휘 아래 4일 1시간 56분의 비행 ; 에드워드 화이트에 의한 22분 동안의 미국 최초의 선외 활동.
1965년 8월 21일	제미니 5	고든과 쿠퍼, 기록을 깨는 7일 22시간 55분의 비행.
1965년 12월 4일	제미니 7	프랭크 보어맨Frank Borman과 제임스 러벨James Lovell에 의한 기록 갱신. 13일 18시간 35분의 비행.
1965년 12월 15일	제미니 6	월리 쉬라Wally Schirra와 토머스 스태퍼드Tom Stafford에 의한 1일 1시간 51분의 비행 동안 우주 공간에서 최초의 랑데부.
1966년 3월 16일	제미니 8	닐 암스트롱Neil Armstrong과 데이비드 스코트David Scott에 의한 아제나 목표 로켓과 최초의 도킹. 임무는 다음에 중대한 조정 문제 때문에 중지됨. 10시간 41분 동안 지속.
1966년 6월 3일	제미니 9	목표선과 랑데부하나 도킹은 하지 않음. 유진 서넌Gene Cernan에 의한 기록을 갱신. 2시간 동안의 선외 활동. 사령관은 토머스 스태퍼드Tom Stafford. 임무는 3일 30분 동안 지속.
1966년 7월 18일	제미니 10	제미니를 기록적인 740km 고도까지 다시 밀어 올린 아제나와 도킹. 승무원은 존 영John Young, 최초로 우주 유영을 한 마이클 콜린스Michael Collins. 임무는 2일 22시간 46분 동안 지속.
1966년 9월 12일	제미니 11	도킹과 기록적인 1,368km 고도에 다시 밀어 올림, 덧붙여 44분의 우주 유영. 피트 콘라드Pete Conrad와 리처드 고든Richard Gordon. 임무는 2일 23시간 17분 동안 지속.
1966년 11월 11일	제미니 12	아제나와 도킹, 에드윈 올드린Buzz Aldrin에 의해 두 시간이 넘는 선외 활동 기록. 제임스 러벨Jim Lovell 사령관. 임무는 3일 22시간 31분 지속.

위:제미니 1호는 미국 최초의 유인 우주선 발사 1년 전인 1964년 3월에 발사되었다.

로 나아갔다. 이 기간 동안 소련은 보스호트 2호만 발사했을 뿐 특별한 움직임은 없었다. 소련의 거품이 서서히 가라앉고 있었다.

1965년 6월, 에드워드 화이트Edward White는 제미니 4호를 타고 4일간의 우주 비행을 했다. 이때 우주선과 연결된 7.5m 황금빛 생명줄을 이용해 선체 밖에서 21분간 우주유영을 가졌다. 특히 화이트는 우주유영 중 우주 총을 이용해 방향을 바꾸는 등 새로운 장비를 많이 사용했다. 이 장비는 EVA(Extravehicular Activity, 선외 활동) 장치다. 제미니 4호의 비행은 미국인에게는 가장 긴 우주 비행으로 남았다. 잇따라 8월 21일 발사된 제미니 5호는 우주 비행 기록을 8일까지 늘렸다. 이어 10월 25일에 발사된 제미니 6호는 우주에서 아제나-D 로켓과 랑데부 및 도킹을 하려 했으나, 아제나-D 로켓의 발사가 실패하여 제미니 7호를 먼저 발사하게 되었다.

12월 4일 제미니 7호를 발사한 후 12월 15일 제미니 6호가 랑데부를 하기 위해 발사되기로 결정이 내려졌다. 가장 멋있는 우주 임무였다. 12월 4일, 제미니 7호에 승선한 프랭크 보오맨Frank Borman과 제임스 러벨James Lovell은 유인 우주 비행 기록을 14일까지 늘렸다. 그들은 우주에 있으면서 12월 15일에 윌리 쉬라Wally Schirra와 토머스 스태퍼드Tom Stafford가 조종하는 제미니 6호를 맞이했다. 제미니 6호는 처음으로 제미니 7호에 근접하여 랑데부를 시도했다. 제미니 6호와 7호는 랑데부에 성공한 뒤 12월 16일 오전 10시 29분, 발사된 지 25시간 54분 만에 성공적으로 귀환했다.

제미니의 다음 목표는 실제로 도킹하는 것이었다. 1966년 3월 16일 아제나 8호와 제미니 8호의 결합이 닐 암스트롱Neil Armstrong과 데이비드 스콧David Scott에 의해 이루어졌다.

도킹 후 20여 분 동안의 비행은 순조로웠다. 그러나 갑자기 선체가 초당 한 바퀴씩 팽이처럼 회전하기 시작했다. 제미니 8호의 방향 조정 로켓에 문제가 생긴 것이었다. 아주 긴박한 순간이었다. 우주 비행사들은 방향 조정 로켓에 문제가 있다는 것도 모른 채 수동으로 제미니 우주선을 도킹 고리에서 분리시켰다. 이 조치는 제미니의 회전 속도를 더욱 빠르게 했다. 위급한 순간 암스트롱의 육감이 빛을 발했다. 암스트롱은 본능적으로 재돌입 제어 시스템을 이용해 공중제비를 멈추게 하고 우주선을 안정시켰다. 모든 우주 비행사들은 집으로 안전하게 돌아오는 데 성공한 것이다. 제미니 9호는 1966년 6월 3일 무인 우주선과 랑

제미니 Gemini

1965년에서 1966년 사이 10회의 유인 우주 비행을 달성한 제미니 계획은 우주선의 랑데부, 도킹, 우주유영, 그리고 장기간의 우주 체류를 성취하고 인류 역사의 진일보를 이룬 '아폴로 계획'의 길을 열었다.

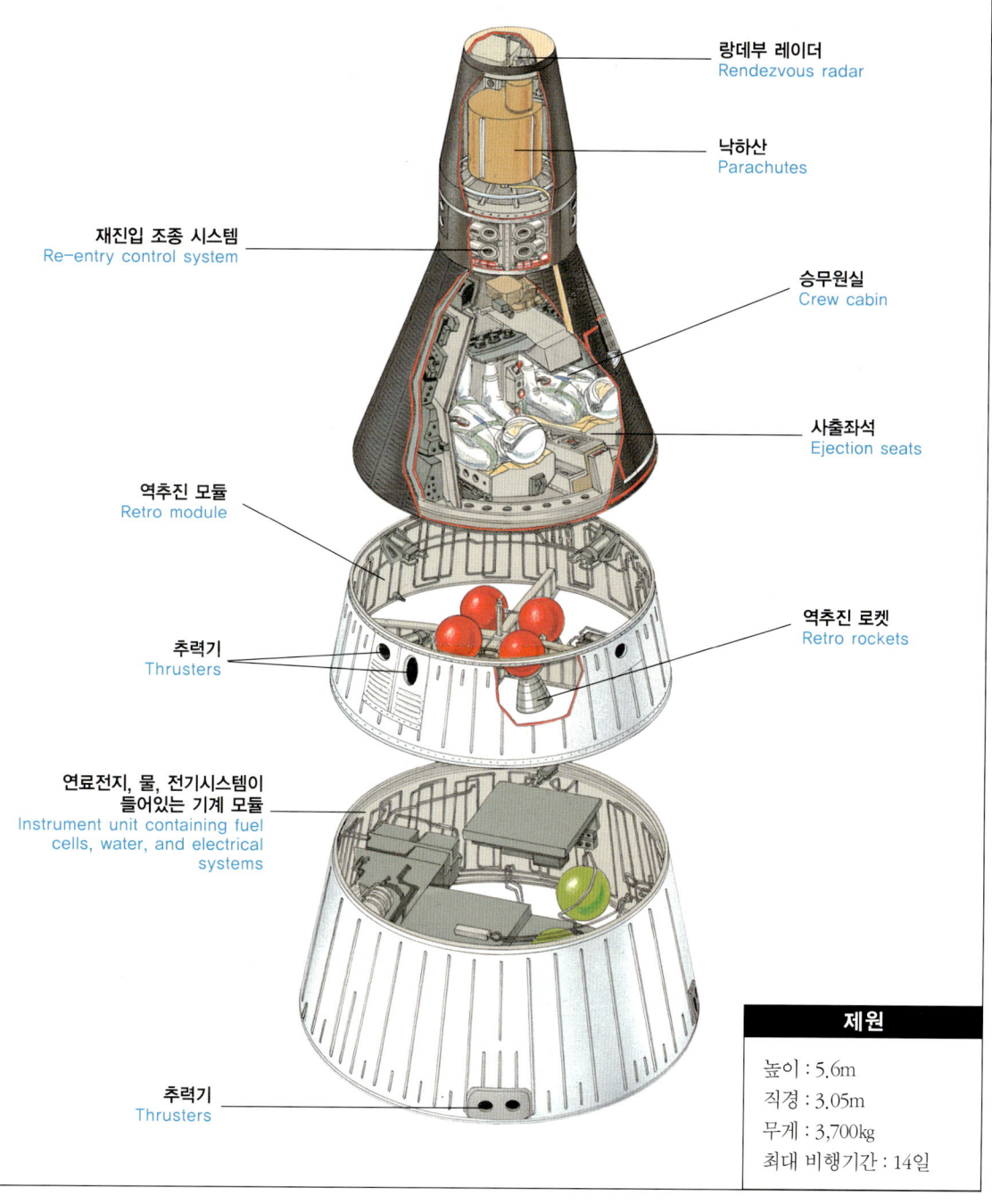

제원

높이 : 5.6m
직경 : 3.05m
무게 : 3,700kg
최대 비행기간 : 14일

위:제미니 6호가 역사적인 랑데부 후 대서양에서 귀환했다.

데부를 했지만, 한쪽 유리 덮개가 분리되지 않아 도킹은 할 수 없었다. 우주 비행사 유진 서넌Gene Cernan은 2시간 동안 우주유영을 가져 새로운 기록을 세웠다. 하지만 여전히 많은 문제가 있었다. 그가 나중에 '지옥으로부터의 우주유영'이라고 묘사한 것처럼 모든 움직임이 우주복의 내부 여압에 불리하게 작용했던 것이다. 또한 뉴턴의 운동법칙은 우주 공간에서도 유효했다. 몸을 조금만 움직여도 작업 장소에서 벗어나기 일쑤였다. 제미니 10호는 1966년 7월에 또 다른 도킹을 수행했다. 이번에는 도킹한 로켓의 엔진을 다시금 점화했고, 우주 비행사들을 더 높은 고도로 밀어 올렸다. 그러나 최고의 위업은 역시 1966년 9월, 제미니 11호에 의해 달성되었다. 제미니 11호는 도킹한 채 아제나 표적 위성 로켓을 이용하여 달 탐험 때 반드시 통과해야 하는 지상 1,380km의 밴 앨런대까지 상승해, 인간으로서는 가장 높이 올라가는 기록을 세웠다. 그전까지의 최고 높이는 제미니 10호가 기록한 766km이었다. 또한 30.48m의 나일론 탯줄로 잡아맨

우주에서의 회전 Spinning in Space

1966년 3월 16일 닐 암스트롱Neil Armstrong과 데이비드 스콧David Scott은 우주 공간에서 최초로 완벽한 도킹에 성공했다. 제미니 8호와 목표 우주선인 아제나 8호는 하나로 연결되었다. 지상 관제소는 아제나 8호의 이상을 발견하고, 우주 비행사들에게 만약 아제나 우주선에 어떤 문제가 발생하면 조종 시스템을 끄라고 지시했다. 우주 비행사들은 아제나 우주선 시스템을 90도 오른쪽 방향으로 돌리는 것을 시도하였다. 이 방향 조종은 계획한 60초보다 훨씬 짧아 5초 이상 걸리지 않았다. 스콧이 제어판을 보았을 때 우주선이 30도 돌아간 것을 알았다. 암스트롱은 제미니의 자세 조종 추력기를 점화해서 일시적으로 회전을 정지시켰으나, 연결된 우주선들은 곧 다시 돌기 시작하였다. 경고음은 계속 울려댔다. 우주 비행사들은 아제나 우주선에 결함이 있다고 생각하고, 조종 시스템을 차단하였다. 암스트롱은 올바른 수평 위치를 유지하기 위해 움직일 준비를 하였다. 이때 진짜 문제가 발생했다. 결합된 우주선은 빠르게 돌기 시작했다. 여전히 아제나 우주선이 회전의 원인이라고 믿고 있었다. 암스트롱은 문제를 해결하려 전력투구하였다. 2개의 결합된 우주선은 분리 위험에 직면했고 사태는 점점 심각해져 갔다. 암스트롱은 두 우주선의 도킹을 풀기로 결심하였다. 제미니 우주선의 회전 비율은 초당 한 바퀴로 증가했고, 피치pitch 역시 높아지기 시작했다. "여기 심각한 문제가 발생했다……", "우리는 빙글빙글 돌고 있다……"고 스콧은 보고했다. "우리는 돌고 있고 이것을 멈출 수가 없다. 계속 왼쪽으로 도는 횟수가 증가하고 있다"고 암스트롱이 덧붙였다. 우주 비행사들은 현기증이 나기 시작했다. 제어판의 계기들은 흐려졌고, 그들은 신체적 한계에 다다르고 있었다. 우주선을 제어할 수 있는 유일한 방법은 재진입 시스템 이용과 궤도 조정 시스템을 작동하지 못하게 하는 것이었다. 암스트롱은 재진입 시스템을 이용하여 우주선을 흔들리지 않게 한 다음, 다시 궤도 조정 시스템을 켰으나 다시 회전이 시작됐다. 마침내 우주 비행사들은 무엇이 잘못이었는가를 알게 되었다. 궤도 조정 시스템의 추력기가 계속해서 연소 중인 것이었다. 재진입 시스템을 사용한다는 것은 비행을 중단시킨다는 걸 의미했다. 암스트롱과 스콧은 아주 힘든 체험을 한 뒤에야 태평양에 무사히 착수할 수 있었다.

채 회전해 지구 중력의 0.00015배에 해당하는 인공 중력을 만들어보기도 했다. 제미니 10호는 71시간 17분 동안 지구를 44회전한 뒤 정확한 시간과 장소로 귀환했다. 제미니 계획의 마지막을 장식한 것은 제미니12호였다. 제임스 A. 러벨 James A. Lovell과 에드윈 E. 올드린Edwine E. Aldrin이 탑승한 제미니 12호는 도킹과 선외 활동에 성공하면서 프로그램을 마쳤다. 에드윈 올드린은 우주선 밖에 나가 2시간 동안 핸들과 발판의 사용을 시험했다.

아폴로 계획과 달이 가까이서 손짓하는 듯했다.

4장
달 착륙

우주시대의 개막 전에도 사람들은 달과 그 너머를 비행하는 꿈을 가지고 있었다. 많은 과학자들이 우주선을 설계하였고, 많은 사람들이 달에 착륙했을 때 보게 될 장면들을 상상하며 그림으로 남겼다. 이 세상 어느 누구도 이렇게 빨리 우주 탐험의 첫단계에서 사람이 달을 여행하리라고 예상하지는 못했다. 그렇지만 결국 그들은 해냈다.

왼쪽 : 1972년 4월 달에 착륙한 아폴로 16호의 찰스 듀크Charlie Duke가 달 차량(LRV)과 함께 데카르트Descartes 지역을 탐사하고 있다.

1961년, 케네디 대통령은 미국의 국가적 위신을 세우고 군사적 패권을 차지하기 위해 1969년까지 사람을 달에 보내겠다는 공약을 했다. 그것은 참으로 위대한 도전이었다. 그 당시 미국은 단지 앨런 B. 셰퍼드가 15분 동안 유인 우주 비행을 한 것이 전부였고, 그나마 우주에서의 순수한 비행 시간은 5분밖에 되지 않았다. NASA의 과학자들과 기술자들은 달에 도달하기 위한 최고의 방법을 찾기 위해 열심히 연구해야 했다.

NASA는 케네디가 공헌한 달 탐험 최종 시간을 맞출 수 있는 3가지 방법을 찾아냈으나 예산상으로는 문제가 많았다.

첫 번째로 가장 확실한 방법은 직접 가는 것이었다. 이 방법을 위해서는 노바 NOVA라고 불리는 거대한 우주 로켓을 개발해야 했다. 노바는 1대의 대형 우주선을 달로 보내 착륙시키고, 짧은 기간 동안 탐험을 한 후 달 표면에서 이륙하여 다시 지구로 돌아오는 것이었다. 그러자면 노바의 로켓 엔진은 1억 8천만kg의 추력을 낼 수 있어야 했다. 이것은 아주 논리적이고 간단한 방법이었음에도 불구하고, 가장 많은 예산을 필요로 했다.

두 번째는 지구 궤도 랑데부 방법이었다. 달 여행에 필요한 모든 로켓과 우주선들을 지구 궤도로 분리해서 발사하고, 하나의 시스템으로 도킹해 연료를 채운 뒤 달로 보내는 것이었다. 보다 소형화된 우주 로켓 새턴 C-5가 이 임무를 수행하기 위해 이미 개발 중이었다. 이 지구궤도 랑데부 방법에는 매력적인 이점이 있었다. 부산물로 우주 정거장을 건설할 수 있었다. 이곳에서는 달 탐험 임무를 위한 우주선의 랑데부, 도킹을 통해 연료를 공급할 수 있었다. 게다가 이 우주 기지는 과학 연구 및 조사를 위한 목적으로도 이용될 수 있었다.

달 궤도에서의 랑데부

NASA는 랑데부와 도킹이 익숙지 않은 상태에서, 지구 궤도에서 거대한 로켓과 우주선을 조립하는 것을 불안하게 생각했다. 그래서 드디어 세 번째 방법이 선택되었다. 달 궤도에서 랑데부하기 위해 1대의 우주선을 새턴 C-5로켓으로 발사하는 것이었다. 문제는 달 탐험을 위한 대형 로켓 개발이었다. 새턴 1호가 1964년 1월 29일 처음 발사된 후 1967년 11월 9일 새턴 5 로켓이 발사에 성공했다. 세 번째 방법은 사실상 달 궤도에 진입하는 세 가지 방법 중 가장 간단하면서도, 또한 가장 위험한 방법이었다. 먼저 3명의 우주 비행사들을 모선에 태운

먼 오른쪽:케네디 우주 센터의 39A 발사대에 서 있는 새턴 5 로켓 꼭대기에 보이는 아폴로 11호 우주선의 모습. 발사 탈출 시스템 로켓은 우주선 꼭대기에 위치한다.

아폴로 비행Apollo Flight 경로-달 착륙Lunar Landing 임무

이것은 지구 주차 궤도 진입, 달로 향한 항해, 달 궤도 진입, 달 착륙, 그리고 지구 귀환 비행 등의 특색을 지니는, 달 착륙과 지구로의 귀환을 위한 아폴로 우주선의 달 탐험 비행 경로이다.

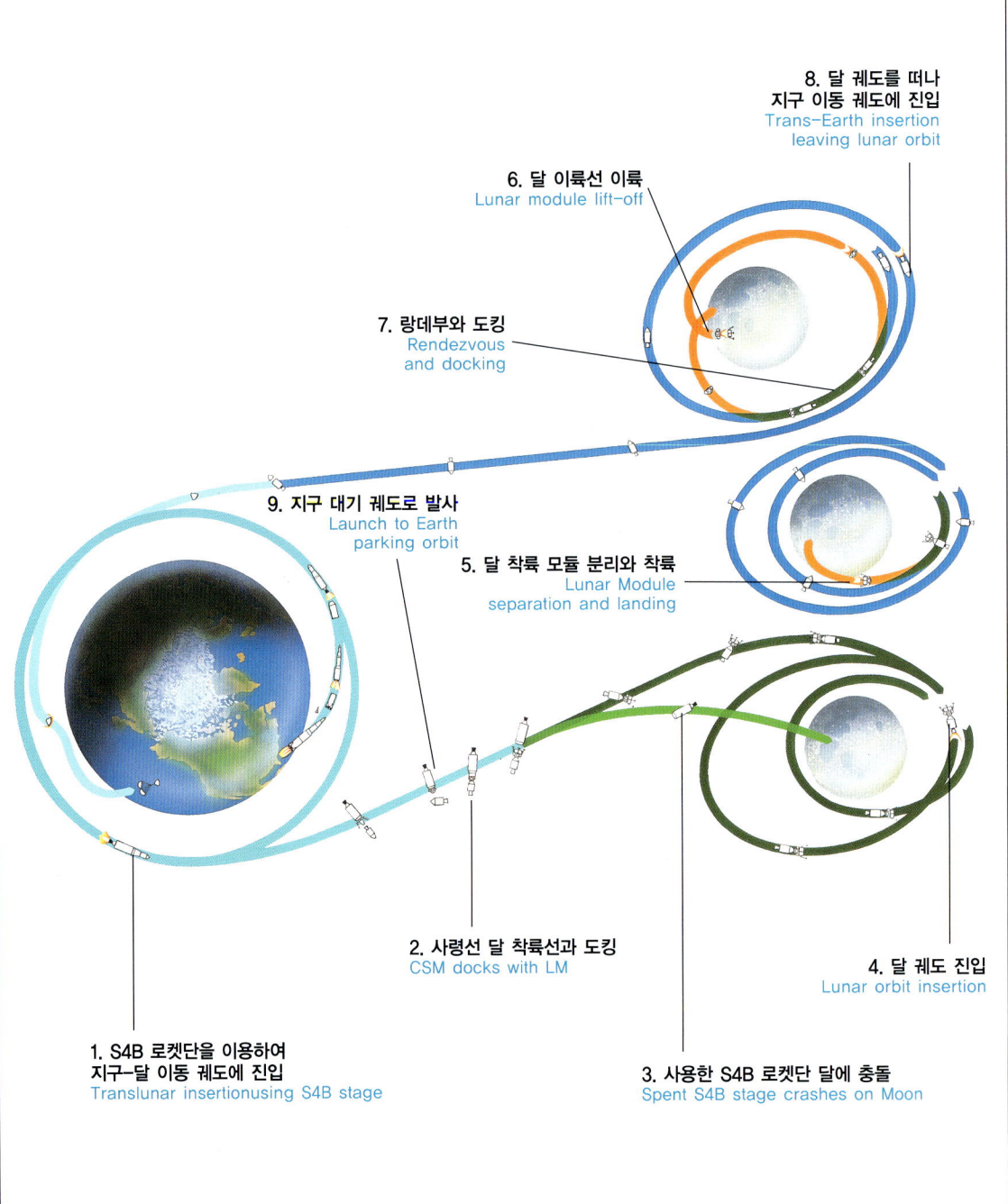

8. 달 궤도를 떠나 지구 이동 궤도에 진입
Trans-Earth insertion leaving lunar orbit

6. 달 이륙선 이륙
Lunar module lift-off

7. 랑데부와 도킹
Rendezvous and docking

9. 지구 대기 궤도로 발사
Launch to Earth parking orbit

5. 달 착륙 모듈 분리와 착륙
Lunar Module separation and landing

2. 사령선 달 착륙선과 도킹
CSM docks with LM

4. 달 궤도 진입
Lunar orbit insertion

1. S4B 로켓단을 이용하여 지구-달 이동 궤도에 진입
Translunar insertionusing S4B stage

3. 사용한 S4B 로켓단 달에 충돌
Spent S4B stage crashes on Moon

뒤 발사하여 지구 궤도에 오르고, 달을 향해 비행하여 달 궤도에 진입한다. 한 우주 비행사가 모선에 남아 있고, 다른 두 우주 비행사는 달착륙선에 옮겨 타고, 하강 엔진(descent engine)을 분사하며 달에 착륙한다. 달 표면을 탐험한 뒤에 달착륙선의 윗부분인 달 이륙 모듈(LEM)은 이륙을 하고, 아래의 나머지 절반은 달 위에 남기고, 달 이륙 모듈은 달 궤도에서 다시 모선과 도킹한다. 그런 다음 두 우주 비행사가 모선에 옮겨 타고 달 궤도를 탈출해 지구로 돌아온다.

달 궤도에서 랑데부가 이루어진 후부터는 한 치의 실수도 용납되지 않았다.

●●●
위:아폴로 11호의 닐 암스트롱 Neil Armstrong과 버즈 올드린 Buzz Aldrin이 탑승한 달 착륙선 이글호가 달 궤도에서 본, 마이크 콜린스Mike Collins가 탑승한 사령선 / 기계 모듈 콜럼비아호.

가장 어려운 궤도 수정과 방향 조종은 달 궤도 비행이 이루어지고 난 후에 해야 했다. 만약 엔진 결함으로 달 궤도에서 우주 비행사들이 탈출하지 못하는 상황이 발생하면, 그들은 모두 실종될 운명에 처하게 된다. NASA는 1962년에 예산이 가장 적게 드는 세 번째 방법인 달 궤도 랑데부 방법을 채택했고, 7년 안에 목표를 달성하기 위해 아폴로 계획을 진행했다. 제미니 계획은 아폴로 계획에 필요한 각종 우주비행 기술들을 지구 궤도에서 연습하는 것이었다. 또한

●●●
왼쪽:불행하게 발사대에서 사망한 아폴로 1호 승무원들의 훈련 모습 사진. 좌측부터 로저 채피Roger Chaffee, 에드워드 화이트Edward White, 거스 그리솜Gus Grissom.

4장_달 착륙 · 93

달 착륙선 Lunar Module

달 착륙선의 절단면은 어떻게 상승 모듈(ascent stage)이 하강 모듈(descent module)을 발사대로 썼는지를 보여준다.

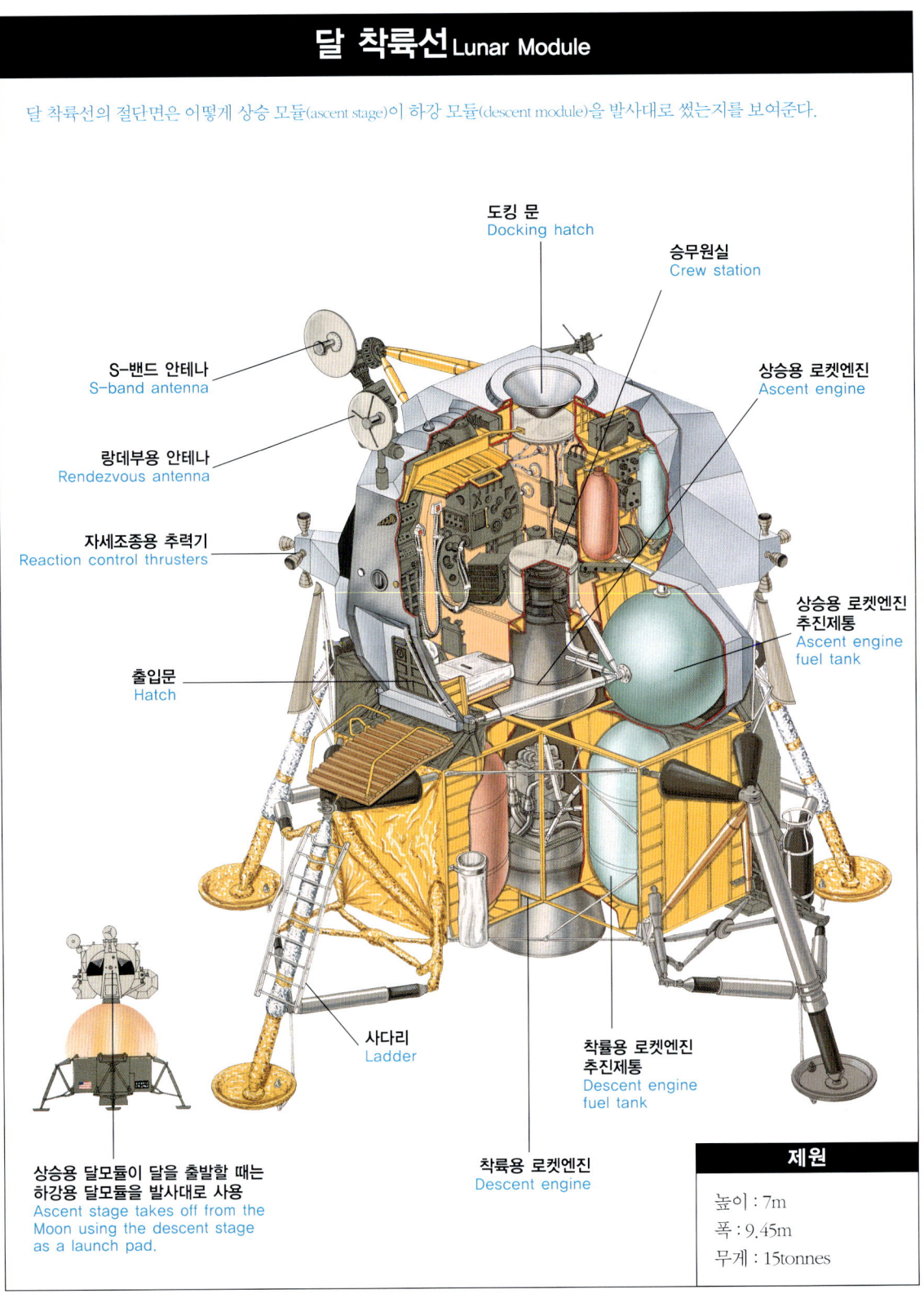

제원
높이 : 7m
폭 : 9.45m
무게 : 15tonnes

발사 축제 The Carnival Launch

1967년 11월 9일, 첫 번째 새턴 5 로켓이 케네디 우주 센터의 39A 발사대에서 떠올랐다. 거대한 폭발음과 화염, 충격파로 지축이 흔들렸다. 4.8km 떨어진 기자석에서 TV 앵커 월터 크론카이트Walter Cronkite가 발사에 대해 보도하고 있을 때 그의 스튜디오 지붕이 무너지기 시작했다. 새턴 로켓이 발사되는 것을 보는 것은 기회라기보다는 사건에 가까웠다. 1971년 7월 21일, 태양은 아폴로 15호를 위해 떠올랐다. 그날의 날씨는 전형적인 플로리다의 하루처럼 무덥고 습했다. 케네디 우주 센터의 기자석에서 멀리 보이는 것은 기자가 손에 들고 있는 성냥개비 길이만한 하얀 바늘, 새턴 로켓이었다. 기자석의 분위기는 대부분의 사람들이 음료수 이름이 인쇄된 마분지로 만든 모자를 쓰고 있어 축제 같았다. 고향으로 되돌아올 수 없을지도 모르는 3명의 우주인이 지구로부터 발사되기 직전이었는데, 마치 언론은 윔블던 테니스 결승전을 중계 방송하는 것 같았다.

결국 마지막 카운트다운의 결정적인 순간이 다가왔다.(카운트다운은 모든 시스템을 확인하고 재확인하는 시간이다. 만약 문제가 발생하면 카운트다운은 중지된다.) 분위기가 사뭇 진지해졌고, 미 항공우주국의 홍보 담당이 카운트다운을 할 때는 적막감이 감돌았다. 사람들이 "12, 11, 10, 9, 8…… 점화 순서 시작……"을 들을 때 수백 대의 카메라들은 귀뚜라미 무리와 같은 소리를 내며 작동하기 시작했다. 로켓의 밑 부분에서 작은 오렌지 모양의 불이 나타났고, 갑자기 거대한 화염을 내뿜었으며, 발사대 부분에서 많은 연기가 뿜어져 나왔다. "모든 엔진 가동……" 새턴 로켓은 영원히 그곳에 앉아 있는 듯했다. 관중들로부터 "우우, 우우, 아아……" 하는 감탄사가 흘러나왔다. "우리는 이륙했다……" 새턴은 발사대에서 풀어졌고 천천히 고요 속에서 떠올

위: 1969년 7월 11일의 아폴로 1호의 발사는 하늘이 부서지는 것과 같은 큰 소리를 냈고, 우지직하는 소리와 진동은 멀리 떨어진 곳의 지축까지 흔들었다.

> 랐다. 이륙 7초 후에 그 고요함은 깨졌다. 땅은 우르릉 소리를 내며 떨었고, 마치 기자석을 삼켜 버릴 것만 같았다. 그 후 몇 대의 제트기가 발사장 근처를 저공 비행하며 제트 엔진의 재연소 장치를 작동시킨 것과 같은 소음이 들려왔다. 그것은 로켓이 높이 날아감에 따라 계속됐고, 로켓의 2배 길이 되는 불꽃과 연기가 꼬리를 끌고 발사대 양쪽으로 300m의 구름대가 소용돌이쳤다. 소음은 T+25에서 최고도로 강해졌고, T+40에서는 서서히 사라지기 시작하였으며, T+60에서는 하늘에서 나는 부드러운 속삭임 같았다. 발사는 끝났다. 발사대는 비었고 냉각수로 흠뻑 젖어 물이 흘러내렸다. 누구도 한동안 말을 잇지 못했다. 침묵이 흘렀고 침묵에 압도당한 것 같았다. 사람들은 단지 바라보기만 했다. 그리고 곧 이곳 저곳에서 웃음소리와 킥킥거리는 소리가 터져 나왔고, 축제의 분위기로 되돌아왔다.

무인 달 탐사선들이 최고의 착륙 지점을 찾기 위해 달로 발사되었다.

그리고 이로써 우주탐험의 중대한 10년이 될 "진동하는 60년대"가 도래하였다. 이는 달을 향한 비약적인 경주가 시작된 시기였다.

아폴로 우주선

아폴로 달 우주선은 크게 세 부분으로 구성되었다. 지구에서 발사되어 달을 향해 비행할 때, 그리고 달 궤도에서 발사되어 지구로 돌아올 때까지 3명의 승무원이 타고 있는 사령선, 사령선이 지구 대기권으로 진입하기 직전까지 항상 사령선의 등 뒤에 붙어 있는 기계선, 두 승무원이 타고 달에 착륙하고 다시 이륙하여 달의 궤도에서 사령선과 결합하는 달 착륙선 등이다. 사령선(CM: Command Module)과 기계선(SM: Service Module)을 합쳐 사령 기계선(CSM)이라 부르고, 달 착륙선(LEM)은 착륙선(LM: Lunar Module)으로 줄여 부른다.

아폴로 사령선 위에 있는 비상 탈출 시스템(LES: launch escape system)은 발사 후 100초 동안 새턴 5 로켓이 제 기능을 하지 못할 때 사용된다. 비상 탈출 시스템은 고체 추진 로켓과 로켓의 분사 가스로부터 우주선을 보호하도록 우주선 전면을 덮는 커버를 포함하고 있다. 만약 비행 중지 명령이 떨어지면 비상 탈출 시스템 로켓이 점화되고 사령선은 새턴 5 로켓으로부터 분리되어 안전지대로 비행시켜 줄 것이다. 그런 다음 그것은 달 탐사 경쟁에서 많은 공헌을 한 케이프 커내버럴의 북쪽에 조성된 케네디 우주센터(KSC) 근처의 바다로 낙하산을 펼치고 내려올 것이다. 만약 모든 비행이 정상이어서 비상 탈출 시스템이 필요하지 않으면 발사 100초 후에 로켓 보호 덮개와 함께 떼어버릴 수 있다.

아폴로 우주선은 발사를 위해 사령선과 기계선 밑에 달 착륙선을 배치했다.

아폴로 우주선이 새턴 5 로켓에서 분리되어 달을 향해 비행하려면 우주선의 위치를 먼저 바꾸어야만 했다. 일단 지구 궤도를 벗어나면 사령선과 기계선은 새턴 5의 3단 로켓에서 떨어져 나온다. 그리고 180도 돌아 사령선의 윗부분에 있는 도킹 장치를 이용해 달 착륙선과 도킹을 한다. 사령선은 새턴 5 로켓의 3단 로켓 윗부분으로부터 달 착륙선을 빼내고 결합한 채 달을 향해 비행한다. 일단 도킹 보조 기구가 제거되고 나면 우주 비행사들은 터널을 통해 사령선과 달 착륙선을 왔다갔다할 수 있다.

"12, 11, 10, 9, 8, 7, 6······ 점화 시작." 작은 공 모양의 짙은 오렌지색 불꽃이 로켓의 바닥에서 보였고, 갑자기 큰 불로 폭발했다. "모든 엔진 작동······." 새턴은 영원이 그 자리에 머물 것 같았다. "우리는 이륙했다!"

무게 5톤의 사령선에는 3.65m 길이와 같은 너비의 공간이 만들어졌다. 이 정도면 비좁은 머큐리나 제미니 캡슐들과 비교해 볼 때 비교적 호화스럽고 큰 공간이었다. 사령선은 비행 계기판, 침실, 주방, 세면장, 화장실로 이용되었다. 화장실에서는 고형 폐기물을 주머니에 넣어 저장하고, 소변은 소변 모음 장치를 통해 우주 공간으로 내보내 처리했다.

우주 비행사들은 우주선 바닥 위에 기대어 있는 의자 3개—그중 하나는 뗄 수 있다—에 앉아 모든 시스템을 위한 스위치와 다이얼들이 있는 폭 2.1m의 계기판을 마주하고 있었다. 여기에는 비행용 컴퓨터, 자세 조정용 추력기, 낙하산을 포함하고 있다. 의자 발 부분에 있는 작은 공간은 개인적인 공간으로 화장실로 쓰이기도 하는 항행 구역이었다. 선실의 대기는 농도 100퍼센트의 산소이며, 압력은 평방인치당 15파운드였다. 사령선의 중요한 부분은 40,000km/h 속도로 지구 대기권 돌입시에 만들어지는 섭씨 1,630도의 높은 온도로부터 우주인들을 보호하는 복합 재료 열 보호막으로 되어 있었다.

기계선의 무게는 24톤이며 길이는 7.6m였다. 뒤쪽 끝 가운데에 원뿔 모양의 로켓 엔진 노즐이 달려 있고, 뒷부분에 접고 펼 수 있는 큰 통신용 안테나를 달고 있었다. 기계선은 달 궤도에 진입할 때와 지구로 되돌아오는 데 반드시 필요

새턴Saturn 5호의 컴퓨터

거대한 로켓의 엄청난 힘에도 불구하고 새턴 5 로켓에는 당시로는 굉장히 정교한 비행용 컴퓨터가 장착되어 있었다. '기구 상자'라고 불린 이것은 로켓의 링과 같이 생긴 구조물 주위에 부착되어 있었다. 이것은 로켓의 가속도와 방향의 위치 측정, 그리고 수정 명령 전에 필요한 엔진의 연소 시간 등을 계산하였다. 뿐만 아니라 로켓의 원격 측정, 전기 공급과 열 조건 시스템을 측정하였다. 이 장치는 0.9m 높이에 직경 6.4m, 무게는 45kg이었다. 그것은 오늘날의 간단한 휴대용 계산기의 연산 능력을 가지고 있었다.

한 추력 9.3톤의 로켓 엔진을 가지고 있었다. 또한 로켓 추진제와 더불어 물과 전기를 만들기 위한 연료전지도 가지고 있었다.

달 착륙선

달 착륙선은 이상한 곤충처럼 생겼다. 사실 '벌레'(bug)라고 불리곤 했다. 이것은 2단(two stage)짜리 우주선이다. 높이는 7m이고 약해보이는 착륙용 다리들을 펼쳤을 때 너비는 9.45m이다. 무게는 15톤이나 되지만, 얇은 절연층과 알루미늄 합금으로 만들어져 비교적 연약했다. 사실 우주 비행사들은 '종이 비행기'라는 별명으로 불렀다.

달 착륙선은 두 부분으로 나뉘었다. 하강단(descent stage)에는 사람이 탈 수 없으며, 달 착륙을 하기 위해서 하강용 로켓 엔진이 장착되어 있었다. 하강단 4개의 다리 중 하나에는 우주 비행사들이 달 표면에 내려갔다 올라올 수 있도록 사다리가 달려 있다. 하강단의 위쪽에는 실질적으로 두 우주 비행사를 위한 비행 갑판과 거주 지역인 상승단이 있었다. 이 상승단 내부에는 좌석이 없어서 두 우주 비행사는 비행 조종대 앞에 서 있어야 한다. 사령관은 왼쪽에 섰고, 달 착륙

아래:아폴로 새턴 5 로켓은 그동안 개발된 로켓 중 길이가 가장 길고, 첫 번째로 우주 비행사를 달로 보냈다.

새턴 saturn 5호

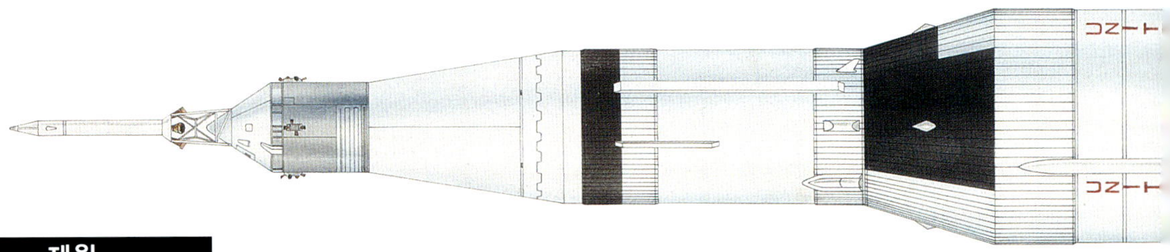

제원
높이 : 110.7m
폭 : (1단과 2단) 10.06m
　　　(3단) 6.6m
무게 : 2,903,020kg
추력 : 345,187kg

98 · 우주선의 역사

●●●
왼쪽:새턴 5의 3단 로켓. S4B는 아폴로 우주선을 지구 주차 궤도에 올려놓았고, 아폴로가 달을 향해서 비행하도록 하였다. 임무를 마치고 분리되어 버려진 S4B는 달의 인력에 끌려 달에 충돌하거나, 우주 공간에서 태양 궤도를 떠돌아다녔다.

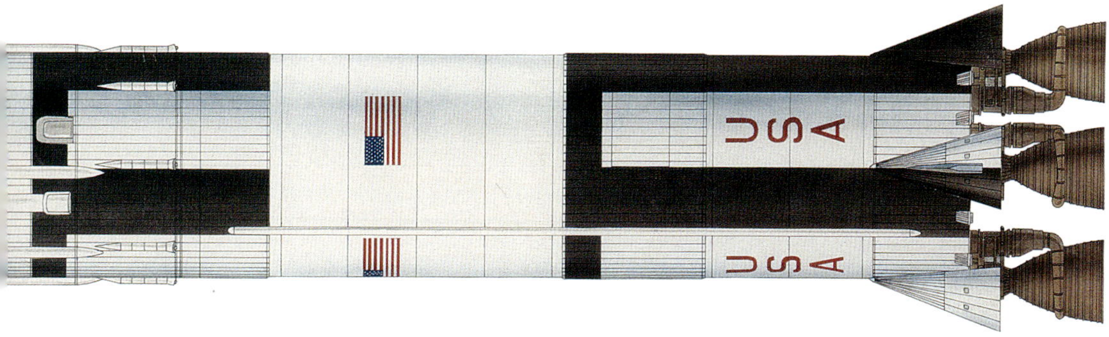

유인 아폴로 Manned Apollo 비행 일지

위: 역사적인 지출(지구가 뜨는) 장면, 1968년 12월 첫 유인 달 선회 비행 중 아폴로 8호에서 촬영.

1968년 10월 11일, 아폴로 7호

새턴 1B 로켓에 의해 지구 궤도로 발사되었고, 임무는 월리 쉬라Wally Schirra와 선임 조종사 돈 아이셀Donn Eisele과 조종사 월터 커닝엄Walt Cunningham에 의해 수행되었다. 지구 궤도에서 아폴로 사령선과 기계선의 성공적인 시운전이 있었고, 10일 20시간 9분 3초 동안 우주 비행이 지속되었다.

1968년 12월 21일, 아폴로 8호

가장 역사적인 우주 탐사 중 하나로, 프랭크 보어맨Frank Borman과 사령선 조종사 제임스 러벨James Lovell과 조종사 윌리엄 앤더스William Anders에 의해 수행되었다. 아폴로 8호 우주선에 탑승한 3명의 우주 비행사들은 최초로 달을 돌아 지구로 되돌아왔다. 아폴로 8호의 우주 비행사들은 지구의 크리스마스에 달 주위를 20시간 11분 동안 돌고, 6일 3시간 42초 동안 지속된 달 비행 임무를 마치고 지구로 무사히 귀환했다.

1969년 3월 3일, 아폴로 9호

달 착륙선이 지구 근처 우주 공간에서 가상의 달 착륙 실험을 하고 돌아왔다. 사령관 제임스 맥디빗James McDivitt과 달 착륙선 조종사 러셀 슈바이카트Rusty Schweickart는 6시간 20분 비행을 한 후 조종사 데이빗 스코트David Scott의 사령선과 도킹했다. 우주 비행은 19일 1시간 54초 동안 지속되었다.

1969 3월 18일, 아폴로 10호

사령관 토머스 스태퍼드Tom Stafford, 사령선 조종사 존 영John Young, 그리고 달 착륙선 조종사 유진 서넌Gene Cernan이 달 궤도에 진입한 후 스태퍼드와 서넌은 달 착륙선에 옮겨 탄 후 8시간의 독립적 비행 동안 달로부터 14.5km까지 내려갔다가 되돌아오는 가상의 달 착륙 실험을 했다. 아폴로 10호는 2일 13시간 31분 동안 달의 궤도에 머물렀고, 모두 8일 3분 23초 동안 달 비행을 성공적으로 수행하였다.

1969년 7월 16일, 아폴로 11호

최초의 달 착륙 시도. 닐 암스트롱Neil Armstrong과 사령선 조종사 마이클 콜린스Michael Collins와 달 착륙선 조종사 에드윈 올드린Edwin Aldrin에 의해 시도되었다. 달 착륙선 독수리호는 7월 20일에 안전하게 달에 착륙하였고, 닐 암스트롱은 달의 '고요의 바다'에 첫발을 내딛었다. 그와 올드린은 2시간 21분 동안 표면에 머물렀고, 22kg의 표본을 채취했다. 독수리호는 1일 3시간 59분의 독립 비행 중 달에서 21시간 30분을 머물렀다. 사령선, 콜럼비아호는 달 궤도에서 2일 11시간 30분 동안 있었고, 총 달 탐험 비행 시간은 8일 3시간 35초였다.

1969년 11월 14일, 아폴로 12호

사령선 조종사 리처드 고든Richard Gordon이 달 궤도를 선회하는 양키 클립퍼에 남아 있는 동안 찰스 콘라드Charles Conrad와 앨런 빈Alan Bean은 달 착륙선을 타고 폭풍의 바다에 착륙하였다. 콘라드와 빈은 7시간 45분 동안 지속되는 두 번의 월면 보행을 했고, 34kg의 표본을 수집했다. 달 착륙선 인트레피드Intrepid호의 독립 비행 시간은 달 표면에서 있은 1일 7시간 31분을 포함해서 1일 13시간 42분이다. 총 우주 비행은 10일 4시간 36분 25초 동안 지속되었다.

1970년 4월 11일, 아폴로 13호

사령관 제임스 러벨James Lovell, 사령선 조종사 존 스위거트Jack Swigert, 그리고 달 착륙선 조종사 프레드 헤이스Fred Haise는 '프라마우로 분화구'로 향하는 불운한 우주 비행을 하였다. 달로 향하는 도중, 사령선 오딧세이Odyssey의 기계선이 폭발하여 사령선이 고장을 일으켰다. 이 때문에 달의 어퀘어리우스Aquarius(물병자리)에 착륙하기로 되어있던 계획이 취소되었다. 고장난 선체를 가지고 달의 저공 비행을 통해 지구로 귀환하려 사투를 벌인 이 극적인 사건은 세계의 이목을 끌었다. 그들은 5일 22시간 54분 41초 동안 지속된 임무를 끝내고 안전하게 귀환하였다.

위: 우주 비행사 짐 어윈Jim Irwin이 촬영한 사진. 첫 번째 달 차량으로 아폴로 15호 임무를 수행중인 장면.

1971년 1월 31일, 아폴로 14호

아폴로 13호에 의해 이루어지지 못했던 달 착륙 임무 완수. 앨런 셰퍼드Alan Shepard(1961년 미국 최초로 우주 비행을 함), 사령선 조종사 스튜어트 루사Stuart Roosa, 그리고 달 착륙선 조종사 에드거 미첼Edgar Mitchell은 9일 2분 57초 동안의 달 탐험을 지속했다. 셰퍼드와 미첼은 이때 바퀴 달린 수레를 갖고 가서 사용한 것이 특징이다. 9시간 2분 57초 동안 두 번의 월면 보행으로 44.5kg의 달 표본 수집을 하였다. 셰퍼드와 미첼은 안타레스호의 1일 15시간 45분의 독립 비행 중 1일 9시간 31분 동안을 달 표면에 있었다. 키티 호크Kitty Hawk 사령선은 궤도에서 2일 18시간 39분 동안 있었다.

1971년 7월 26일, 아폴로 15호

사령관 데이빗 스콧David Scott, 사령선 조종사 알프레드 위든Al Worden, 그리고 달 착륙선 조종사 어윈Irwin은 12일 7시간 11분 53초 동안의 달 탐험 비행 중 6일 1시간 18분 동안 사령선 엔데버Endeavour에 남아 있었다. 달 착륙선 팰컨falcon은 해드레이에 착륙했다. 스콧과 어윈은 총 18시간 25분 동안 지속된 세 번의 월면 보행 중에 최초로 월면차(LRV)를 사용하였고, 그 동안 78.5kg의 표본을 수집하였다. 달에서 2일 18시간 55분 동안 머물렀다. 위든은 지구로 돌아오는 도중 38분 동안 최초 선외 활동을 하였다. 프로그램 중 과학적으로 가장 성공한 임무였다.

1972년 4월 16일, 아폴로 16호

사령관 존 영John Young, 사령선 카스퍼Casper호의 조종사 토머스 매팅리Ken Mattingly, 그리고 달 착륙선 오리온Orion호의 조종사 찰스 듀크Charlie Duke가 참여했다. 달 착륙선은 '데스 분화구'에 착륙하였고 2일 23시간 14분 동안 머물며 활동하였다. 그동안 영과 듀크는 20시간 14분 동안 월면 탐험을 하였고, 또한 월면차를 이용하여 96.6kg의 표본을 채집하였다. 사령선은 5일 53분 동안 달 궤도에 머물렀는데, 이 중 매팅리는 3일 9시간 28분 동안 혼자 보냈다. 이것은 미국의 단독 비행 중 가장 긴 것이다. 총 비행 시간은 11일 1시간 51분 5초였으며, 매팅리는 지구로 귀환 중에 1시간 13분 동안의 선외 활동을 수행하였다.

1972년 12월 7일, 아폴로 17호

스릴 넘치는 착륙 지점인 타우루스 리토로우Taurus Littrow에 착륙했다. 마지막 달 탐험 임무는 달 착륙선의 조종사로 지질학자인 슈미트Schmitt가 탑승한 것이 특징이다. 사령관은 유진 서넌Gene Cernan, 그리고 사령선 조종사는 로널드 에반스Ronald Evans였다. 달 착륙선, 챌린저호는 달 표면에 3일 2시간 59분 동안 머물렀다. 월면차 운전을 포함한 총 22시간 5분 동안 계속된 세 번의 월면 보행에서 서넌과 슈미트는 110kg의 표본을 수집하였다. 두 번째 월면 보행은 7시간 37분 동안 계속되었고, 이것은 달 탐험 프로그램 역사 중 가장 긴 것이었다. 챌린저호는 12일 13시간 51분 59초 동안 계속된 임무 중에서 6일 3시간 48분 동안 달 궤도에 머물렀고, 사령선 아메리카호와 도킹함으로써 3일 8시간 10분의 단독 비행을 끝냈다.

●●●
위:에드윈 올드린이 아폴로 11호의 달 착륙선에서 사다리를 이용하여 내려오는 모습.

선 조종사는 오른쪽에 섰다. 둘 다 0.3m 폭의 삼각형 창을 통해 밖을 볼 수 있다. 주 출입구는 안쪽으로 열리고 사령관이 먼저 밖으로 나갔다. 손과 무릎을 사용해 출입구 앞에 있는 작은 현관까지 거꾸로 기어 나간 후 사다리를 이용해서 달 표면으로 내려간다. 달 착륙선 조종사는 조종사라기보다는 기술자에 가깝다.

일단 달 표면 탐사가 끝나면 우주 비행사들은 달 착륙선의 상승단으로 다시 돌아온다. 그리고 달 착륙선의 아랫부분을 발사대처럼 이용해서 상승용 로켓

위:아폴로 12호의 앨런 빈이 폭풍의 바다Ocean of Storms 표면 위에서 선회 활동 중. 달 착륙선, 인트레피드호 옆에서 좀 더 많은 기구들을 설치하기 위해 열심히 일하는 모습.

엔진을 가동시켜 달을 이륙하여 달 궤도에 올라가 조종사 혼자 조종하고 있는 사령선과 랑데부, 도킹을 하여 사령선으로 옮겨 탄 후 상승단을 떼어버린다. 사령선이 달의 궤도를 벗어나 지구로 무사 귀환하기 위해서는 기계선의 로켓 추진 시스템 작동이 필요하다. 지구 귀환 목표 지점을 정하는 것은 안전한 지구 귀환에 아주 중요한 일이다. 아주 작은 오차도 허용되지 않는다. 사령선이 지구 대기에 진입할 때, 사령선은 기계선과 분리되고 마치 돌이 물살을 가를 때 저항을 일으키듯 대기권과 마찰을 경험해야 했다. 이러한 비행 조작 방법은 캡슐을 대기권에 돌입시킬 때에 효과적으로 속도를 낮추었다. 재진입을 할 때 대서양에 정확히 착륙하기 위해 사령선의 방향을 약간 조정했다. 만약 사령선이 지구 대기권에 90도 정도의 각도로 직접 돌입하면 몇 초 안에 부서지고 불타서 파괴될 것이다. 그렇다고 우주선이 너무 비스듬히 대기권과 부딪히면 우주로 튕겨 나가서 다시는 지구로 돌아오지 못할 것이다.

1968년까지 아폴로 우주선들은 새턴 1과 새턴 1B 로켓을 이용해 지구 궤도에서 많은 시험 비행을 했다. 아폴로 계획의 주인공이었던 새턴 5 로켓은 엄청나게 큰 로켓이었다. 사람을 달에 착륙시키기 위해 독특한 구조를 가지고 있었다. 새턴 5는 앨라배마 주 헌츠빌에 있는 NASA의 마셜 우주 센터에서 전 독일의 V2 로켓 기술자였던 베르너 폰 브라운 박사의 지휘 아래 설계되고 개발되었다. 거대한 로켓과 그 위에 조립된 아폴로 우주선 시스템의 전체 높이는 110m이다. 5개의 1단계 로켓은 3,400톤의 추력을 만들어 냈다. 각 엔진은 초당 약 136톤의 추진제를 소모했으며 몇 마일 밖까지 충격을 주는 지진처럼 거대한 소리를 냈다. 로

월면차 Lunar Roving Vehicle

위:아폴로 15, 16, 17호에서 사용된 월면차(LRV). 우주 비행사들은 이 월면차를 이용해 달 표면 탐사의 범위를 크게 넓힐 수 있었다. 겉모습은 간단한 소형 자동차처럼 보이지만 진공 상태와 극심한 온도 차이가 있는 험난한 지형에서도 사용할 수 있는 특수한 차량이었다.

켓은 3단으로 구성되어 있는데 1단계와 2단계 로켓은 9분 안에 모든 임무를 다했다.

1단계(F-1) 로켓은 액체산소와 등유를 이용해 로켓을 시속 13,360km 속도로 60km 높이까지 올려놓을 수 있는 동력을 발생한다. 1단계 로켓이 분리될 때 2단계 로켓인 S2가 점화된다. 2단계 로켓은 액체산소와 액체수소의 극저온 추진제를 이용하는 J2로켓 엔진에 의해 동력을 얻어 고도 182km에서 시속 24,480km 속도로 움직인다. 3단계 로켓은 재점화가 가능한 S4B로, 역시 극저온 추진제를 사용하는 J2 엔진에 의해 동력을 얻는다. 약 2분 30초 동안 로켓 엔진이 작동되고 지구 궤도 진입 속도를 얻는다. 이 단계에서는 아폴로 우주선의 달 비행 코스가 정해지고, 3단 로켓의 엔진이 다시 점화될 때까지 지구의 주차 궤도를 회전한다. 한 개의 J2 로켓 엔진을 약 5분간 작동하여 아폴로 우주선이 지구를 탈출할 수 있도록 시속 39,040km까지 속도를 높인다. 달 착륙선이 3단계 로켓 S4B의 돌출부로부터 분리되어 나오면, 수명이 다한 3단계 로켓의 동체는 깊은 우주 공간을 떠다니거나, 때로는 태양 궤도로 빨려 들어가거나, 심지어는 달 표면에 충돌하기도 한다.

소유스와 존드

1968년까지 다양한 우주 비행 실험을 마친 후 1969년 달 착륙을 목적으로 한 아폴로 유인 우주 비행 준비가 시작되었다. 물론 소련 역시 미국보다 먼저 달에 착륙하고 싶어했다. 소련은 미국을 이기기 위해 2가지 계획을 갖고 있었다. 첫 번째는 우주 비행사들이 달 주위를 비행하는 것이었고, 두 번째는 아폴로 전에 1명의 우주 비행사를 달에 착륙시키는 것이었다. 소련은 유인 우주선 소유스와 대형 로켓 N1을 개발했다. 소유스는 보스토크나 보스호트 우주선보다 훨씬 정교한 우주선이었다. 2명이나 3명의 우주 비행사가 탈 수 있도록 설계되었다. 또한 소유스는 우주 공간에서 랑데부와 도킹을 할 수 있고, 우주 정거장 건설에도 중요한 역할을 할 예정이었다.

   소유스 우주선은 크게 네 부분으로 구성되어 있다. 제일 앞부분에는 도킹 모듈이 있고 다음에 궤도선, 귀환선, 기계선이 있다. 도킹 모듈은 다른 우주선이나 우주 정거장과 도킹할 때 사용하는 모듈이고, 궤도선은 지구 궤도를 비행할 때 사용하는 모듈이고, 귀환선은 우주로 발사할 때와 임무를 마치고 지구로 돌아올 때 사용하는 캡슐이다. 기계선은 궤도선과 귀환선의 작동에 필요한 전기, 산소, 물의 공급과 자세 및 궤도 조종용 로켓이 부착되어 있는 곳이다. 도킹 시스템, 비행 선실, 재진입 우주선을 가진 궤도선과 선 내에 동력을 전달하는 태양전지판과 방향 조종을 위한 자체 엔진을 가진 기계선으로 구성되어 있다. 조금 수정된 형식의 기계선은 달까지, 그리고 달로부터의 여행을 수행할 수 있게 설계되었다.

   존드 우주선은 소유스에서 궤도선을 제거하여 발사되어 달을 8자 모양으로 왕복 비행할 수 있게 설계되었다. 그것은 달 궤도를 돌게 의도되진 않았다. 존드는 처음에 무인으로 비행하도록 계획됐고, 그 다음 단계로 2명의 우주 비행사가 승선하기로 되어 있었다. 승무원들은 비교적 새로운 프로톤 로켓에 실려 발사

존드 Zond와 소유스 Soyuz

소련의 달 탐사선 존드는 유인 우주선인 소유스 지구 궤도 우주선에 기초를 두고 설계되었다.

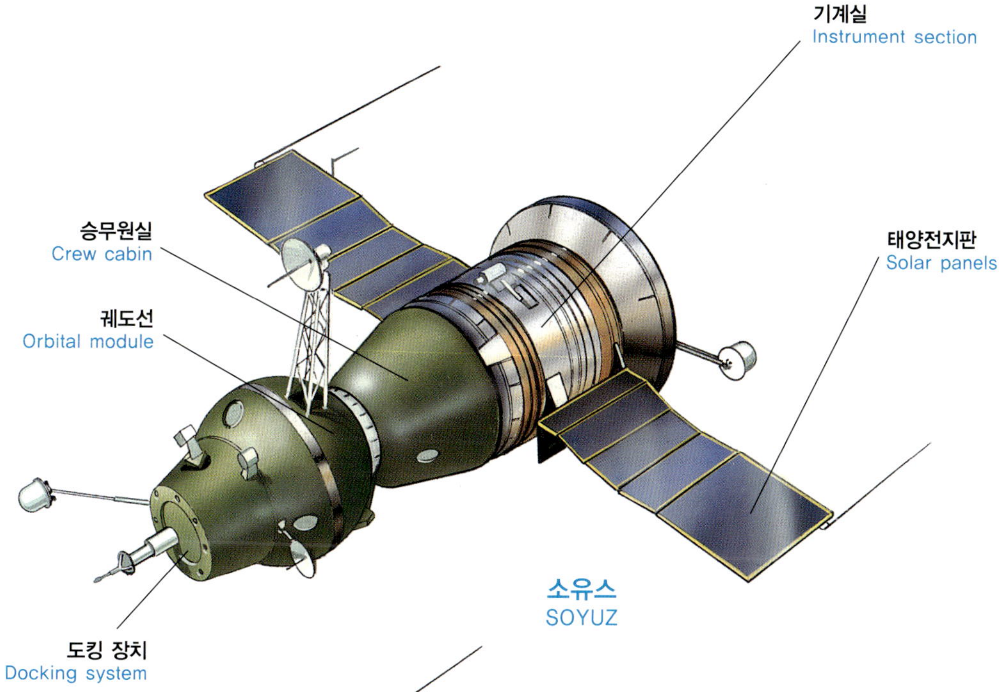

기계실
Instrument section

승무원실
Crew cabin

궤도선
Orbital module

도킹 장치
Docking system

태양전지판
Solar panels

소유스
SOYUZ

재돌입 모듈
Re-entry module

고성능 안테나
High gain antenna

과학실험장치
Science package

기계실
Instrument section

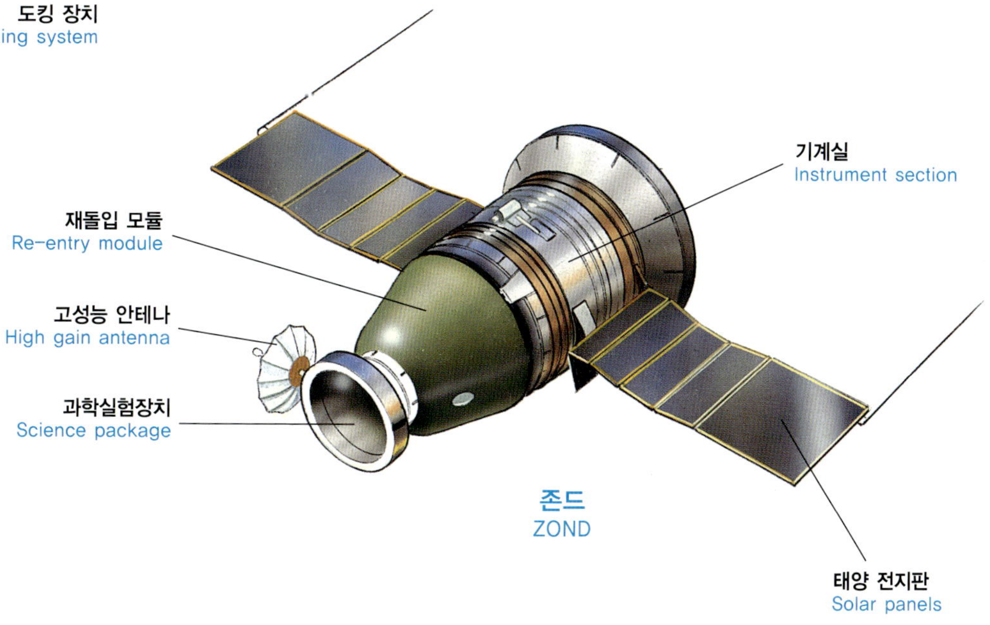

존드
ZOND

태양 전지판
Solar panels

되기로 계획되었다. 이 계획이 L-1 계획이다.

첫 번째 소유스 우주선은 1966년 11월 지구 궤도에서 탑승자 없이 시험 발사되었다. 존드는 비록 실제로 달을 '8자 비행'을 하고 지구로 돌아오지는 못했으나, 1968년 후반에 미국의 우주 비행사들이 아폴로 우주선으로 달 궤도 비행을 시도하는 데 큰 자극제가 되었다. 존드는 결국 사람을 태우지는 못했다. 사실 수차례의 무인 임무 비행에서 우주 비행사를 태우고 달 우주 비행을 시도했으나, 우주선에 내린 재앙 때문이었는지 우주선의 기능 불량으로 우주 비행사들은 모두 사망했다.

소련의 달 착륙 계획

소련의 달 착륙 계획은 L-3라고 불렀다. 아폴로가 매우 야심찬 계획이었던 반면, L-3는 매우 위험한 계획이었다. L-3 계획은 소유스-존드의 기술과 소련의 새턴 로켓인 대형 N1 로켓 기술에 바탕을 둔 것이다. N1 로켓은 특별해 보이는 기계였다. N1 로켓의 꼭대기 부분은 긴 원통형으로 유인 달 착륙선이 장착되어 있으며, 몸통 또한 원추형의 초대형 로켓이었다.

N1 로켓은 바닥 직경이 15.25m에, 높이가 91m였다. 24.3m 높이의 1단계 로켓에는 액체산소와 등유를 사용하는 30개의 NK-33 액체 엔진이 장착되어 50초 동

존드 Zond

오른쪽:존드를 운반하는 개조된 프로톤 로켓. 이 로켓은 네 번의 실패를 포함해서 열한 번 발사되었다.

루나 존드 Lunar Zond 비행일지

날짜비행	일지
1967년 3월 10일	코스모스 146호가 지구 궤도에서 비행 실험.
1967년 4월 8일	코스모스 154호가 정확한 지구 궤도 진입에 실패.
1967년 9월 28일	발사 실패.
1967년 11월 22일	발사 실패.
1968년 3월 2일	존드 4호가 달 주위를 돌고 착륙하려고 할 때 소련의 제어를 벗어나 파괴됨.
1968년 4월 23일	발사 실패.
1968년 9월 14일	존드 5호가 달 주위를 돌고 인도양에 착륙하려 했으나 우주선의 제어에 실패해 지구 대기권에 진입할 때 승무원들이 사망했을 것으로 추정.
1968년 11월 10일	존드 6호가 달 주위를 선회하고 지구로 돌아오던 중 우주선의 압력이 떨어짐. 낙하산이 고장나 우주선이 파괴됨. 두 가지 오작동으로 우주 비행사들은 사망하였을 것으로 추정.
1969년 1월 20일	발사 실패.
1969년 8월 8일	존드 7호는 유일하게 달 선회 임무를 완벽하게 수행하고 소련으로 무사 귀환.
1970년 10월 20일	존드 8호는 달 선회 임무를 마치고 귀환 도중 통제시스템 마비로 인도양에 착륙하게 됨.

*존드 1-3호 무인 탐사선은 금성과 화성 탐사에 실패함.

안 5,000톤의 추력을 발생시켰다. 두 번째 단에서 추력이 비슷한 NK-34 액체 엔진들이 뒤이어 2분 10초 동안 작동한다. 세 번째 마지막 단에서는 6분 40초 동안 작동되는 8개의 NK-39 엔진들에 의해 추력이 발생된다. 이때 L-3 유인 우주선이 지구의 주차 궤도에 진입한다.

2인승인 L-3 우주선은 2개의 로켓 단과 달 궤도선, 그리고 달 착륙선의 네 부분으로 구성되어 있다. 블록 G라고 불리는 첫 번째 로켓단은 달 로켓과 우주선 결합체를 달을 향해 보낸 후 폐기되어 버려진다. 블록 D라고 불려진 다음 단계의 발전기는 달 탐사선을 상공 16km 정도의 달 궤도에 위치시키기 위해 타올랐다. 우주 비행사를 달 표면에 착륙시키는 일은 교대로 할 수 없는 일로 보인다. 한 비행사가 우주복을 착용하고 우주선 내부가 아닌 선체 밖을 걸어서 아래 위치하고 있던 달 착륙선으로 이동을 한다. 블록 D가 달 착륙을 위해 분리될 때 그의 동료는 소유스 우주선을 주 기지로 삼아 모선에 남게 된다.

블록 D 로켓 엔진은 달 표면에 하강하기 위해 불을 뿜는다. 표면 약 2.4km 위에서 4.47m의 달 착륙선은 블록 D 로켓과 분리하여 작은 로켓 엔진을 이용해

루나 1 발사체Luna 1 Launch Vehicle의 3단계 로켓

루나 1 로켓의 상단 로켓 엔진을 보스토크 우주선의 지구 재진입용 로켓 엔진으로 성능을 향상시키고 원통 모양의 연료통과 산화제통으로 둘러쓴 것을 개량하여 보스토크 유인 우주 비행에 이용하였다. 그리고 이것은 회수 불가능한 소련의 지구 자원 프로그램의 무인 우주선 발사에도 가끔 쓰였다.

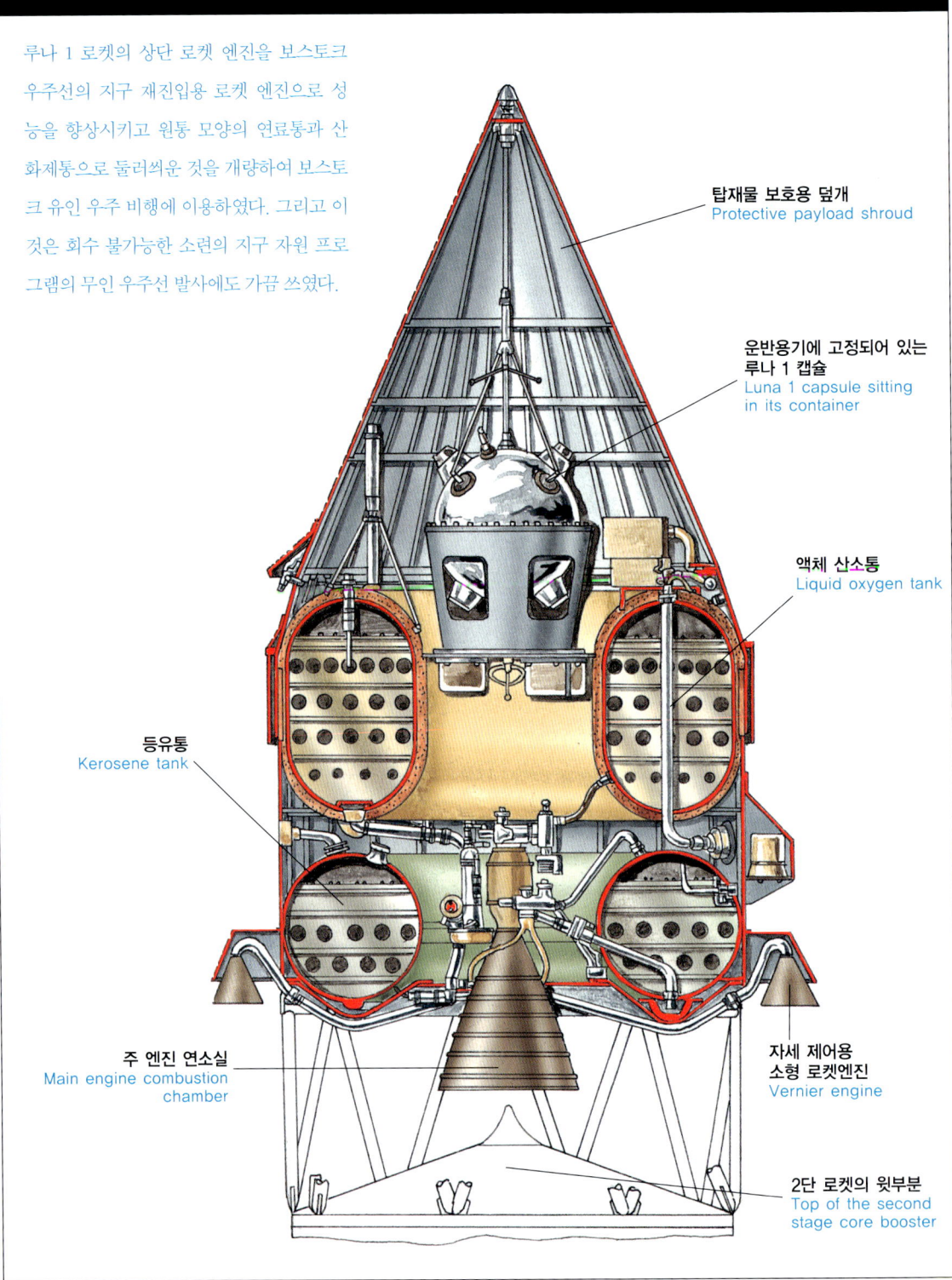

탑재물 보호용 덮개
Protective payload shroud

운반용기에 고정되어 있는 루나 1 캡슐
Luna 1 capsule sitting in its container

액체 산소통
Liquid oxygen tank

등유통
Kerosene tank

주 엔진 연소실
Main engine combustion chamber

자세 제어용 소형 로켓엔진
Vernier engine

2단 로켓의 윗부분
Top of the second stage core booster

카자흐스탄의 바이코누르 Baikonur 우주 센터에서 발사된 N1 로켓. 소련의 거대한 N1 로켓은 네 번 모두 비행에 실패하였다.

소련의 N1 달 로켓 발사 시도

1969년 2월 26일

첫 번째 거대한 N1 로켓이 바이코누르 발사대로부터 모의 달 착륙선을 싣고 발사되었다. 처음에는 모든 것이 잘 되어가는 것처럼 보였다. T+66초에서 1단의 30개 로켓 엔진 중 1개의 산화제 파이프가 파열되었고, 액체 산소가 새며 불이 붙었다. 로켓은 4초 동안 더 작동되었으나 로켓 엔진들은 비행 컴퓨터에 의해 멈추어졌다. 다행히 대화재 직전 발사 탈출 시스템이 가동되어 달 착륙선은 안전할 수 있었다. 그러나 그것으로 임무는 끝이었다.

1969년 7월 3일

두 번째의 N1로켓이 또 다른 가상의 달 착륙선을 싣고 발사대로부터 솟아오르자마자, 금속 물체가 여덟 번째 로켓 엔진의 산화재 펌프에 떨어졌다. 이 폭발은 다른 로켓 엔진들과 조종용 전선을 쓸모없게 만들었다. 로켓은 발사대로 넘어지며 폭발했고, 부근의 다른 N1 발사대까지 파괴하였다.

1971년 6월 27일

N1-3 로켓은 실물 크기의 달 착륙선 시스템 전체를 싣고 새롭게 수리한 발사대에서 발사되었다. 그러나 발사되자마자 회전 문제가 발생하였다. T+39초에 회전 문제는 로켓 조종 시스템의 조종 한계를 넘어섰다. T+48초에서 N1의 2단 로켓이 부서지기 시작했고, T+51초에는 자동 비행 조종 시스템이 모든 로켓 엔진을 정지시켰으며, 결국 바이코누르 초원 지역에 떨어지며 폭발하였다.

1972년 11월 23일

마지막 N1-4 로켓은 N1-3 로켓에 실렸던 것과 동일한 달 착륙선을 싣고 발사되었다. 그러나 T+90초에서 연소가 중단되기로 되어 있었던 1단 로켓의 가운데 엔진이 압력의 과부하를 야기시켰고, 추진제 공급 파이프가 파열되어 로켓에 불이 붙었다. 약 20초 후에 1단 로켓이 폭발하였다.

안전하게 달에 착륙을 한다. 그 사이 블록 D 로켓은 달에 추락한다. 달 착륙선에 타고 있던 1명의 우주 비행사는 원형 출입구를 통해 밖으로 나가 사다리를 타고 달 표면으로 내려가 소련 국기를 꽂는다. 한 시간 후에 우주 비행사는 표면의 달 흙 표본을 들고 선실로 돌아간다. 아폴로와는 다르게 달 착륙선 전체가 달에서 이륙하고, 하강할 때 사용했던 엔진을 다시 이용해 달 궤도를 선회하고 있던 모선과 랑데부, 도킹을 한다. 달 착륙선 우주 비행사는 우주유영을 통해 달 표면의 흙 표본을 갖고 모선으로 돌아간다. 달 착륙선은 버려지고, 모선은 엔진을 점화하여 L-1의 임무와 비슷한 방법으로 지구로 향한다.

▶▶▶
먼 왼쪽: 거대한 N1 로켓을 실은 특수한 구조의 크레인이 N1 로켓을 발사대에 세우기 위하여 발사대 쪽으로 움직이고 있다.

위:아폴로Apollo 11호를 달로 운반하는 새턴 5의 SC1 1단 로켓은 케네디 우주센터로부터 발사되어 역할을 다한 후 분리되어 떨어져 나갔다.

모든 궤도가 둥글진 않다. 인공위성은 근지점이라고 불리는 궤도의 가장 낮은 지점인 200km에 있을 수도 있고, 원지점이라 불리는 궤도에서 가장 높은 지점인 600km 궤도에 있을 수도 있다. 근지점, 원지점, 궤도 경사각, 궤도 주기는 서로 다른 종류의 인공위성들에게는 중요한 매개변수이다. 우주 발사체는 인공위성이 원하는 중요한 요소를 완벽하게 맞추어주어야 한다. 우주 발사체들은 정해진 시간에 지구 위의 정확한 궤도와 위치에 도달하기 위해서는 적당히 속도를 증가시키면서 방위각이라 불리는 정밀한 각도와 정밀한 방향으로 비행해야 한다.

X-선 전파 망원경은 원지점 114,000km와 근지점 6,880km 사이의 궤도에 위치하며 지구를 한 바퀴 회전하는 데 48시간 걸린다. 따라서 우주선은 가능한 한 앨런 방사대의 영향권보다 훨씬 위에 위치해야 한다. 각 궤도에서 적도와 이루는

궤도 경사각은 40°로, 망원경은 오스트레일리아와 남미에 있는 두 지상국의 범위 안에 있어 40시간 동안 끊기지 않는다.

정찰위성이나 원격 탐사위성은 극궤도인 북극과 남극 위 400km 상공으로 발사돼 매일 지구를 17바퀴 돌게 된다. 극궤도에는 "태양 동기궤도(sun synchronous)"라는 것이 있다. 이 궤도를 도는 위성은 같은 시간에 지구의 같은 지점을 통과하게 된다. 이 때문에 이전에 촬영을 한 이후 재촬영한 지역에 홍수 같은 어떠한 큰 변화가 일어나지 않는다면, 동일 지역에 대해서 같은 시간대에 거의 같은 태양 고도 아래 연속적인 촬영을 할 수 있게 된다.

통신위성은 정찰위성이나 기상위성과는 전혀 다른 궤도를 이용한다. 통신위성이 지구 자전 속도와 똑같은 속도로 적도 위 궤도를 돈다면 이 위성은 하늘에 고정돼 있는 것처럼 보인다. 그리고 이때의 궤도는 고도가 약 36,000km이다. 이 궤도를 정지궤도(GEO)라 부른다. 이 궤도에는 가정에 직접적으로 TV 영상을 전달하는 인공위성과 통신위성들이 수백 개 자리잡고 있다. 통신위성을 발사하는 로켓은 보통 상단로켓이 달려 있어 통신위성을 정지궤도이동궤도(GEO transfer orbit) 근지점에서 정지궤도의 최고점으로 이동시킨다. 그리고 위성에 달려 있는 로켓을 점화해 위성을 정지궤도에 올려놓는다.

발사지점이 적도(0°)에 가까울수록 정지궤도로 위성을 발사하기에 더 좋다. 그리고 지구가 자전하면서 공전하는 쪽으로 우주선을 발사하면 지구의 자전과 공전 속도를 덤으로 얻게 돼 우주선의 속도가 더 빨라진다. 또한 지구에서 원심력이 가장 큰 곳은 지구 중심축에서 가장 먼 곳인 적도이므로 적도 근처에서 우주선을 발사하면 로켓 추진제를 절약할 수 있다. 발사지점이 적도보다 좀 더 남쪽이나 북쪽에 있을 경우에는 더 많은 에너지가 필요하게 된다. 이것은 왜 통신위성의 발사지점이 적도에 가까운 남미 기아나의 쿠루에 있는지 설명해준다. 인터내셔널 시런치사(International Sea Launch company)는 사실상 발사대를 적도에 위치시킴으로 한 걸음 더 나아갔다. 시런치 오딧세이의 발사대는 반잠수형 해양석유 굴착장치를 기본으로 해서 세워졌고, 러시아의 제니트Zenit 3L 로켓을 장착하여 발사하고 있다.

어떤 발사지점은 극을 도는 인공위성들을 발사하기에는 너무 위험하다. 플로리다 주의 케이프 커내버럴에서 극궤도로 위성을 발사하는 것은 로켓이 땅 위를 비행해야만 하기 때문에 너무 위험하다. 그러나 캘리포니아 주의 반덴버그

프랑스령 기아나의 쿠루에 펼쳐져 있는 아리안 발사 기지는 민간 조직인 아리안스페이스의 아리안4와 아리안5 로켓의 발사를 지원하고 있다.

위:날개 달린 페가수스 위성 발사체가 높은 고도에서 떨어지며 상업용 발사를 시작하기 위해 보잉 B-52호 수송기의 날개 아래 매달려 있다.

는 남극 발사대로 좋은 위치에 있다. 태평양을 가로질러 남극을 향해 직접 발사할 수 있다. 소련은 사람이 살지 않는 넓은 지역 위로 로켓을 발사했다. 그럼에도 불구하고 카자흐스탄 스텝지대의 유목민들은 추락하거나 버려진 로켓 단(stage)을 주워 여러 용도로 이용했다고 알려졌다. 또 어떤 사람들은 로켓 발사가 실패했을 때 폭발된 추진제가 땅에 쏟아져내린 후 각종 질병에 감염되기도 했다. 케이프 커내버럴은 궤도 경사 37° 같은 낮은 궤도 경사각으로 대서양 위로 안전하게 비행시킬 수 있는 발사 임무들을 수행하는 데 사용되었다.

인공위성들은 하늘과 바다 밑에서도 발사되었다. 미국의 페가수스Pegasus 위성 발사체는 수천 미터 고도로 올라가 엔진의 점화 없이 수송비행기에서 아래로 떨어뜨리는 3단이나 4단 로켓을 발사했다. 일단 발사가 되면 1단계의 고체 로켓 추진제 모터가 점화되고 궤도로 오르기 시작한다. 페가수스 로켓은 500kg 정도 무게의 인공위성을 저궤도로 발사할 수 있다. 소련은 옛 군용 미사일들을

로켓은 어떻게 작동하나?

로켓이 출발하는 것을 보면 로켓 엔진의 분사가스가 땅을 밀고, 밑에 있는 공기가 로켓을 위로 밀어올리는 것으로 상상하기 쉽다. 그러나 그건 사실이 아니다. 만약 그렇다면 공기가 없는 우주 공간의 진공 상태에서 어떻게 로켓이 작동할 수 있을까? 풍선을 불고 그것을 놓으면 공기 속을 달리는 것을 볼 수 있을 것이다. 로켓을 추진하는 것은 배기 가스이다. 연료가 연소함에 따라 배기 가스가 자이로스코프gyroscope와 같은 유도 시스템에 의해 조종되도록 정밀하게 설계된 노즐을 통해 밖으로 밀고 나오게 된다. 3세기 전, 뉴턴은 "모든 작용에는 반대의 동등한 반작용이 있다"고 설명했다. '작용-반작용의 법칙'은 로켓 엔진의 원리이다. 사실 로켓 엔진의 작동은 차라리 '제어된 폭발'과 같다. 대부분의 우주 로켓 엔진은 연소실에서 연료인 등유와 산화제인 액체 산소를 혼합하여 태운다. 이 과정에서 매우 큰 압력의 뜨거운 가스가 만들어진다. 압축된 가스는 탈출구를 찾게 되는데, 연소실 뒤쪽의 작은 출구가 탈출구이다. 압축된 가스는 작은 출구를 통과할 때 가속되어 흐르며 추력을 만들고, 연소실 출구의 목 부분에 고정되어 있는 원뿔형의 노즐은 배기가스의 속도를 훨씬 더 가속시킨다. 노즐로부터 배출되는 배기 가스의 방향은 로켓의 비행을 조종한다.

연료와 산화제를 안전하게 공급하고, 효율적인 방법으로 혼합하고 연소시키기 위해서는 정밀한 설계가 요구된다. 예를 들어 우주 왕복선의 주엔진 시스템에서 산화제, 혹은 연료—이 경우 등유가 아니고 액체 수소를 사용함—는 뜨거운 가스들을 만들기 위해 먼저 압축되고 혼합되며 미리 태워진다. 그리고 측정치대로 정확하게 혼합된 가스들은 연소실로 들어가게 된다. 액체 산소와 액체 수소를 사용하는 엔진을 극저온 엔진(cryogenic engine)이라 부르는데, 이 엔진은 미국의 아틀라스 로켓과 같이 액체 산소와 등유를 사용하는 전통적인 로켓 엔진보다 효율성이 더 높다. 또 다른 액체 추진제 로켓들은 산화제인 4산화질소(Nitrogen tetroxide)와 히드라진hydrazine이 혼합되었을 때 점화기가 필요 없이 자연적으로 점화되도록 한다. 이런 종류의 추진제를 사용하는 로켓 엔진을 자동 점화성 엔진(hypergolic engine)이라고 부른다. 미국의 타이탄 로켓의 주로켓인 1단 로켓이 이 엔진을 썼다. 비행 중에는 모든 액체 추진제 로켓의 연소가 조심스럽게 통제되며, 유사시에는 엔진을 중지시킬 수도 있다. 그러나 군 미사일에 흔히 쓰이는 고체 추진제 로켓 모터의 경우는 성능 조절이나 정지가 안 된다. 이것의 용도는 우주 산업체에서 로켓을 발사하는 시점에 별도의 추력을 제공하기 위해 사용한다. 예를 들어 왕복선은 발사 2분 후에 분리되는 2개의, 초 모양의 강력한 고체 추진제 부스터(SRB)를 사용한다. 이것은 만약에 그중 어떤 것이 잘못되더라도 정지시킬 수 없는 것들이다. 미국의 델타 로켓은 1단 로켓의 몸통 주변에 세운 작은 부착식 추력 보강용 로켓을 9개까지 사용하였다. 자동 점화성 엔진과 고체 추진제 로켓 모터들은 로켓의 상단에 일반적으로 사용된다. 그리고 우주선의 궤도 수정과 고도 조절을 위해 추진 시스템으로 사용되기도 한다.

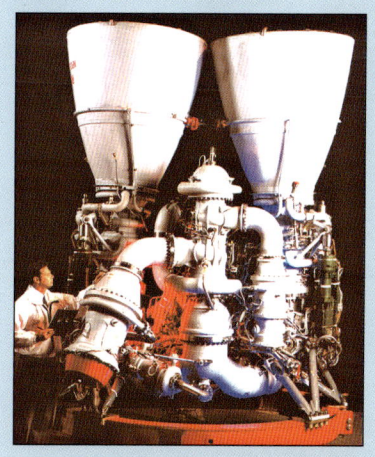

위: 러시아의 RD-180 엔진은 2000년에 최초의 비행을 한 새 아틀라스 3 로켓의 1단 로켓에 동력을 공급하기 위해 미국과 함께 공동 개발한 것이다.

오른쪽:소유스 로켓은 소련의 대륙간 탄도탄 원형을 기초로 개선된 상단 로켓과 발사 비상 탈출 시스템 로켓을 장착했다.

개조해 인공위성의 상업적 발사에 이용하려 한다. 쉬틸Shtil 2라는 로켓은 1998년 최초로 바랜트 바다의 잠수함에서 독일의 작은 위성을 저궤도로 발사했다.

역사적인 발사장들

최초의 인공위성 스푸트니크 1호는 카자흐스탄 동부의 아랄 해 부근의 외딴 지역에서 발사되었다. 그것은 바이코누르 우주 기지로 알려졌으나, 그 이름을 가진 소련의 도시는 400km 떨어진 곳에 있었다. 그 우주기지는 오늘날 모스코바에서 타시켄트로 가는 교차점인 원래의 티우라탐이라는 작은 마을에 가까이 위치해 있다. 그 지역 사람들은 티우라탐이 '화살의 묘지', '티우라Tyura의 무덤', 혹은 악명 높은 칭기즈 칸의 아들이 전쟁에서 죽은 장소와 가까운 곳이라는 뜻으로 이름이 지어졌다고 얘기한다.

1955년 티우라탐은 카자흐스탄 스텝 지대 위의 노천굴 광산 중의 하나였고, 주 철도가 놓인 곳으로부터 28km 떨어져 있었다. 이곳에 콘크리트 발사대가 건설됐고, 소련의 대륙간 탄도탄 발사장이 되었다. 같은 발사대 No.1은 스푸트니크 1호와 유리 가가린이 출발한 곳

A2 소유스

인공위성 발사장 Satellite Launcher Site

날짜	발사 장소
1957년 10월 4일	소련, 카자흐스탄, 티우라탐Tyuratam/바이코누르Baikonur
1958년 1월 31일	미국, 플로리다, 케이프 커내버럴Cape Canaveral
1958년 2월 28일	미국, 캘리포니아, 반덴버그Vandenberg
1961년 2월 16일	미국, 버지니아, 월롭스섬Wallops Island
1962년 3월 16일	소련, 러시아, 카푸틴야Kapustin Yar
1965년 11월 26일	사하라(프랑스), 하마기르Hammagur
1966년 3월 17일	소련, 러시아, 플레세츠크Plesetsk
1967년 4월 26일	이탈리아, 산 마르코San Marco(미국의 발사)
1967년 11월 9일	미국, 플로리다, 케네디 우주 센터
1967년 11월 29일	오스트레일리아, 우메라(영국, 미국 발사)
1970년 2월 11일	일본, 가고시마鹿兒島Kagoshima
1970년 3월 10일	남미, 기아나, 쿠루(프랑스 발사)
1970년 4월 24일	중국, 주취안酒泉Jiuquan
1975년 9월 9일	일본, 타네가시마種子島Tanegashima
1980년 7월 18일	인도, 스리하리코타Shiharikota
1984년 1월 29일	중국, 시창西昌Xichang
1988년 9월 19일	이스라엘, 네게브Negev, 아브네Yavne, 팔마심Palmachin 공군 기지
1990년 4월 5일	미국, 태평양에서 B52 공중 발사
1990년 9월 3일	중국, 타이위안太原Taiyuan
1995년 4월 3일	대서양에서 트리스타 L-1011 공중 발사
1997년 3월 4일	러시아, 스보브도니Svododny
1998년 7월 7일	러시아, 바렌츠해Barants sea(잠수함에서 발사)
1999년 3월 28일	시런치Sea Launch(오딧세이 태평양 플랫폼)
2008년 10월	한국, 고흥, 나로우주센터

●●●
위:중국의 장정 4 로켓이 타이위안太原 Taiyuan에서 기상 위성을 싣고 발사되고 있다. 몇몇 장정 로켓은 상업용 발사체 서비스에 이용되고 있다.

●●●
왼쪽:제니트 3SL 로켓이 태평양 한가운데에서 위성 발사를 위해 선적되기 전에 부두 앞바다의 플랫폼에서 실험을 위한 준비를 하고 있다.

●●●
왼쪽:캘리포니아에서 고체 추진 로켓 모터 실험이 이루지고 있다. 이 실험은 상업용 친환경 로켓 개발 프로그램의 일환이다.

이고, 지금도 여전히 소유스 우주선 발사를 위해 사용되고 있다. 이 지점은 1961년에 가가린의 비행 기점을 증명할 필요가 있던 소련인들이 바이코누르라고 이름지었다. 소련 관리들은 그런 역사적 사건에 적합한 이름을 찾다가 '비옥한 땅'이라는 의미 때문에 바이코누르라는 도시 이름을 선택하였다.

'미국의 바이코누르'인 케이프 커내버럴도 비슷한, 흥미 있는 이야기를 가지고 있다. 케이프 커내버럴은 우주시대와 같은 의미를 가지고 있으나, 우주와 연관시키기에는 어려운 곳이었다. 이곳은 플로리다 주 중동부 동해안 해안선과 평행하게 바다 쪽으로 돌출해서 생긴 청정 아열대성 기후의 모래 반도였다. 그리고 악어, 뱀, 아열대 지방에 사는 새, 대식성 모기 등 수많은 야생종이 살고 잡목과 야자나무가 자라는 광활한 황야 지대였다. 1509년에 스페인 탐험가 폰세 데 레온Juan de Leon이 플로리다 반도를 발견했을 때 그곳에는 아메리카 원주민들이 살고 있었다. 그 후 3세기 동안 스페인, 프랑스, 영국의 지배를 받았지만 자연 상태로 방치되어 있었다. 그러다가 미국의 남북전쟁이 끝나고 나서 케이프 동서부에 코코아 마을이 건설됐고, 거대한 모래톱에는 등대가 건설되었다. 등대는 오늘날까지도 남아 있는데, 가끔은 로켓으로 오인되기도 한다. 한 황당한 언론 기자는 로켓이 다른 곳에서 발사되는 동안 등대 사진만 찍고 있었다. 로

●●●
먼 왼쪽 : 1964년, 레이저 7호를 실은 아틀라스 아제나 로켓이 케이프 커내버럴에서 발사되고 있다.

1958~1967 미국 발사체 US Launchers의 원형

우주시대의 초기 10년 동안 미국 위성 발사 산업체들의 우주 로켓은 사실상 대륙간 탄도 미사일의 1단 로켓을 기초로 한 것이었다.

최초의 성공적 발사	발사체	원형 미사일
1958년 1월	주피터-C	레드스톤 중거리 탄도탄
1958년 10월	소어 에이블	중거리 탄도탄과 상단
1958년 12월	주노 II	주피터 미사일과 상단
1958년 12월	아틀라스 B	대륙간 탄도탄
1959년 2월	소어 아제나 A	중거리 탄도탄과 상단
1960년 4월	서어 에이블 스타	중거리 탄도탄과 상단
1960년 5월	아틀라스 아제나 A	대륙간 탄도탄과 상단
1960년 10월	소어 아제나 B	소어 아제나 A
1960년 11월	델타	소어 에이블
1961년 5월(유인)	레드스톤	중거리 탄도탄
1961년 7월	아틀라스 아제나 B	아틀라스 아제나 A
1961년 9월	아틀라스 D	대륙간 탄도탄
1962년 6월	소어 아제나 D	소어 아제나 B
1963년 5월	추력 강화 소어-아제나	소어 아제나 D와 고체 연료 로켓
1963년 6월	추력 강화 소어-아제나 B	추력 강화 소어-아제나 D
1963년 7월	아틀라스 아제나 D	아틀라스 아제나 B
1963년 11월	아틀라스 센토	아틀라스 D와 상단
1964년 4월	타이탄 II	2세대 대륙간 탄도탄
1964년 8월	추력 강화 델타	델타와 고체 연료 로켓
1964년 12월	타이탄 IIIA	타이탄 I
1965년 1월	소어 알타이어 Altair	소어와 다른 로켓단
1965년 6월	타이탄 IIIC	타이탄 IIIA
1966년 7월	타이탄 IIIB-아제나 D	타이탄 IIIA
1966년 8월	소라드 Thorad 아제나 D	소어 아제나 D
1966년 9월	소어 버너 Burner II	소어와 다른 로켓단
1967년 5월	추력강화 소어(LTTAT) 아제나	긴 탱크의 추력 강화 소어 아제나

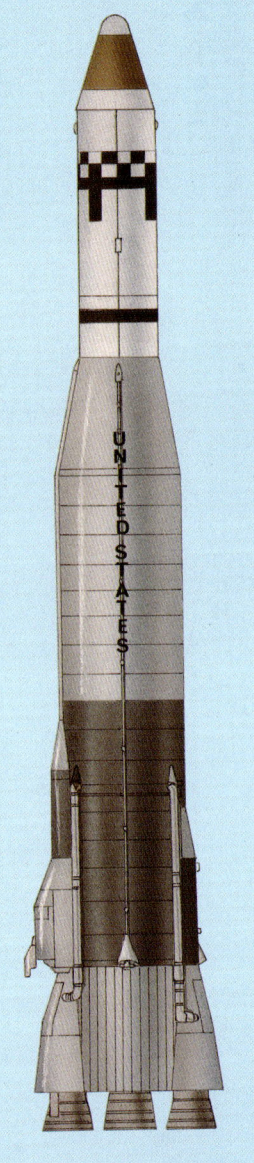

위: 아틀라스 E/F라 불렸던, 개선된 아틀라스 대륙간 탄도탄은 또한 우주 발사체로도 사용되었다.

상업 운영 조직체인 스타심 Starsem에 의해 운영되는 소유스 로켓이 지구 저궤도로 통신위성을 발사하는 웅장한 모습.

켓 발사 관제소와 발사대 건설은 1950년에 시작됐고, 같은 해 7월 24일 그곳에서 최초의 로켓이 발사되었다.

오늘날의 케이프 커내버럴은 변화된 모습을 보여준다. 1960년대만 해도 해변을 따라 이동식 로켓 발사 정비탑(gantry)들이 온통 뒤덮고 있었다. 그러나 지금은 무인 인공위성들이 발사되는 분주한 공군기지로 바뀌었다. 미국 최초의 유인 지구 궤도 비행을 위해 존 글렌을 태우고 발사됐던 14번 발사대를 포함하여 많은 이동식 정비탑들은 철거되었다. 케이프의 북쪽은 우주 왕복선이 운영되는 케네디 우주센터이다. 케네디 우주센터는 아폴로 계획의 달 탐험을 지원하기 위해 건설된 것이다. 지금은 거대한 발사체 조립 빌딩과 발사대를 포함한 많은 시설물들이 우주 왕복선을 위해 사용되고 있다.

냉전시대로부터 데탕트까지

우주시대의 개막 이후 40년 동안 수천 번의 발사가 있었다. 그런데 이 중 대부분은 미국과 러시아의 4대 로켓인 델타, 아틀라스, 타이탄과 소유스에 의해서 이루어졌다. 그리고 이들 4대 로켓의 1단은 1957과 1962년 사이에 개발된 대륙간 탄도탄과 중거리 탄도탄을 기본으로 하고 있다는 것은 놀라운 사실이다.

오늘날의 발사체 성능이 예전의 발사

오른쪽:추력이 강화된 델타(TAD)는 추력 보강용 고체 연료 로켓을 가지고 있다.

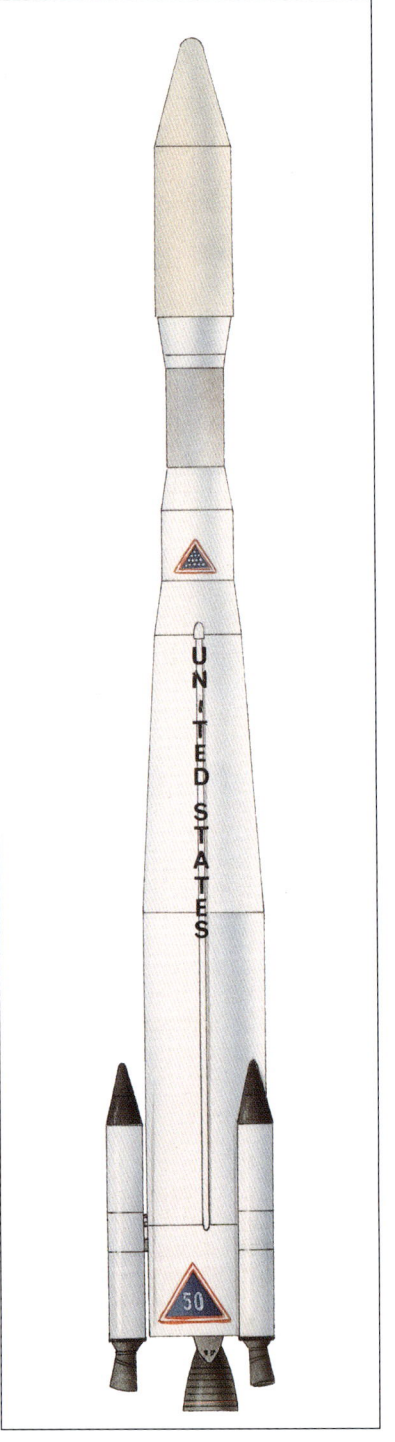

아틀라스 센토
Atlas Centaur

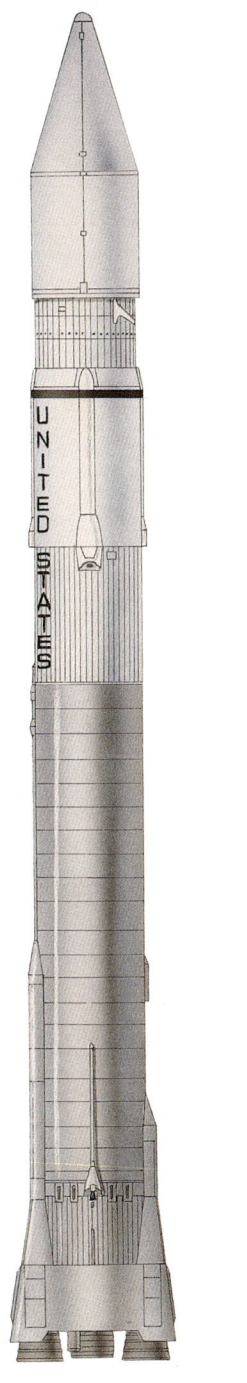

체 성능과 서로 다른 점은 예전의 발사체 능력은 위성의 크기에 좌우된 반면, 현재는 위성의 크기와 위성이 위치할 궤도에 따라 좌우된다는 것이다. 이제는 우주선 발사에도 시장의 원리가 도입되고 있다. 발사체가 시장을 선도하는 것이 아니라, 시장의 수요에 따라 발사체가 개발되고 있다.

과거에 위성과 발사체 산업은 정부가 통제했고 세금으로 자금을 조성했다. 오늘날 대부분의 위성과 발사 산업체는 상업화되었다. 오랜 시간에 걸쳐 정부 관리에서 개인 소유로 전환되었다. 1981년 4월 12일, 지속적인 사용을 위해 설계된 유인 우주선인 우주 왕복선이 처음으로 발사되었다. 이후 1982년 11월 5번째로 발사된 우주 왕복선은 2개의 통신위성을 발사하는 최초의 상업적 활동에 이용되었다. 우주 왕복선은 고장난 인공위성을 회수하고 수리하는 데 사용되었다. 왕복선 프로그램은 잘 진행되는 것처럼 보였다. NASA는 위성 발사 사업을 독점했고, 더 이상 무인 발사체를 사용할 필요가 없는 것처럼 보였다. 그러나 1986년 1월 28일 챌린저호가 이륙한 지 73초 만에 폭발하여 7명의 승무원 전원이 사망하는 큰 사고가 일어 나면서 우주 왕복선의 발사는 잠정 중단되었다.

NASA가 우주 왕복선 발사를 잠정 중

왼쪽:아틀라스 센토는 아틀라스 대륙간 탄도탄을 기본으로 고에너지인 액체 산소, 액체 수소를 추진제로 사용하는 상단 로켓과 함께 구성되어 있다.

오늘날 케이프 커내버럴은 변화된 모습을 보여준다. 1960년대만 해도 해변을 따라 이동식 로켓 발사 정비탑(gentry)들이 온통 뒤덮고 있었다. 그러나 지금은 무인 위성들이 발사되는 분주한 공군 기지로 바뀌었다.

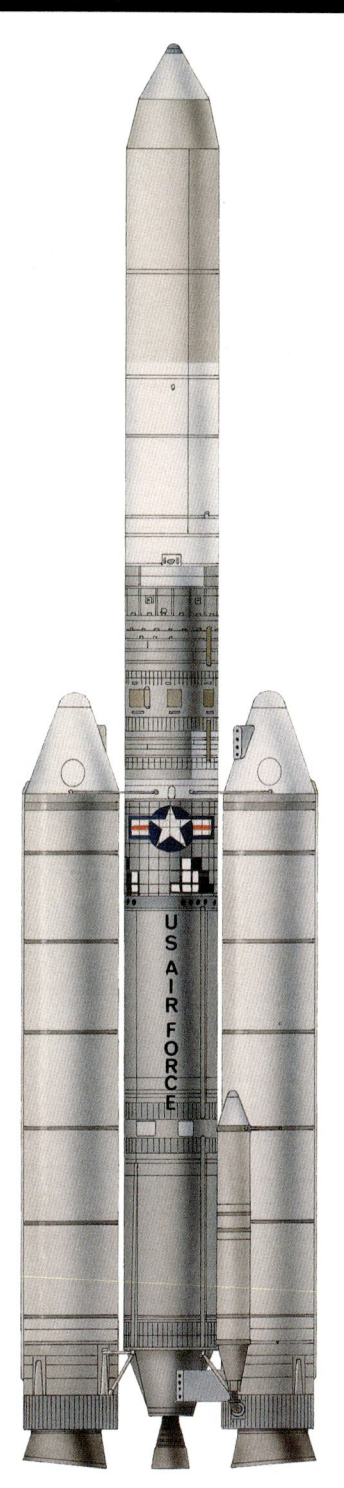

타이탄 Titan ⅢD

단하면서 미국 민간 발사체 산업이 발전하기 시작했다. 또한 새로운 경쟁자도 등장했다. 예를 들어 유럽 국가들은 물론, 심지어 러시아도 경쟁자로 떠올랐다. 소련의 붕괴는 최근 미국과 러시아의 우주 산업체 사이에 협력적 신 경제환경을 만들어냈다. 미국의 최신 발사체인 아틀라스 5는 러시아의 로켓 엔진을 사용한다. 이것은 우주시대가 시작됐던 초기 냉전 시기와의 완전한 반전을 뜻하는 것이다.

우주로 향하는 미사일

냉전시대에 군사적 목적으로 사용되던 미사일을 우주 발사체로 개량하기 위한 첫 단계는 상단을 장착해 성능을 높이는 것이었다. 그 중 몇 개는 첫 번째 위성을 궤도에 올려놓았다. 스푸트니크 1호를 발사한 러시아의 대륙간 탄도탄은 달에 탐사선을 보내기 위해 상단을 달았고, 인공위성과 유인 우주선을 발사할 수 있도록 개량되었다. 그리고 다양한 결합 형태에 따라 보스토크, 소유스, 몰리아라고 불려지고 있었다. 오늘날 현재의 소유스 U 모델은 연속 100번의 비행 성공 기록을 포함해 거의 700회

> 소련의 붕괴는 최근 미국과 러시아의 우주 산업체 사이에 협력적 신 경제환경을 만들어 냈다. 미국의 최신 발사체인 아틀라스 5는 러시아의 로켓 엔진을 사용한다.

●●●
왼쪽:타이탄ⅢD는 지형 조사 위성을 발사하기 위해서 거대한 탑재물 보호 덮개와 결합한다.

타이탄Titan ⅢE와 타이탄Titan 34D

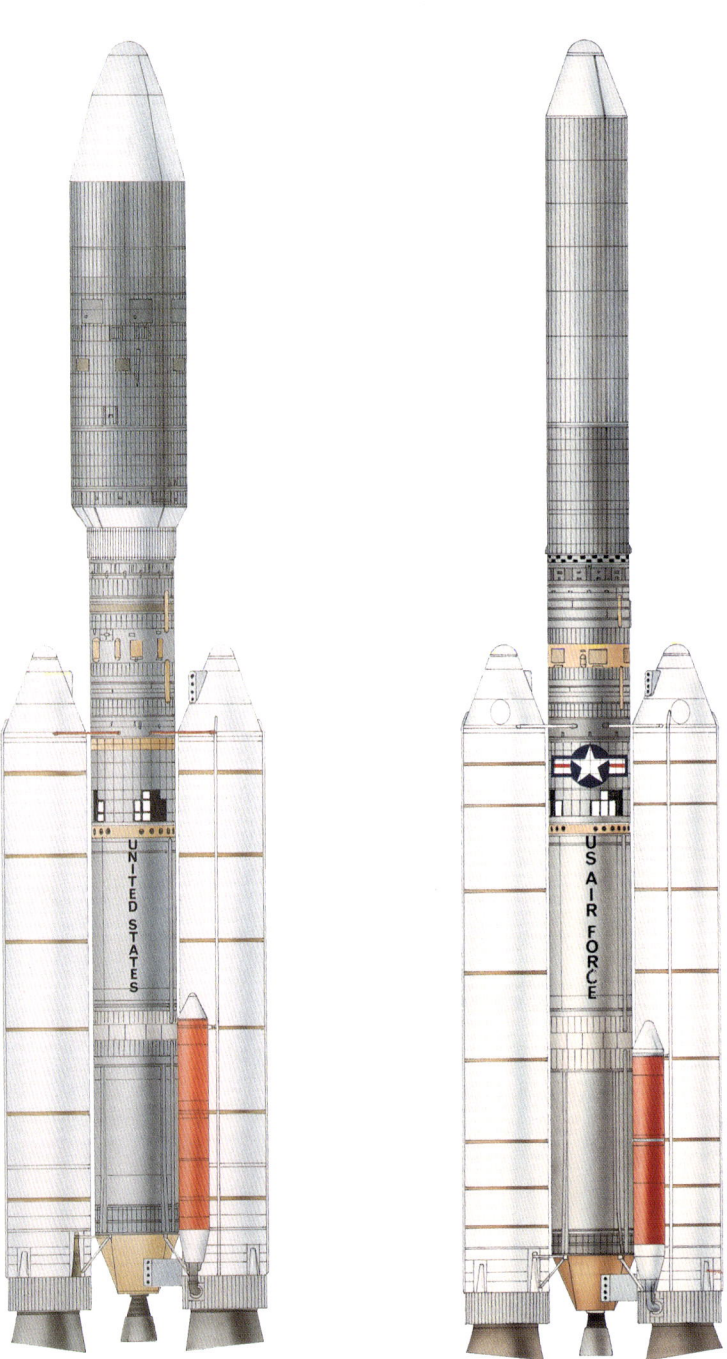

위: 타이탄 34D 로켓은 더 무거운 지형 조사 위성을 발사하기 위해 설계되었고, 개선된 타이탄ⅢE 로켓은 행성 탐험용 탐사선 발사를 위해 개발되었다.

가장 강력한 미국의 무인 로켓 타이탄 4B 센토가 케이프 커내버럴의 41번 발사대에서 NASA의 카시니 탐사선을 토성으로 발사시키고 있다.

델타 Delta

더 무거운 위성을 발사해야 할 필요성에 따라 소어 델타 계열의 로켓은 크기가 더 커졌다. 그것은 더욱 강력한 고체 연료 추력 보강용 로켓의 개발을 가져왔다.

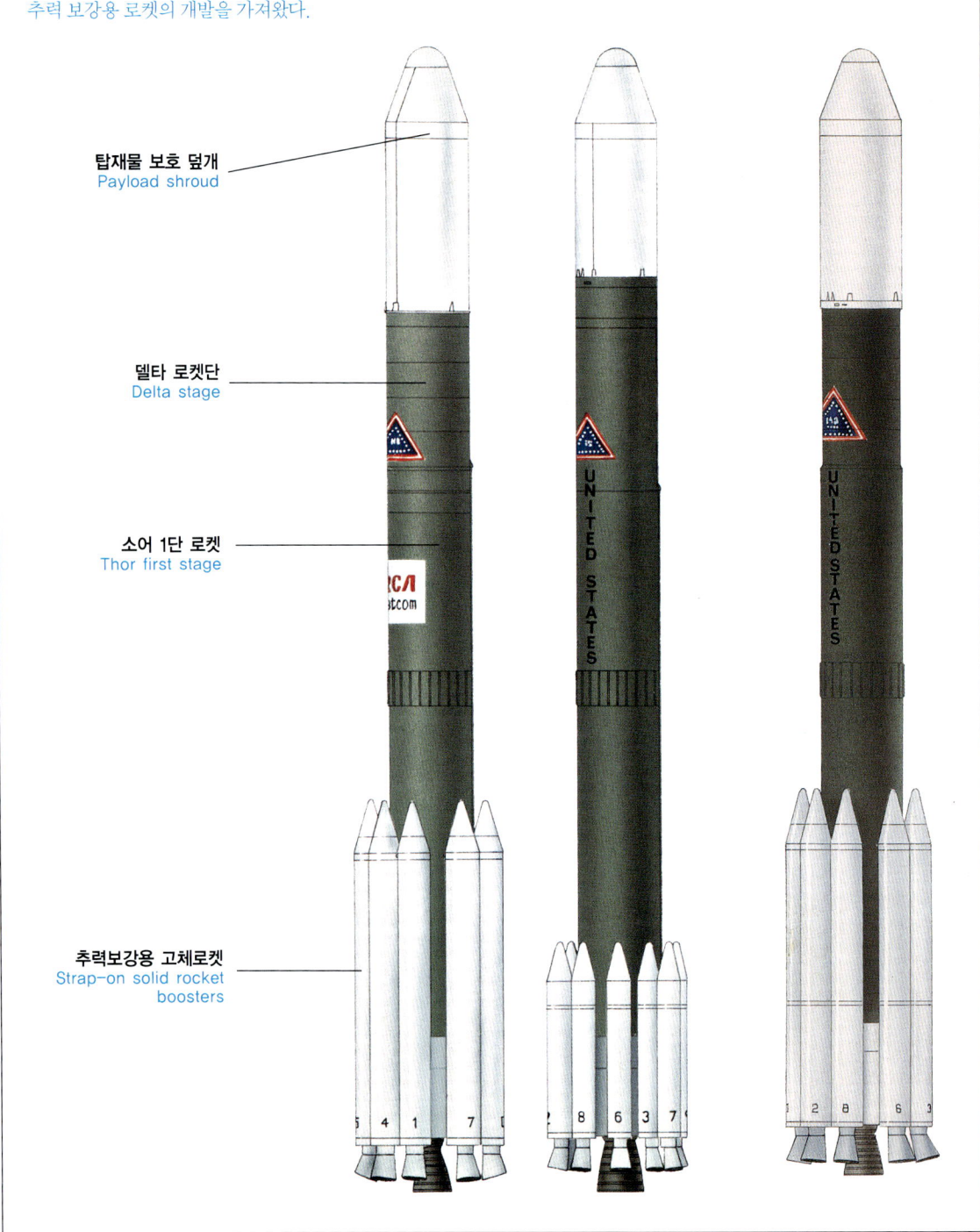

탑재물 보호 덮개
Payload shroud

델타 로켓단
Delta stage

소어 1단 로켓
Thor first stage

추력보강용 고체로켓
Strap-on solid rocket boosters

이상의 임무를 수행했다. 소유스 로켓은 아이카Ikar와 프레가트Fregat 등 2개의 새로운 상단 로켓을 장착하여 전세계 발사체 시장의 수요를 충족시킬 수 있도록 설계되었다. 이 로켓은 스타셈Starsem이라 불리는, 러시아와 프랑스의 합작회사에 의해 상업적 용도로 발사되고 있다.

미국의 아틀라스 대륙간 탄도탄은 아제나를 비롯한 여러 종류의 상단 로켓을 장착했다. 아제나는 또한 소어와 타이탄 미사일 상단 로켓으로도 사용되는 등 1984년까지 유용하게 쓰였다. 아틀라스는 계속해서 정기적으로 엔진을 보강했다. 1963년에는 석유 연료를 사용하는 아틀라스 제1단에 액체 수소를 연료로 하는 센토 제2단을 결합시킨 아틀라스 센토 로켓을 성공적으로 발사했다. 이것은 액체 수소를 연료로 사용한 최초의 로켓이다. 상업용 발사 서비스 회사인 '인터내셔널 런치 서비스(ILS)사'는 아틀라스 센토 로켓을 모체로 시작해 성능을 향상시킨 아틀라스 II를 만들어 오늘날까지 사용하고 있다. 센토는 새로운 아틀라스 모델에도 사용되고 있다.

소어 중거리 탄도탄은 다양한 상단 로켓들을 장착하여 발사되었는데, 주로 아제나와 델타 로켓을 장착했다. 1963년에 발사체의 성능을 개선한 또 다른 개량형이 출시되었다. 더 강력한 상단 로켓 대신에 소어 1단 로켓 측면에 추력 보강용 고체 로켓을 장착해 로켓 추력을 한층 강화했다. 오늘날 이 방법은 서로 다른 추력의 크기를 만들기 위해 다양한 조합을 이용하는 것으로, 다양한 발사 능력의 로켓을 제공하는 데 성공적이다. 예를 들어 소어 델타의 후속 모델인 델타 II는 비행 임무에 따라 9개, 5개, 혹은 단지 3개의 추력 보강용 고체 추진제 로켓을 결합시키는 조합도 가능하다.

타이탄 계열의 2세대 대륙간 탄도 미사일인 타이탄 II는 1962년에 발사되었고, 곧바로 위성 발사체 시장에 출시되었다. 타이탄 II는 주 로켓 양 측면에 거대한 추력 보강용 고체 추진제 로켓을 부착했다. 가장 강력한 무인 로켓인 타이탄 IV B-센토 로켓은 오늘날에도 발사되고 있다. 미 공군의 델타 4와 아틀라스 5 로켓의 등장으로 타이탄은 결국 서비스 시장에서 사라지게 될 것이다. 또한 델타 4와 아틀라스 5 등 몇몇 로켓에서 3개의 1단 로켓을 묶어 발사하는 '1단 묶기' 방법이 소개될 것이다. 이 방법은 이미 상용화에 들어갔다. 일본이 상업용 발사체 시장에서 사용하기 위해 H2A 로켓 개발에 이 기술을 채택한 것이다.

1960년에 성공적으로 비행한 소어 델타 로켓은 델타 로켓의 첫 번째 로켓 시리즈로, 현재 개발중인 새로운 델타 4 로켓에 의해 앞으로도 계속해서 서비스할 수 있을 것이다.

위:새로운 보잉의 델타Ⅲ 로켓의 주 로켓인 1단계 로켓이 케이프 커내버럴 17번 발사대로 끌어올려지고 있다. 이것은 다음에 부착식 추력 보강용 고체 보조 로켓 및 인공위성과 결합된다.

델타의 성장

1960년에 성공적으로 비행을 한 소어 델타 로켓은 델타 발사체 계열의 최초의 로켓으로, 현재 개발하고 있는 새로운 델타 4 로켓은 2천 년 대에도 왕성한 활동이 기대된다. 소어 델타 로켓은 더글러스 항공사에 의해 개발되었다. 더글러스사는 후에 맥도널사와 합병하여 맥도널 더글러스가 되었다. 맥도널 더글러스는 1990년대에 거대한 보잉사에 합병이 되어 오늘날에 이르고 있다. 소어 델타 로켓은 30m 높이에 유선형의 긴 화물칸을 가진 모양이다. 이륙할 때 델타 로켓의 무게는 114.7톤에 달한다. 소어 델타 로켓은 기본적으로 소어 중거리 탄도탄의 1단 로켓인 DM-21을 사용하고 있는데 높이는 18.18m이고, 최대 직경은 2.43m이다. 꼬리 안정 날개를 포함한 최대직경은 3.9m이다. 무게 4.86톤의 1단 로켓은 액체 산소와 등유를 추진제로 사용하는 로켓 다인의 MB3 액체 엔진을 이용하여 2분 26초의 연소 시간 동안 78톤의 추력을 발생시켰다. 2단 로켓의 크기는 길이 6.29m, 직경 0.8m, 무게 2.69톤이며, IRFNA 비대칭 디 메틸 하이드라진(UDMH)의 자동 점화성 추진제를 쓰는 에어로제트Aerojet사의 AJ 10-118D 엔진에 의하여 50초 동안 3.43톤의 추력을 발생시킨다. 3단 로켓은 높이 1.52m, 직경 45cm인데, 추력 1.25톤에 연소 시간이 46초인 고체 추진제 모터 ABL X-248-A5 DM을 사용했다. 소어 델타는 226kg의 화물을 480km의 원 궤도까지 운반할 수 있었다. 소어 델타는 곧 다양한 모델로 개량

아리안Ariane 1과 아리안Ariane 3

1979년 12월 24일에 발사된 아리안 1호 로켓은 대단히 성공적인 유럽의 상업적 우주 발사체의 첫 번째 시리즈였다. 첫 번째 발사에서는 위성 대신에 로켓의 동작을 관찰하기 위한 캡슐을 실었다. 1984년에 최초로 발사된 아리안 3 로켓은 3단 로켓 전체의 모든 추력을 증가시킨 로켓이었다.

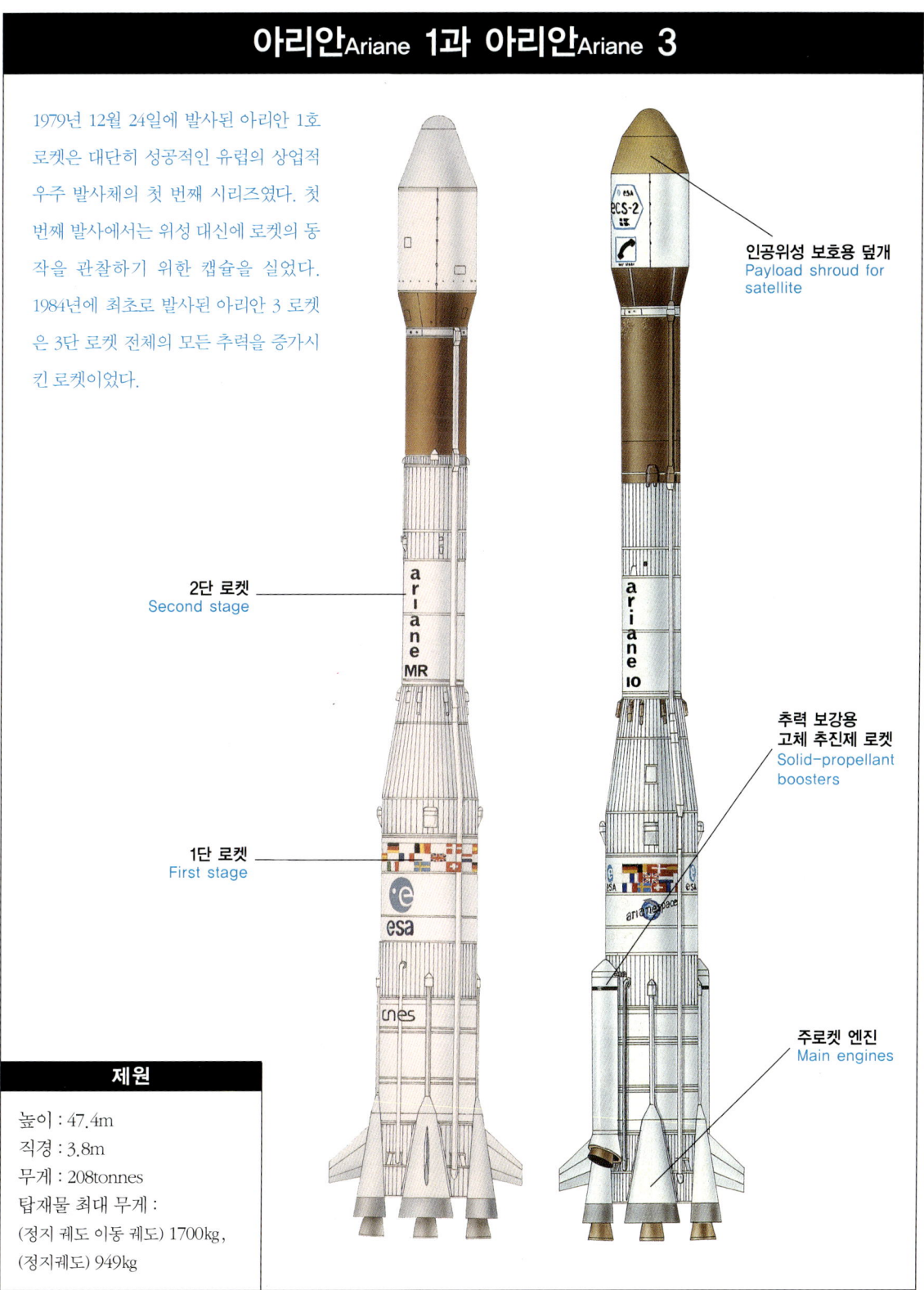

2단 로켓
Second stage

1단 로켓
First stage

인공위성 보호용 덮개
Payload shroud for satellite

추력 보강용 고체 추진제 로켓
Solid-propellant boosters

주로켓 엔진
Main engines

제원

높이 : 47.4m
직경 : 3.8m
무게 : 208tonnes
탑재물 최대 무게 :
(정지 궤도 이동 궤도) 1700kg,
(정지궤도) 949kg

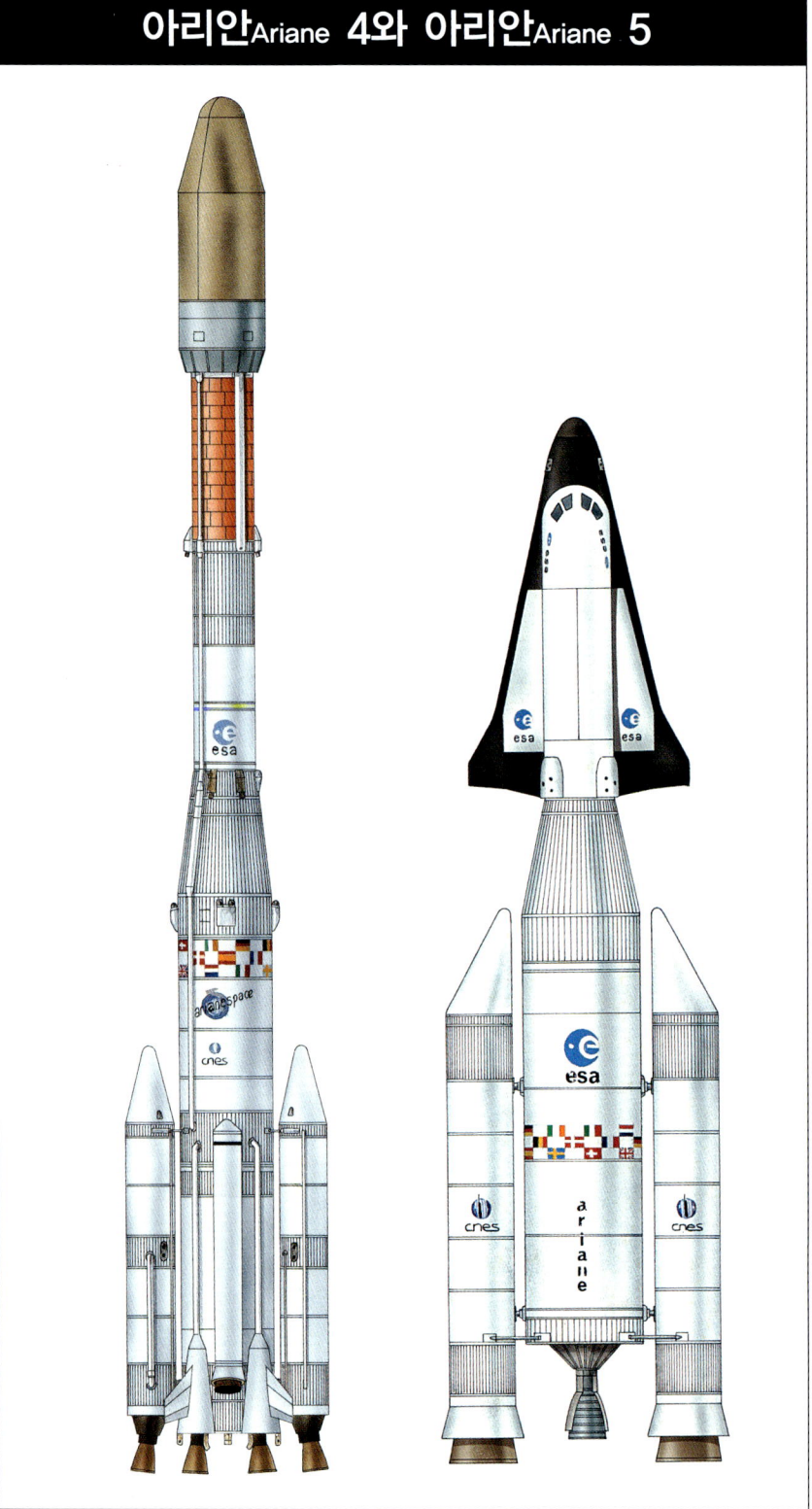

아리안Ariane 4와 아리안Ariane 5

• • •
먼 오른쪽 : 아리안 4는 아리안 스페이스의 로켓인데, 위성 무게에 따라 추력 보강용 로켓을 6가지 방식으로 부착해 발사가 가능하도록 했다. 42L은 2개의 액체 추진제 추력 보강용 로켓을 부착하여 사용했다.

• • •
오른쪽:아리안 4 로켓은 1988년에 처음 발사되었다. 1997년에 처음 발사된 아리안 5는 처음에는 미니 우주 왕복선 헤르메스Hermes를 발사하기 위해 개발됐다. 그러나 헤르메스 계획은 취소됐고 아리안 5는 다른 목적, 즉 상업적인 위성 발사에 이용되고 있다.

140 · 우주선의 역사

프로톤 Proton D-1

1965년에 발사된 프로톤 D-1은 민간의 통신 위성을 발사한 최초의 부스터 시리즈 중 하나였다.

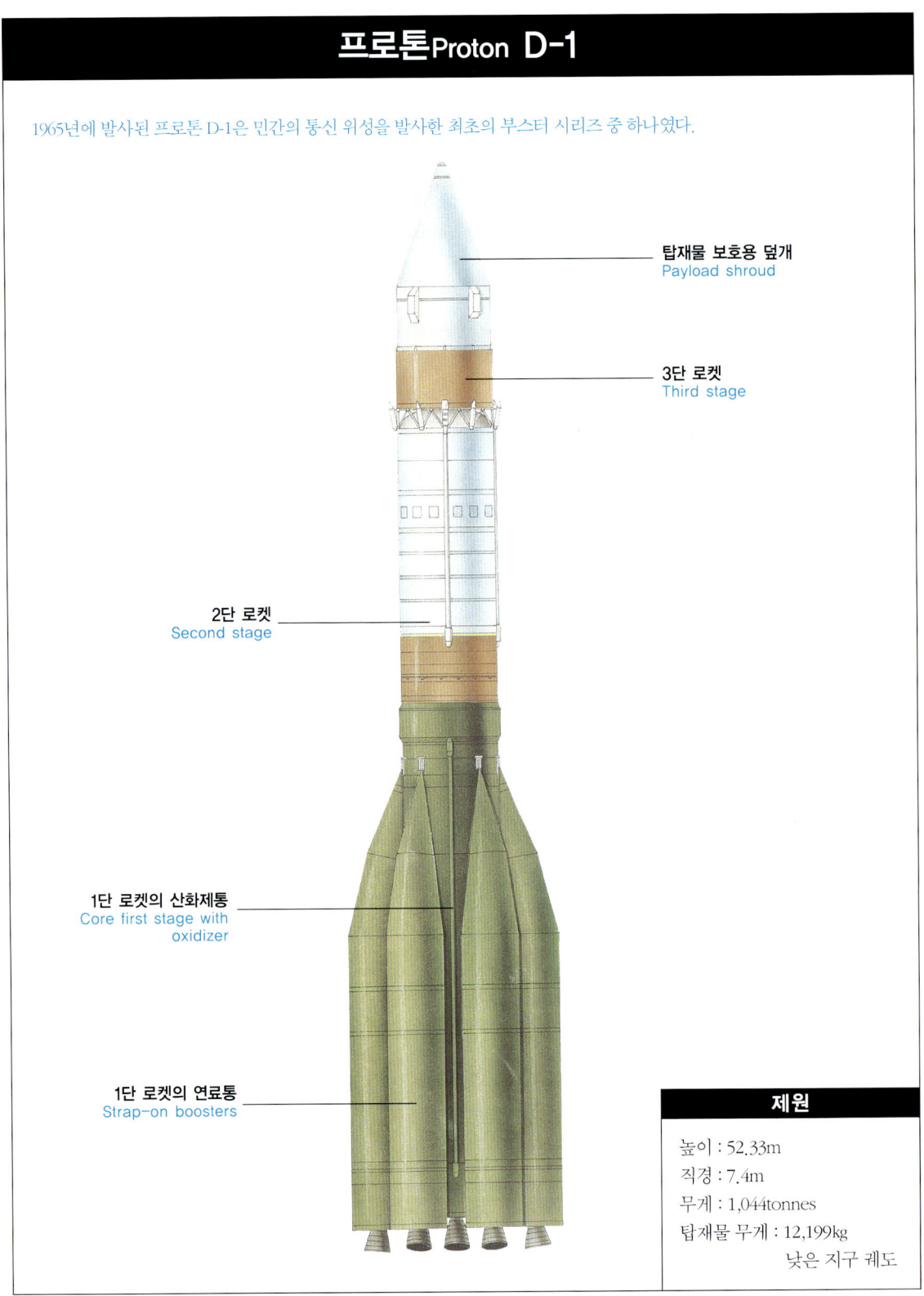

탑재물 보호용 덮개
Payload shroud

3단 로켓
Third stage

2단 로켓
Second stage

1단 로켓의 산화제통
Core first stage with oxidizer

1단 로켓의 연료통
Strap-on boosters

제원

높이 : 52.33m
직경 : 7.4m
무게 : 1,044tonnes
탑재물 무게 : 12,199kg
낮은 지구 궤도

왼쪽:러시아 프로톤 로켓의 각 단들이 새로운 위성 발사를 위해서 조립될 준비를 하고 있다. 프로톤 위성 발사 서비스는 러시아와 미국의 합자 회사에 의해 이루어진다.

되어 1998년 델타 III가 만들어질 때까지 200회 이상의 임무를 성공적으로 수행한 델타 로켓으로 알려지게 된다. 그러나 델타 III는 두 번의 발사 시도가 모두 실패로 끝나는 참담한 기록을 남겼다. 그러므로 2002년부터는 델타 4 로켓이 서비스를 대행했다. 39m 높이인 델타 III는 직경 4m로 확대된 2단 로켓과 화물 탑재실 때문에 불안정해 보였다. 로켓의 이륙 시 무게는 301.45톤까지 나갔고, 3.81톤의 화물을 정지 궤도로 운반할 수 있는 능력을 갖추었다. 1단 로켓은 기본적으로 소어 중거리 탄도탄의 1단을 개량한 것으로 액체 산소와 등유를 추진제로 써서 301초 동안 연소하며 889,600N의 추력을 발생하는 로켓 다인의 RS-27A 엔진을 사용한다. 1단 로켓의 추력 증강은 길이 14.7m의 거대한 고체 추진제 추력 보강용 로켓 9개에 의해 4분 33초 동안 이루어진다. 2단 로켓은 아틀라스 센토 로켓에 사용됐던 액체 로켓 엔진에 의해 동력을 얻는다. RL-10B-2 센토 극저온 액체 로켓 엔진은 액체산소와 액체수소를 사용하여 110,094N의 추력을 7분 42초 동안 발생시키는 고성능 엔진이다.

새로운 발사체들

인공위성의 상업용 발사체 시장의 선도자는 아리안 4호와 5호 로켓의 성공적인 운용자인 유럽 컨소시엄 업체 아리안스페이스였다.

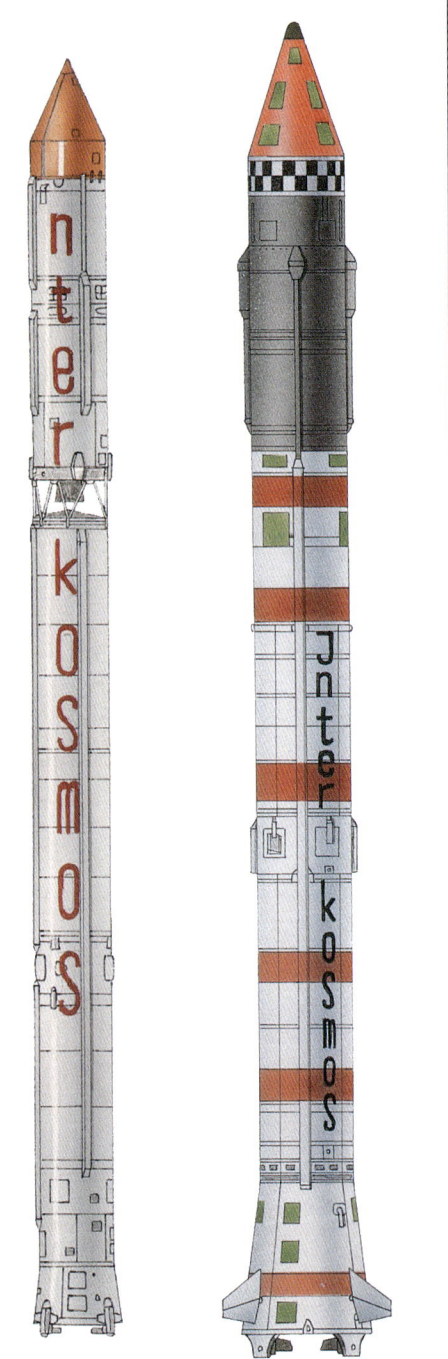

코스모스Cosmos B-1과 코스모스Cosmos C-1

위:인터내셔널 런치 서비스(ILS)사의 발사 서비스용 로켓들은 프로톤과 아틀라스이다. 인마셋Inmarsat 이동통신 회사를 위한 통신 위성을 발사하는 프로톤의 모습.

오른쪽 : 코스모스 B-1은 1962년에 최초로 발사되었고 2년 후 C-1이 발사되었다. 이 우주 로켓들은 샌들Sandal과 스킨Skean 미사일의 설계에 기초를 두고 있다.

우주의 파편들 Space Debris

우주 파편들은 우주를 향한 인간의 노력 덕분에 생겨난 부산물이다. 슬픈 사실은, 우주 탐사 과정에서 지구 궤도에 내버려진 로켓의 단(stage)들이 미래의 우주 개발에 최대의 위험 요소가 될 것이라는 전망이다. 우주 파편 문제는 쉽게 해결되기 어려운 미해결 과제이다. 지구 궤도에 인간이 흩어놓은 약 8,700여 개의, 테니스 공보다 큰 물체 중에서 약 700개만이 실제로 작동되는 위성들이다. 이 물체들 중 41퍼센트는 보통 로켓 단에서 사용되지 않은 추진제들이 점화되어 폭발할 때 생겨난 큰 파편들이다. 버려진 상단 로켓은 우주 파편 중 17퍼센트를 차지하고 기능을 다한 위성은 22퍼센트, 위성 분리 시 발생한 페이로드 섬유 유리와 덮개, 우주 유영을 한 비행사들로부터 나온 연장 등 나머지 물품들이 13퍼센트를 차지한다. 직경이 1cm보다 크고 테니스 공보다 작은 파편들은 150,000개 이상으로 추정되며 계속해서 증가하고 있다. 시속 28,000km 속도, 혹은 초속 8km로 움직이는 1cm 크기의 파편은 1억 달러짜리 위성이나 혹은 우주 왕복선을 파괴할 수도 있다.

우주선 역시 우주에 존재하는 34,000개의 미크론 크기(millimeter의 1000분의 1) 입자에 의해 공격을 받는다. 파편의 대부분 입자들은 발사체의 고체 추진제를 사용하는 로켓 모터로부터 나온 알루미늄 산화물이다. 이 미세한 입자들은 선외 활동용 우주복에 쉽게 펑크를 낼 수도 있다. 우주 왕복선 챌린저호의 창문은 초속 4m 속도로 부딪힌 0.3mm의 페인트 조각에 의해 깨졌다. 첫 번째로 알려진 충돌은 1996년의 프랑스의 서리스Cerise 위성의 긴 안테나가 아리안4의 3단에서 생긴 파편에 의해 초속 14km 속도로 부딪혀 끊어진 것이다. 하지만 우주 파편은 감소시킬 수 있다. 더 많은 파편의 증가를 예방하는 몇 가지 방법 중 하나는 로켓 단의 탱크에 남아있는 나머지 추진제를 우주 공간으로 배출하는 것이다. 이것은 로켓 단의 폭발로 인한 파편을 줄일 수 있다. 아리안 스페이스는 발사 이후 임무를 명시한 활동 절차서에 이미 이를 포함했다. 또 한 가지 방법은 임무를 완수한 로켓 단들은 임의로 궤도에서 벗어나게 해 지구로 안전하게 돌아오게 할 수도 있다.

최초의 아리안 로켓은 1978년에 발사되었다. 아리안 4 로켓은 액체와 고체 추력 보강용 로켓을 다양한 조합으로 사용한 반면, 아리안 5 로켓은 더 강력한 SRB라고 알려진 커다란 고체 추진제 로켓을 추력 보강용 로켓으로 썼다. 아리안스페이스는 아리안 4 로켓에 7가지 방법으로 추력 보강용 로켓을 장착해 무게 2.1톤에서 6.8톤 범위의 인공위성을 정지 궤도에 올릴 수 있다. 이런 유연한 발사 시스템 때문에 아리안스페이스의 발사 일정표에는 어느 때나 약 40개의 인공위성 발사가 예약되어 있다.

러시아는 '인터내셔널 런치 서비스사'의 파트너로 미국의 아틀라스를 보완하기 위해 프로톤Proton을 제공한다. 프로톤 로켓은 재점화할 수 있는 상단 로켓을 이용해 무게 2.6톤짜리 위성을 지구 정지 궤도까지 직접 올릴 수 있다. 1967년 처음으로 비행을 시작해 250회의 성공적인 발사 기록을 세웠다. 앙가라

Angara라 불리는 러시아의 새 우주 로켓이 마침내 프로톤을 대체하기 위해 소개되었다. 앙가라는 다양한 무게의 인공위성 발사를 고객에게 제공하기 위해 1단의 주 로켓을 임무에 따라 여러 개 묶어 사용하는 방법을 계획하고 있다. 러시아는 이미 취소된 우주 왕복선 프로그램을 위해 개발된 대형 에네르기아 로켓의 추력 보강용 로켓으로 사용됐던 제니트2 로켓을 포함하여 여러 종류의 발사체들을 운영하고 있다.

다른 우주 로켓인 시크론Tsyklon은 1996년 처음 발사된 SS-9 스카프Scarp 대륙간 탄도탄을 기본으로 하고 있고, 코스모스Cosmos는 SS-5 스킨Skean 중거리 탄도탄을 기본으로 하고 있다. 또 다른 러시아 미사일 SS-19는 러시아와 독일의 합자 회사인 유로콧Eurokot에 의해 로콧Rokot이라는 우주 로켓으로 전환되었다. 미국과의 SALT2 조약에 따라 러시아는 수백 기의 미사일을 폐기했고, 다른 많은 미사일들도 위성 발사체로 용도 변경할 예정이다.

우주의 다른 나라들

상업용 발사체 시장의 또 다른 참여자는 1970년 대륙간 탄도탄을 개량한 첫 인공위성 장정(Long March) 1을 발사한 중국이다. 오

위:중국의 장성공사는(China Great Wall Industry Company)는 시창西昌에서 발사되는 장정 2E를 포함한 장정 로켓 시리즈로 발사 서비스를 하고 있다.

늘날 중국은 국내 사용과 해외 상업용 발사체 서비스를 위해서 광범위하게 발사 로켓을 제공한다. 장정 3B는 정지 궤도에 무게 5톤의 인공위성을 발사할 수 있다. 중국은 서양의 발사체 회사들이 요구하는 8,000만 달러에서 1억 달러보다 저렴한 4,000만 달러 정도에 위성 발사를 할 수 있다고 제안한다. 그러나 대다수

장정Long March 1과 2C

장정 1호 로켓은 중국의 대륙간 탄도탄을 기본으로 설계된 로켓이며 1970년 4월 24일 중국 최초의 인공위성을 발사하였다. 첫 위성 발사 5년 후에 발사된 장정 2C는 오늘날에도 사용된다. 장정 2호는 세계 위성 발사 시장에서 선도가 되겠다는 중국의 야심찬 계획에 따라 앞으로 중국 차세대 발사체 개발의 메카가 될 상하이의 Xinxin欣欣 기계 공장에서 제작되었다. 중국은 서양에서 인기가 없는 자국 로켓의 이미지를 극복하기 위해 상대적으로 저렴한 발사 비용을 제시한다.

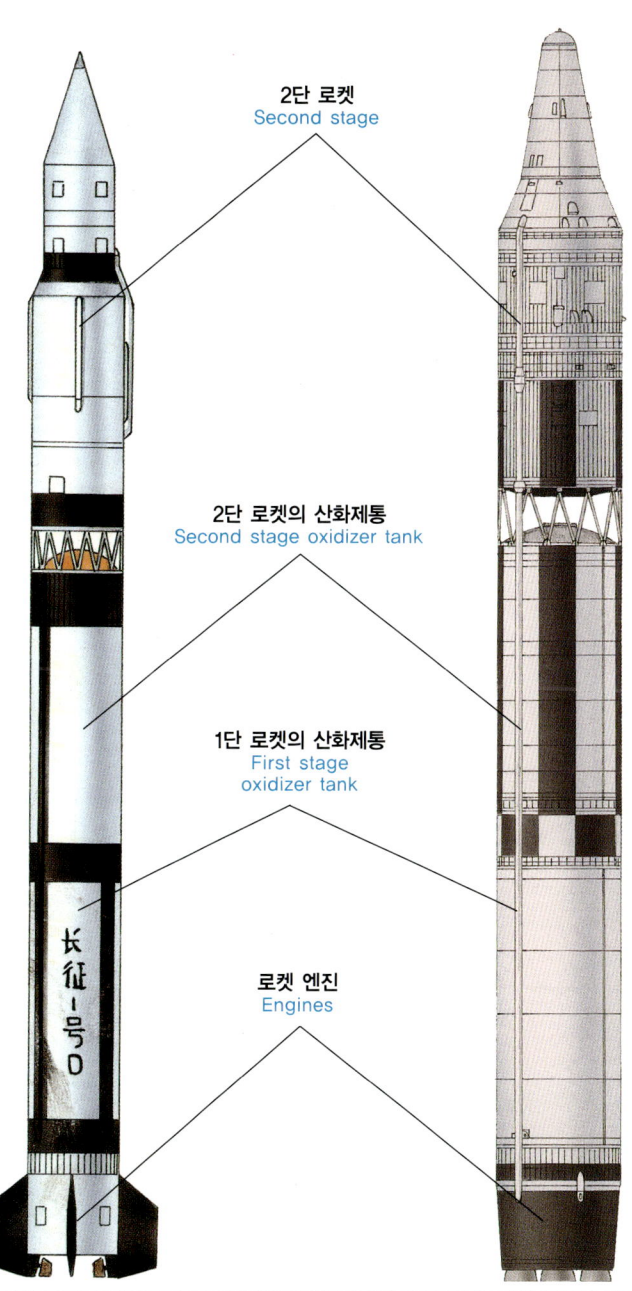

2단 로켓
Second stage

2단 로켓의 산화제통
Second stage oxidizer tank

1단 로켓의 산화제통
First stage oxidizer tank

로켓 엔진
Engines

제원

- 높이 : 35m
- 직경 : 3.35m
- 무게 : 191tonnes
- 탑재물 : 2,199kg 저궤도
- 사정거리 : 5,000km까지

오른쪽: 인도의 스리하리코타의 발사대에 서 있는 극궤도 위성 발사체. 인도는 이 발사체의 기본적인 부품들을 이용하여 정지 궤도 위성 발사체를 개발하고 있다.

일본 Japan

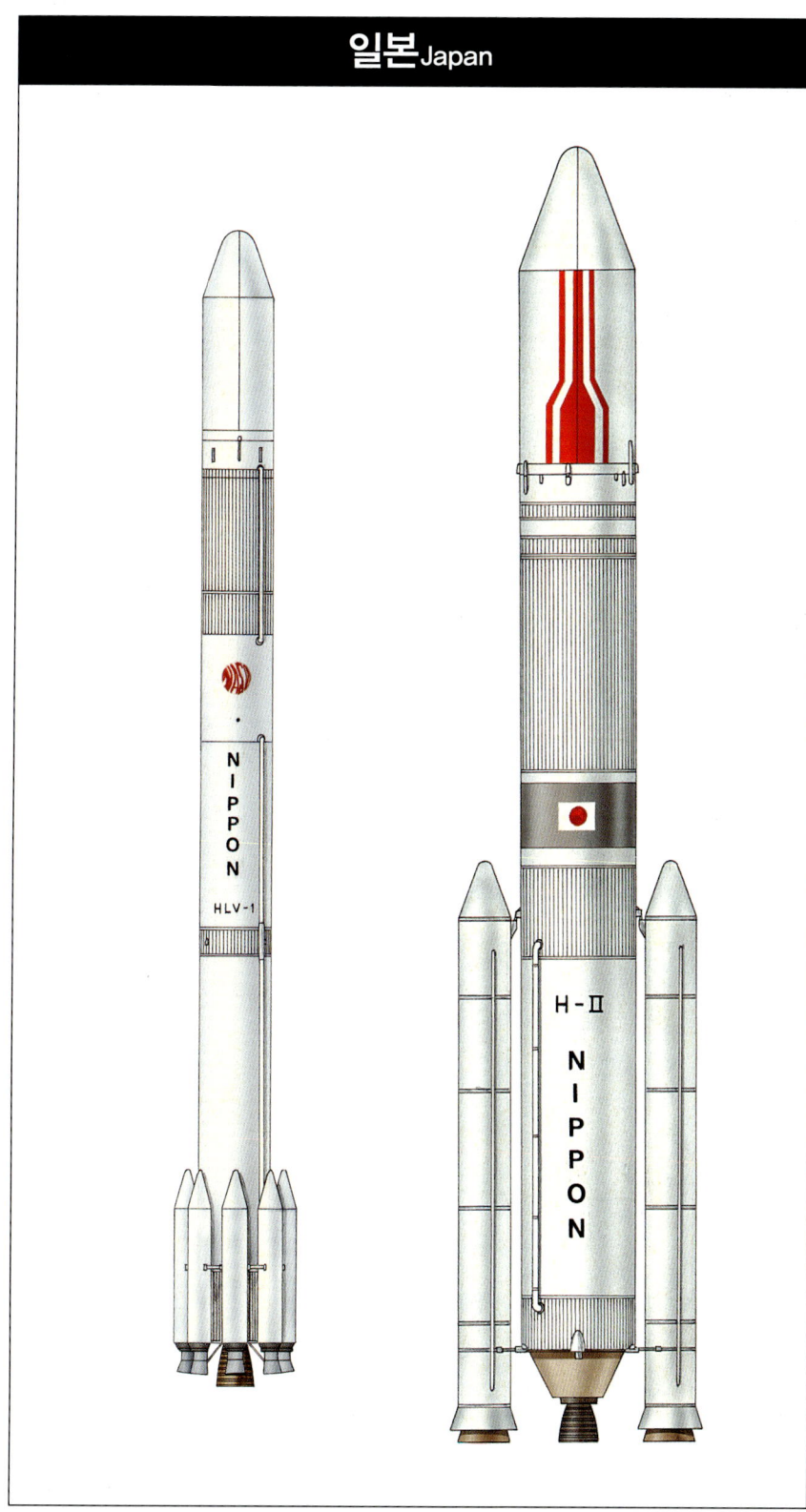

●●●
왼쪽:일본의 H1은 정지 궤도에 550kg을 올리기 위해 설계된 반면, 강력한 H2는 아리안 5뿐만 아니라 미국 최고의 상업 발사 서비스 회사들과도 경쟁하기 위해 설계되었다.

소비자들은 국제 사회의 규제와 낮은 발사 성공률 때문에 그 이용을 꺼리고 있다. 잘못하면 값비싼 인공위성을 잃을 수 있다는 부담 때문에 선뜻 이용할 수 없는 것이다.

위성 운영에는 위성을 궤도로 올리기 위한 가격보다 더 많은 비용이 필요하다. 전형적인 위성의 가격은 약 1.5억 달러 정도이고, 여기에 발사 비용이 합쳐지면 2.5억 달러까지 올라간다. 이것에 보험료까지 덧붙여져야 하므로 가격은 3.5억 달러 이상까지 올라갈 수 있다. 위성 발사 보험 사업은 우주 산업의 중요한 부분인데, 보험료는 발사체의 성능과 발사의 성공률에 따라 다르다.

1999년에는 몇 번의 발사 실패로 10억 달러에 달하는 비용이 시장에 지출되었다. 이는 받은 보험료를 초과하는 액수였다. 이런 상황은 어쩔 수 없이 보험요율을 훨씬 더 많이 올릴 수밖에 없는 이유가 된다.

일본, 브라질, 인도, 이스라엘을 포함한 다른 나라들도 위성 발사체를 발사했다. 세 번의 발사에 실패한 브라질은 아직 VLS 로켓을 이용한 인공위성 발사를 하지 못하고 있다. VLS는 작은 로켓으로 지구의 낮은 궤도에 겨우 무게 200kg 정도만을 올릴 수 있어서 상업적 이용 가치가 낮다. 일본은 1971년에 처음으로 인공위성 발사를 했고, 통신 위성의 상업적 발사체로 쓰이는 H2 로켓을 발사하고 있다.

인도는 국가의 원격 탐사 위성을 발사할 때 옆에 작은, 몇 개의 외국 위성을 싣고 극궤도 위성 발사체(PSLV)를 발사해 상업적인 발사 서비스 시대를 열었다. 인도는 또한 정지 궤도 위성 발사용 로켓(GSLV)도 개발하고 있다. 한편, 이스라엘은 지구 저궤도에 위성 발사를 위해 샤비트Shavit 로켓을 발사하고 있다. 이 로켓은 미국 기술합작으로 발사 이후 임무를 명시한 민간 상업용 로켓으로 개발되었다. 사비트는 이스라엘의 군용 미사일에 기초를 두고 있다. 그리고 북한은 대포동 미사일을 개량하여 1998년 8월 광명성 1호 위성 발사를 시도하였으나 실패했다. 한국은 그로부터 10년후인 2008년 가을, 나로 우주센터에서 과학기술 위성 2호를 자력 발사할 계획을 갖고 있다.

일본의 H2 로켓이 타네가시마 種子島Tanegashima에서 통신 위성을 싣고 정지 궤도로 발사되고 있다.

6장
우주 왕복선

• • •

우주 왕복선은 오늘날 대중들에게 가장 잘 알려진 우주선이다. 우주 왕복선은 1981년 이래 거의 100여 차례 이상의 우주 비행을 했다. 1972년 우주 왕복선 계획이 입안될 당시 예상한 만큼 비행하진 못했지만, 이젠 우주여행이 거의 일상적인 일이 되었다. 결론적으로 말해서 아직까지 우주 왕복선만한 우주 수송선은 개발되지 못했다.

왼쪽: 발사대 근처 해변에 위치한 자동 카메라가 찍은 왕복선 발사 장면. 왕복선의 궤도선은 외부 탱크와 추력 보강용 고체 로켓에 의해 가려져 있다.

챌린저호의 비극 The Challenger Accident

NASA가 우주 왕복선 개발을 위한 재원 확보를 위해 노력하고 있을 때 우주 왕복선 개발은 불가피하게 지체되었다. 1978년부터 1981년까지 첫 우주 왕복선 발사가 지연되었다. NASA는 자금 조달을 위해 과장된 홍보를 시작했다. 우주 왕복선은 우주 비행을 안전하고 일상적인 것으로 만들 것이라 공언하면서 이 프로젝트에 대해 계속해서 과장했다. 많은 사람들은 그 과대 선전을 그대로 믿었고 비록 우주 왕복선이 선전에서 얘기한 비행 횟수만큼 우주 비행을 달성하지 못했지만, 기능 불량의 인공위성을 회수하여 결함 부분을 수리하고 궤도로 올려 보내거나 지구로 돌려보내는 놀라운 성과를 목격할 수 있었다. 몇몇 비행에는 우주 비행사가 아닌 과학자들도 탑승하였다. 곧 일반인들도 우주 왕복선에 탑승하여 비행하고자 하는 바람을 갖게 되었다. 대중들의 관심과 흥미, 그리고 지속적인 예산 확보에 여념이 없던 NASA는 '승객참관자'(passenser

위:우주 왕복선 챌린저호는 발사 직후 73초 만에 폭발하여 공중에서 분해되었다. 사진은 발사장 안전관에 의해 임의로 파괴되기 전 챌린저호의 고체 로켓 부스터가 화염을 뿜어내고 있는 장면이다.

observers)로서, 우주 왕복선에 정치가까지 태워 우주 비행에 동참시켰다. 후에 일반 국민들 사이의 공모에서 여교사인 크리스티나 맥컬리프Christa McAuliffe가 민간인 우주 비행사로 선발되었고, 심지어는 저널리스트들도 우주 비행 대열에서 기다리고 있었다. 과대 선전과 그에 대한 열광은 점점 더 걷잡을 수 없이 커지는 것 같았다. 우주 왕복선 시스템은 아직 시험 비행 단계에 있었지만, 승객들을 탑승시키기에 충분히 안전하고 일상적인 것으로 광고되고 있었다. 이런 분위기 속에 챌린저호가 발사되었다. 1986년 1월, 다소 쌀쌀하지만 맑은 하늘 아래 케네디 우주센터에서 민간인 맥컬리프와 1명의 산업 공학연구자를 포함한 6명의 우주 비행사가 챌린저호에 탑승했다. 이 발사 장면은 미국 전역과 동시에 전세계에 방송되었다. 심지어 학교 교실에서 생방송으로 방영되고 있었다. 25번째 우주 왕복선 발사였다. 챌린저호가 불을 뿜어내며 이륙한 지 단 73초 후 우주 왕복선은 부서지고 폭발했으며, 승무원 전원이 사망하는 사건이 일어났다. 추력 보강용 고체 추진제 로켓 중 하나에 균열이 발생했던 것이다. 이 충격은 전세계로 퍼져나갔다. 그 사건은 발생하지 말았어야 했다. NASA 홍보 기구는 국민들로 하여금 우주 왕복선은 실험용 우주선이었고, 우주 비행은 위험하다는 것을 상기시키지 못했던 것이다. 챌린저호 사고는 우주 개발에 있어서 분기점이 되었고, 참사 이후 안전이 최우선 관심사가 됐다.

우주 왕복선은 3가지 주요 요소들로 이루어져 있다. 궤도선(orbiter)에는 우주 왕복선 주 엔진(SSMEs)이라고 불리는 3개의 육중한 엔진이 장착되어 있으며, 이 주 엔진은 궤도선의 아래쪽에 부착된 큰 갈색의 외부 탱크로부터 추진제인 액체 산소와 액체 수소를 공급받는다. 외부 탱크는 1981년에 있은 처음 두 번의 발사 때는 흰색이었다가 이제는 낯익은 갈색으로 칠해졌으며, 우주 왕복선의 일부분 중 소모되는 유일한 부분으로 궤도선이 첫 궤도에 진입할 때 분리되어 지구 대기권에 재돌입시켜 버려진다. 외부 탱크의 양쪽에 붙은 것은 2개의 추력 보강용 고체 로켓(SRBs)이며, 이것은 비행 첫 2분 동안 주엔진의 추력을 보강하며 2분 후 외부 탱크로부터 분리되어 바다에 떨어진 다음 회수된다. 대부분의 추력 보강용 고체 로켓 부품은 다음번의 우주 왕복선 발사에 다시 사용된다.

위:우주 왕복선 앤데버를 실은 이동 발사대가 39번 발사장에 도착하였다. 발사 준비들 노와 주는 구조물이 회전하며 우주 왕복선 주위에 고정되고 있다.

탑재물 용량

우주 왕복선의 탑재물은 길이 18.3m, 너비 4.6m의 화물칸에 실려 운반된다. 추가 화물, 실험 장치 및 승무원의 수하물과 소지품은 조종실 아래에 위치한 중앙

우주 왕복선 Space Shuttle

우주왕복선은 비행기처럼 생긴 궤도선(orbiter), 외부탱크(exteral tank), 두 개의 추력보강용 고체추진제 로켓(solid propellant rocket booster)으로 구성돼 있다. 우주왕복선의 총 무게는 임무에 따라 바뀐다.

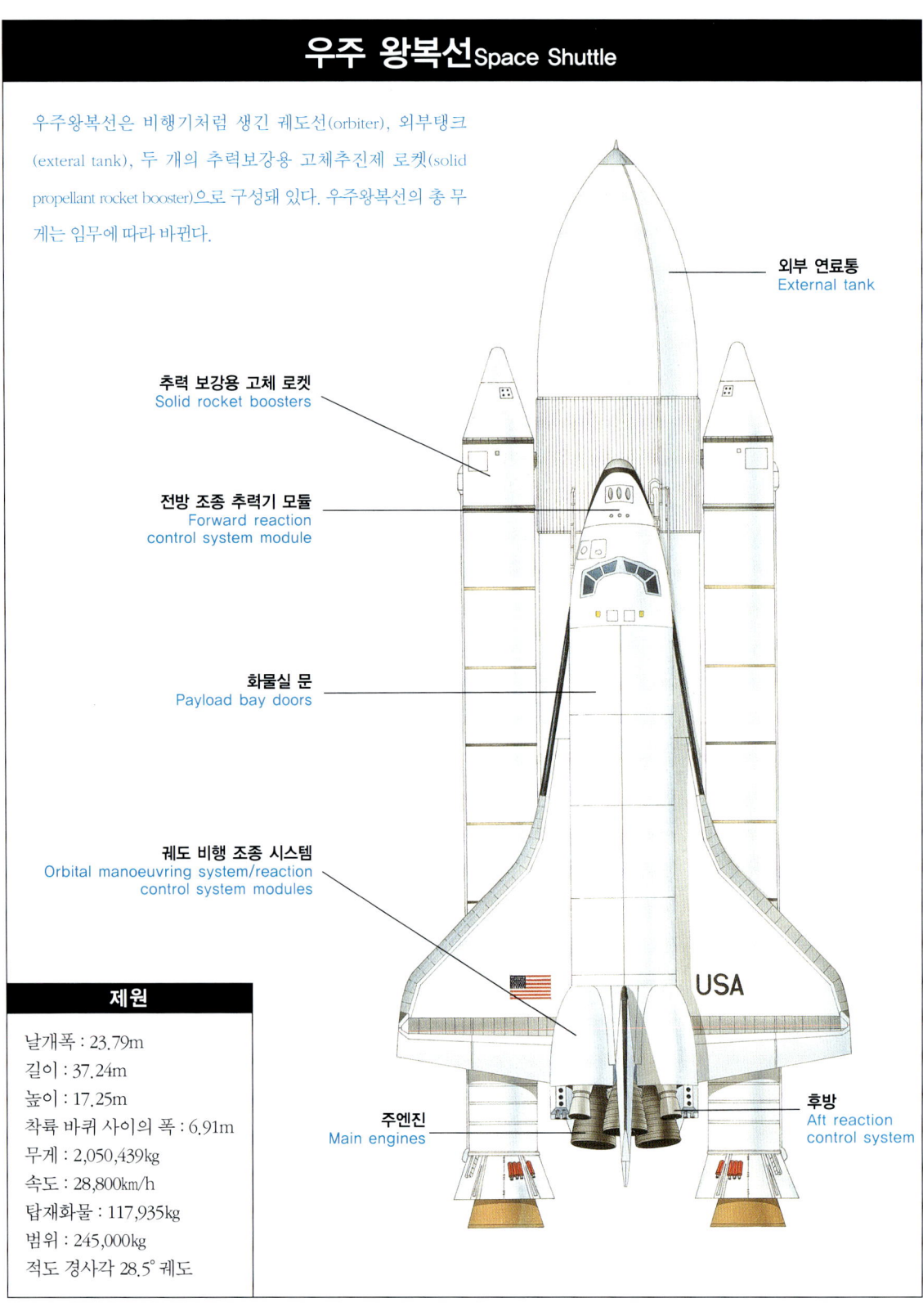

- 외부 연료통 External tank
- 추력 보강용 고체 로켓 Solid rocket boosters
- 전방 조종 추력기 모듈 Forward reaction control system module
- 화물실 문 Payload bay doors
- 궤도 비행 조종 시스템 Orbital manoeuvring system/reaction control system modules
- 주엔진 Main engines
- 후방 Aft reaction control system

제원

- 날개폭 : 23.79m
- 길이 : 37.24m
- 높이 : 17.25m
- 착륙 바퀴 사이의 폭 : 6.91m
- 무게 : 2,050,439kg
- 속도 : 28,800km/h
- 탑재화물 : 117,935kg
- 범위 : 245,000kg
- 적도 경사각 28.5° 궤도

우주 왕복선이 케네디 우주 센터의 조립 빌딩(VAB)에서 조립이 끝난 뒤 이동식 발사대로 4.83km 떨어진 발사장까지 이동하고 있다.

우주 왕복선의 탄생 The Birth of the Shuttle

위: 현재의 우주 왕복선이 개발되기 전에 새턴 5의 1단 로켓을 기초로 한 여러 형태의 우주 왕복선들이 제안되었다.

재사용이 가능한 우주 '비행기'는 아주 논리적인 개념이다. 베르너 폰 브라운과 그의 페네뮌데 로켓팀은 V2 기술을 기초로 날개가 달린 회수 가능한 '우주왕복선' 비행체를 개발할 계획을 하고 있었다. 미래 우주 여행에 대한 작가들의 초기작에는 날개를 단 비행체 형태의 로켓 우주선이 두드러지게 많았다. 미국은 1950년대와 1960년대에 재사용이 가능한 유인 로켓 비행기를 비행시켰는데, 거기에는 지구와 우주의 경계선까지 닿았다는 전설적인 X-15도 포함되어 있었다. 냉전 정치에 영향을 받는 급박한 상황만 아니었더라면 아마도 우주 왕복선 비행체는 더 일찍 발전할 수도 있었을 것이다. 미국이 유인 로켓 비행기에 가장 근접했던 것은 다이너 소어Dyna soar라는 개념이었는데, 이것은 미 공군의 유인 군사 작전을 위해 타이탄 3C 로켓에 장착하여 발사될 수 있는 날개 달린 글라이더형 우주선이었다. 이 계획을 실행하기 위해 6명의 우주 비행사를 선발했다. 그러나 이 계획은 취소되었다. 그 당시 우주 경쟁의 초점은 '누가 먼저 우주로 진입하는가'였다. 그 목표를 달성하기 위해서는 글라이더형 우주선보다 단 한 번만 비행할 수 있는 유인 캡슐이 적합했다.

NASA나 정치인들은 아폴로 11호가 달에 착륙하는 성과를 이룰 때까지는 진정한 우주 왕복선 형태의 수송체를 개발하는 것에 대해서 심각하게 생각하지 않았다. 그 이후의 상황은 예전과 많이 달랐다. 아폴로 비행 계획이 9회나 더 잡혀 있었지만, 예산절감으로 그 중 3번의 비행은 취소되었다. 1970년대 NASA의 야심찬 다음 목표는 우주 정거장을 건설하고, 화물과 승무원이 우주 정거장에 오갈 때 '우주 택시'를 이용하게 하며, 우주 비행을 일반인의 비행기 여행만큼이나 일상적인 것으로 만드는 것이었다. 그러나 백악관과 국회는 아폴로의 전체 예산인 250억 달러보다 더 많은 예산이 필요한 이 프로젝트들의 예산에 대해서 그렇게 호의적이지 않았다. NASA는 거대한 우주 정거장 프로젝트를 취소하도록 압력을 받았다. 더 이상의 프로젝트 진행이 불가능해 보였다. 표류하던 우주 정거장 계획 중 '우주택시' 계획만이 새로운 형태로 살아남을 수 있었다.

NASA는 '택시'를 우주 왕복선이라고 다시 명명하고 충분히 재사용 가능하며, 궤도로 상업용 인공위성을 운반할 수 있는 다용도 시스템이라 선전했다. 또한 요금을 부과하고, 작은 우주 정거장과 연구실 역할을 할 수 있으며, 우주에서 수리 작업도 할 수 있고, 더 많은 우주 임무를 완성할 수 있다고 광고하였다. 그러나 이렇게 함으로써 NASA는 발사체로서의 왕복선의 경쟁력과 우주선으로서의 역량을 손상시키고 있었다. NASA는 또한 왕복선이 1980년 이전에 20회 비행할 것이라고 주장하였다. 그리고 1991년까지는 엄청나게 많은 − 650회 정도를 비행할 것이라고 하였다.

일찍이 항공 우주 관련 회사들은 새로운 발사체를 설계해왔다. 그중 가장 관심을 끄는 것은 임무에 따라 유인과 무인 조종 모두 가능한, 날개 달린 2단 로켓 우주선이었다. 이 로켓은 대기권에서도 비행할 수 있도록 제트 엔진도 갖출 계획이었다. 그러나 문제가 있었다. 아폴로 계획보다 5배 이상의 비용이 필요한 우주 왕복선의 개발 예산이 아폴로 계획의 1/5 정도로 축소된 것이었다. 결과는 뻔했다. 1972년 1월 리처드 닉슨 대통령은 우주 왕복선 개발을 허가하였다. 같은 해 7월 전 로크웰사(지금의 보잉사 소속)는 왕복선을 개발하기 위해 NASA와 계약을 맺었다. 예산상의 축소로 선택된 우주 왕복선의 형태는 완전히 재사용할 수도 없고 기술적인 면에서 효과적이지도 못했다. 절충안이 될 수 없었다.

궤도선의 비행횟수

2000년 2월 11일까지의 성공적인 비행 횟수

컬럼비아	26
챌린저	8 + 1 (실패)
디스커버리	27
아틀란티스	21
앤더버	15

우주 왕복선의 비행 횟수

연도	임무 횟수
1981	2
1982	3
1983	4
1984	5
1985	9
1986	1 + 1 (실패)
1987	없음
1988	2
1989	5
1990	6
1991	6
1992	8
1993	7
1994	7
1995	7
1996	7
1997	8
1998	5
1999	3
2000	2
합계	98(실패 1회 포함)

갑판에 놓인다. 중앙 갑판은 또한 옷장, 주방, 임시 체육관으로 활용되고 화장실이 설치되어 있다. 우주 비행사들은 중앙 갑판 침대에서 잘 수도 있지만, 많은 우주 비행사들은 보통 스페이스랩Spacelab과 스페이스햅Spacehab 모듈로 가는 입구와 선외 활동을 할 때 사용되는 기밀식 출입구나 조종실과 같은 그들만의 장소를 선택한다. 스페이스랩은 화물실 안쪽에 고정된 연구실이다. 이 연구실은 다양한 과학 분야 임무를 수행하는 데 수차례 사용되었다. 한편, 스페이스햅은 우주 왕복선의 추가적인 임무를 위한 작업 공간이나 창고, 혹은 기기 설치를 위한 공간을 제공한다. 스페이스랩처럼 스페이스햅도 화물실에 설치되어 있다. 우주 왕복선이 우주

우주 왕복선의 궤도선 The Shuttle Orbiter

6개의 궤도선이 제작되었는데 엔터프라이즈Enterprise호는 지상 시험 비행에만 사용되었고, 우주로 발사되진 않았다. 컬럼비아Columbia호에 이어 챌린저Challenger호, 디스커버리Discovery호, 그리고 아틀란티스Atlantis호가 제작되었다. 그리고 앤데버Endeavour호는 폭발한 챌린저호를 대체하기 위해 제작되었다.

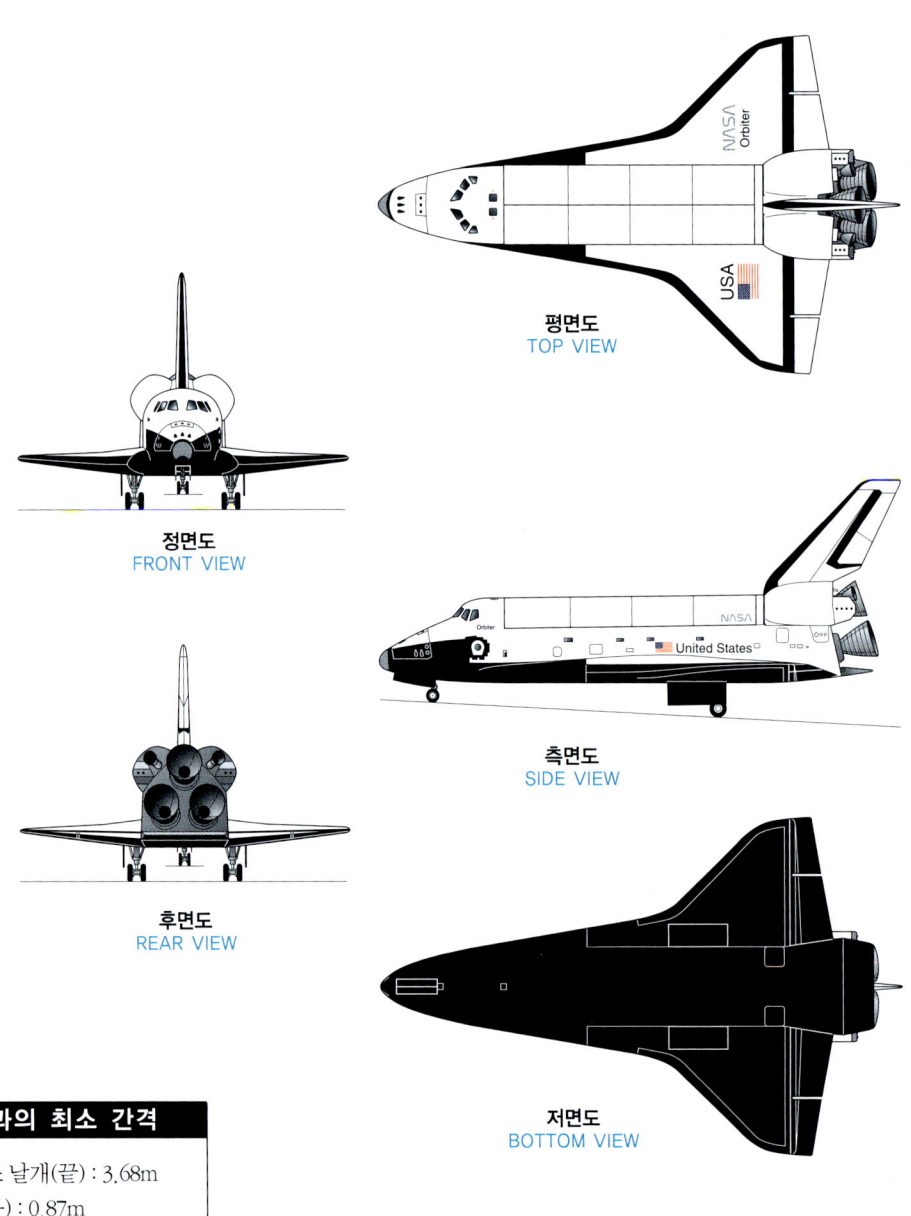

지상과의 최소 간격

몸체 보조 날개(끝) : 3.68m
주기어(문) : 0.87m
전방기어(문) : 0.90m
날개끝 : 3.63m

●●●
위: 우주 왕복선 엔터프라이즈 호는 1997년에 일련의 접근과 착륙 시험 비행(ALTs)에 사용됐고 이 비행에서 궤도선에 탄 2명의 조종사는 활주로에 궤도선을 착륙시키기 위해 보잉 747에서 분리됐다.

정거장과 도킹하기 위해서는 기밀식 출입구가 도킹할 모듈에 연결되어야 한다. 적도 경사 28.5도의 지구 저궤도에 화물을 운반하기 위한 우주 왕복선의 최대 적재 가능 용량은 원래 29.48톤이었지만, 실제로 운반된 최대 화물량은 23.72톤으로 기록되었다. 이 화물은 1986년 발사 과정에서 폭발한 불운한 챌린저호에 실렸다. 이후로 가장 무거운 화물은 1999년에 STS 93 컬럼비아호에 실린 22.58톤이었다. 개선된 최대 화물 용량은 이제 24.95톤으로 확장되었다. 이 용량은 기본적으로 4일 기준 최저 궤도에 위성을 운반하는 임무로 적당한 크기이다. 그러나 이 정도 크기의 화물이 아직 우주 왕복선에 실려 운반된 적은 없다. 이것은 챌린저호 폭발 사건의 영향 때문이다. 애초에 챌린저호 폭발 원인은 불완전하게 설계된 추력 보강용 고체 추진제 로켓 때문이라고 알려졌었다. 그러나 NASA의 철저한 은폐에도 불구하고 실제 폭발 원인은 우주 왕복선이 처음 설계됐을 때의 예상치를 훨씬 초과하는 동적 하중 때문이라는 사실이 밝혀지자 발사에 관한 모든 시스템은 다시 설계됐고 강화되었다. 따라서 전체 우주 왕복선 시스템의 무게는 증가되었고, 화물 용량은 오히려 감소되는 결과를 낳았다.

중지! Abort

발사시 최초 3분간은 가장 위험한 시간이다. 특히 처음 2분간은 추력 보강용 고체 추진제 로켓이 추진되는 시간이다. 만약 추력 보강용 고체 추진제 로켓의 작동 단계에서 1개 이상의 주엔진이 정지되면 그때는 추력 보강용 고체 추진제 로켓이 거의 단독 추진되므로 발사체는 많은 응력을 받아 파괴될 수 있다. 최악의 시나리오는 발사대 위에서 추력 보강용 고체 추진제 로켓이 점화되자마자 모든 주엔진들이 갑자기 연소를 정지하는 것이다. 발사체는 추력 보강용 고체 추진제 로켓의 응력에 의해서 분열될 가능성이 높다. 만약 추력 보강용 고체 추진제 로켓이 비행에 실패하면 대형 참사와 생명을 앗아가는 결과를 가져올 수 있다. 처음 2분 동안은 탈출구가 전혀 없다. 만약 우주 왕복선을 제때에 통제하지 못하면 우주 왕복선은 파괴될 것이다. 만약 우주 왕복선이 통제권 밖으로 벗어나 내륙의 민가이 거주 지역으로 향하게 되면 그것은 자동적으로 폭파된다. 모든 승무원들

위:만약 추력 보강용 고체 추진제 로켓이 화염을 내뿜는 처음 2분 동안 우주 왕복선에 어떤 문제가 발생한다면 승무원들을 살리기 위한 방법은 거의 없다.

은 이런 일에 대한 결과를 알고 있다. 이런 극단적인 상황에서 궤도선은 분리될 수 있지만 아마도 공기 역학적인 힘에 의해 분해될 수 있고, 어쩌면 추력 보강용 고체 추진제 로켓의 배기 가스에 휘말려들 수 있다. 만약 1개나 그 이상의 엔진이 꺼지거나, 혹은 추력 보강용 고체 추진제 로켓이 작동하는 중에 정지하게 되면 다시 정상적인 상태로 되돌리거나 계속해서 비행시키는 방법이 없다.(나중에는 선택권이 생긴다.)

문제가 생기는 것은 엔진만이 아니다. 다른 주요 시스템이 작동되지 않을 수 있고 선실의 기압이 내려갈 수도 있다. 완전히 자동적으로 '돌발적 사고에 의한 발사 중지' 명령이 내려질 때 컴퓨터 소프트웨어가 할 수 있는 것은 기껏해야 우주 왕복선을 버뮤다 같은 곳에 착륙시키는 것이다. 다른 동부 연안 착륙 지점은 사우스캐롤라이나South Carolina에서부터 노바 스코샤Nova Scotia까지 뻗어 있다. 육지에 도달하지 못했다는 것은 왕복선이 바다에 불시착한다는 것을 뜻한다. 이런 사고가 발생되었을 때 궤도선이 3.05km 아래, 또는 6km 이상의 위치에 있지 않다면 승무원들은 낙하산으로 탈출해야 한다. 대피는 수평 비행일 때만 시도할 수 있다. 승무원들이 궤도선의 날개 앞부분에 부딪히지 않고 중앙 갑판 주출입구로부터 안전하게 미끄러져 내려오도록 하기 위해 늘릴 수 있는 봉pole을 사용해야 한다. 각 우주 비행사들은 그들이 봉을 타고 미끄러져 내려가는 것을 돕도록 낙하산의 멜빵을 고리에 연결해야 하고, 일단 그 연결 고리를 풀고 우주선에서 뛰어내리면서 낙하산을 펴야 한다. 바다에 불시착하면 생존 가능성이 희박하기 때문에 우주 비행사들은 낙하산으로 탈출해야 한다. 우주 비행사들이 이러한 비상 사태에 대비한 훈련을 받더라도 실제 이 같은 상황에 처하게 된다면 충격의 영향으로 사망할 수도 있을 것이다.

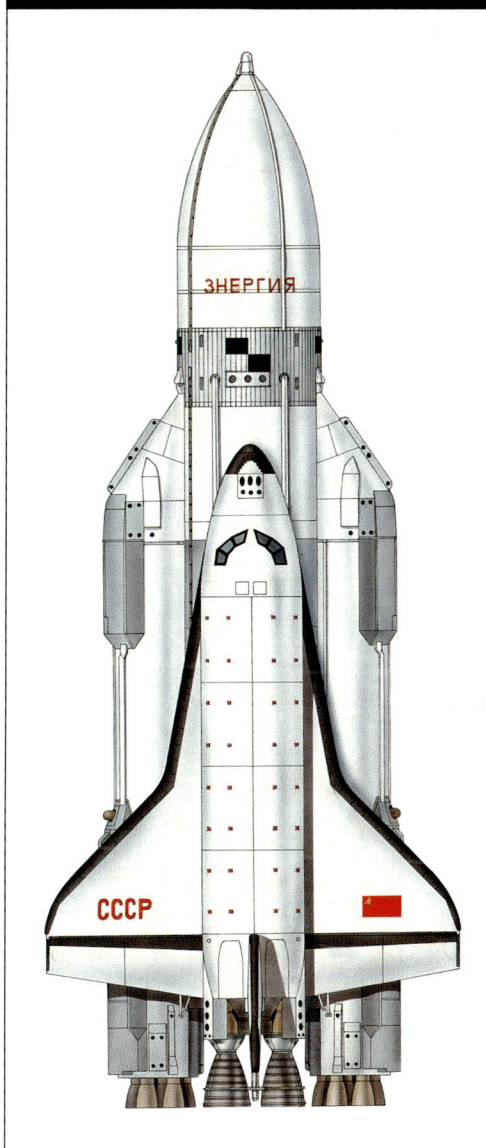

러시아의 우주 왕복선

화물 용량은 비행 임무를 수행할 때의 궤도 경사각에 따라 달라진다. 28도보다 궤도 경사각이 1도씩 높아질 때, 실을 수 있는 화물의 무게는 226kg씩 줄어든다. 케네디 우주 센터에서는 미국의 동부 해안 위를 날아 57도의 경사각 궤도에 진입할 수 있다. 한 정찰 위성은 배치 임무상 궤도 경사각이 62도로 확정되었다. 우주 왕복선의 초기 계획은 90도 경사의 극 궤도로, 캘리포니아의 반덴버그 공군 기지로부터 비행하는 것이었다. 1986년 챌린저호 사고 바로 직전에 7명의 우주 비행사가 디스커버리호를 타고 군 임무를 착수하기로 되어 있었는데, 그 발사는 취소되었다. 이어서 안전을 이유로 반덴버그에서의 우주 왕복선 발사가 완전히 취소되었다.

우주 왕복선에 대한 최초의 계획은 30일 동안 비행할 수 있도록 하는 것이었다. 비록 장기 비행 궤도선(EDO)이라 불리는 비교적 새로운 궤도선의 사용으로 17일간의 비행 기록은 가능해졌지만, 30일 동안의 비행은 결국 달성되지 못했다. 장기 비행 궤도선에 더 많은 연료전지가 설치됐기 때문에 추가로 전기 에너지를 만들게 되었다. 같은 기간, 다른 임무들 또한 장기 비행 궤도선을 사용해 수행되었다. 또 다른 초기 계획은 비행 임무 완수 시점으로부터 14일 이내에 궤

●●●
왼쪽:러시아 우주 왕복선 부란이 막 우주 비행을 하기 위해 발사되었다. 에네르기아 로켓으로 발사된 부란은 자동 궤도 비행을 하고 1988년 바이코누르 우주 센터에 착륙했다. 이 우주 왕복선 프로그램은 예산의 어려움으로 취소되었다.

우주 왕복선의 궤도선 내부

우주 왕복선은 7명까지 궤도로 운반할 수 있도록 설계되었다. 7명 중 2명은 임무 사령관과 조종사이다. 그 밖의 사람들은 기술자들과 과학자들이다. 우주 왕복선의 궤도선으로 우주를 오가는 비행은 승무원들에게 옛날의 우주 비행만큼 엄청난 긴장감을 주지는 않는다. 이륙하는 동안의 가속도는 약 3g으로 제한되며, 지구 재돌입 때의 가속도는 보통 1.5g 이하이다. 이러한 이유로 건강한 승무원은 최소의 사전 비행 훈련만으로도 우주 비행을 할 수 있다. 궤도선의 선실은 작업, 생활, 저장 구역이 혼합된 공간으로 설계되었다. 조종실에는 4명의 승무원들을 위한 좌석이 있고 중갑판에는 추가로 3명의 승무원을 위한 예비 좌석이 있다. 조종실 아래에는 침실과 로커, 화장실, 전장 장비를 넣는 격실과 에어로크가 있다.

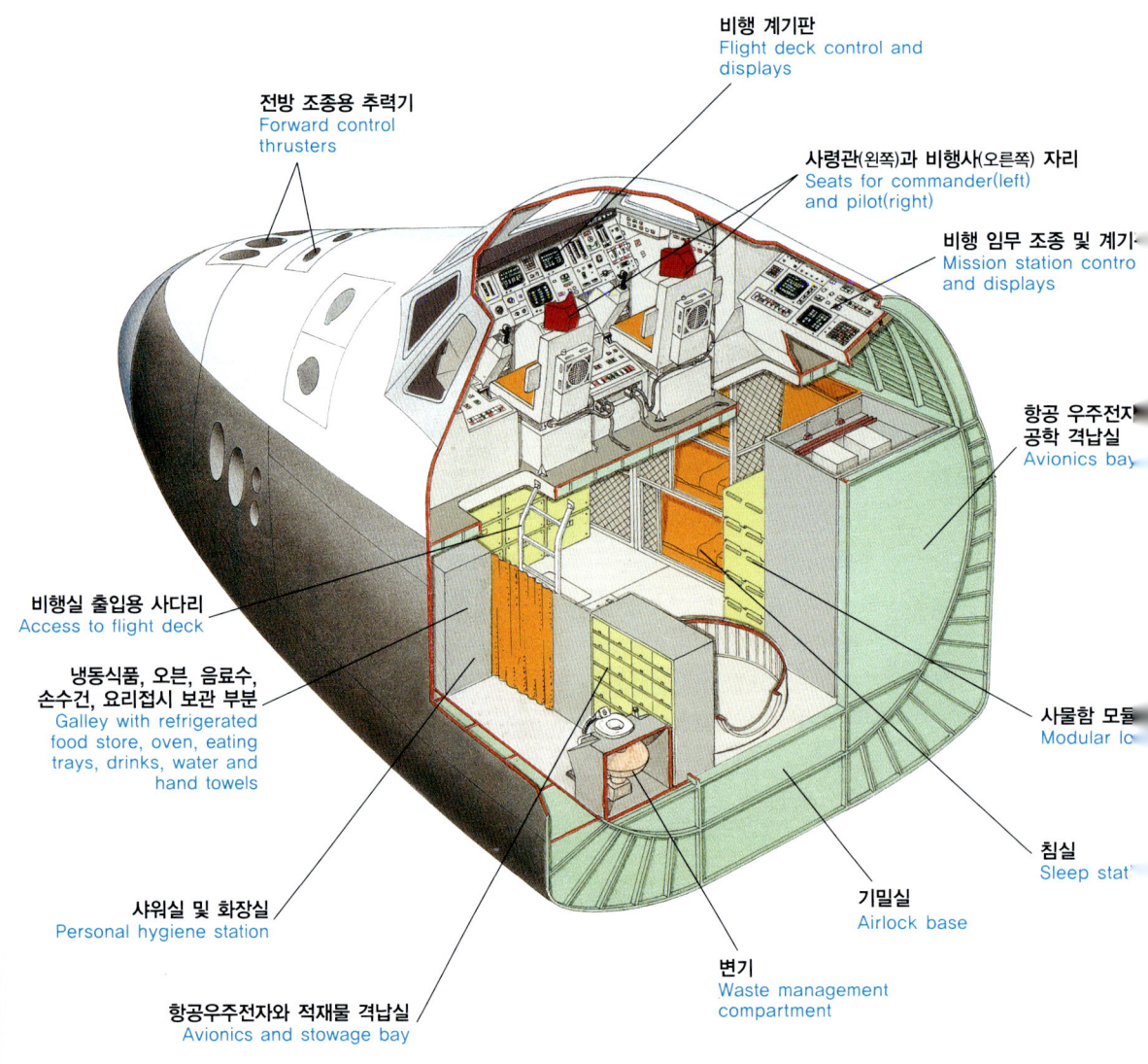

164 · 우주선의 역사

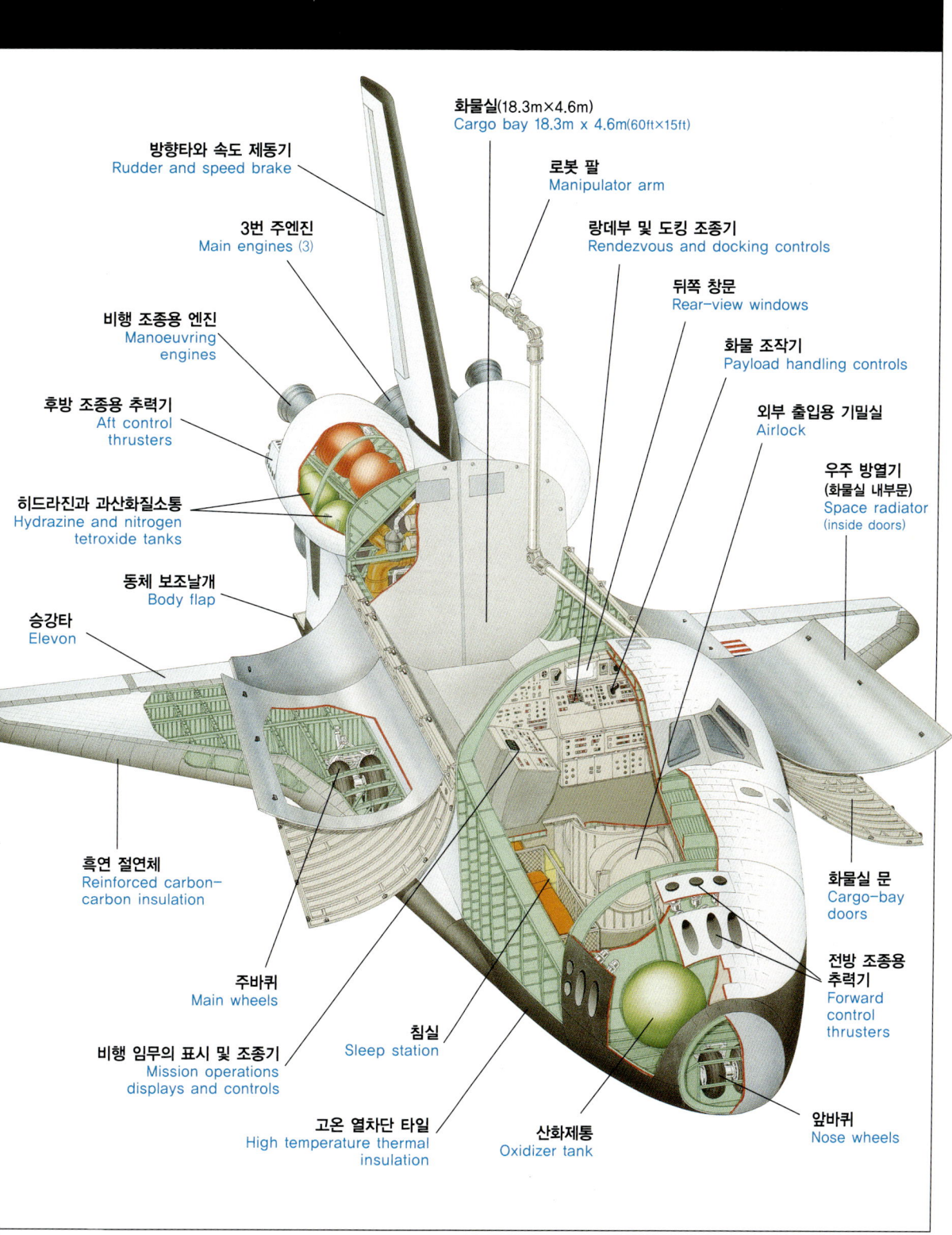

위:2개의 추력 보강용 고체 로켓이 1981년 STS-2 발사대에서 발사된 후 2분 만에 우주 왕복선으로부터 분리되고 있다.

도선을 다시 발사하는 것이었지만, 이것을 위한 발사 준비가 불가능했다. 왜냐하면 대체로 준비 과정이 계획한 것보다 더 오래 걸렸고, 처음 예상보다 더 많은 부품을 교체해야 했기 때문이다.

1977년 엔터프라이즈호를 시작으로 6대의 우주 왕복 궤도선이 제작되었다. 엔터프라이즈호는 우주를 항행할 수 있는 우주선은 아니었고, 우주 비행이 시도되기 전에 실시한 대기권의 활공 테스트에 사용되었다. 5번의 근접과 착륙 실험(ALTs)이 프레드 하이스Fred Haise와 고든 풀러턴Gordon Fullerton 그리고 조 이글Joe Engle과 딕 트룰리Dick Truly 등 2명의 우주 비행사로 구성된 2개의 팀에 의해 실시되었다. 엔터프라이즈호는 보잉 747 여객기 위에 장착되어 비행한 후 캘리포니아의 에드워드 공군 기지에 착륙 비행을 하기 위해 분리되었다. 1997년 8월과 10월 사이에 계속 실시된 이러한 비행에서 가장 긴 비행 시간은 5분 이상이었다. 궤도 우주 비행을 하기 위해 첫 번째로 만든 궤도선은 1981년에 제작된 컬럼비아호였고, 두 번째로 만든 것은 1983년에 제작한 챌린저호였으며, 세 번째는 1984년에 만든 디스커버리호였다. 그 다음이 1985년에 만든 아틀란티스호였다. 1986년 챌린저호가 폭발한 이후 대체된 궤도선인 앤데버가 1992년 제작되어 처음으로 발사되었다.

유일한 추력 보강용 로켓

궤도선은 길이 37.24m, 날개 폭 23.79m, 그리고 착륙용 바퀴에서부터 수직 안정 날개 끝까지의 높이가 17.27m이다. 우주 왕복선이 모든 화물과 탑재물을 장착하고 발사대 위에서 이륙 준비를 마쳤을 때 그 무게는 약 2,041톤 정도이며, 그 중 궤도선의 무게는 약 113톤(5.54%) 정도이다. 또, 추력 보강용 고체 추진제 로켓의 길이는 45.46m이고, 직경은 3.7m이다. 외부 탱크는 길이가 47m이고, 직경은 8.38m이다. 그리고 연료 탱크의 위 끝부터 추력 보강용 고체 추진제 로켓의 아래까지의 총 길이는 56.14m이다.

최초로 재사용하도록 설계된 추력 보강용 고체 추진제 로켓은 지금껏 비행한 것 중 가장 큰 고체 추진제 로켓 모터이다. 추력 보강용 고체 추진제 로켓은 발사 당시에는 각각 57톤의 무게가 나가지만, 그 무게의 85%는 산화제인 과염소산 암모늄, 연료인 알루미늄 분말, 촉매인 이온 산화물, 접합제인 고무 같은 중합체, 경화제인 에폭시로 구성되며 이는 고체 추진제의 주성분이다. 각각의 추력 보강용 고체 추진제 로켓은 약 1,497톤의 추력을 만드는데 우주 왕복선 주엔진이 최대 추력의 71%가 됐을 때 점화되어 이륙한다.

발사 50초 후, 최대 Q로 알려진 최대 동압력이 우주 왕복선에 가해지는 동안 과중한 압력을 피하기 위해 우주 왕복선의 주엔진과 추력 보강용 고체 추진제 로켓은 1/3 정도 추력을 감소시킨다. 추력 방향 조종 시스템은 또한 추력 보강용 고체 로켓의 노즐을 조종할 수 있다. 추력 보강용 고체 추진제 로켓은 2분 동

왼쪽: 우주 왕복선 주엔진의 작동이 멈추자 곧 외부 탱크가 분리되어 떨어지고 있다.

주엔진, 추력 보강용 고체 로켓과 외부 탱크

3개의 주엔진들은 궤도선의 뒷부분에 위치해 있다. 이 엔진들은 외부 탱크로부터 추진제인 액체 산소와 액체 수소를 공급받는다. 각각의 엔진은 최대 성능을 발휘하기 위해 고압 터보 펌프와 종 모양의 노즐, 그리고 재생 냉각용 연소실로 구성되어 있다. 이 엔진들은 각각의 엔진이 작동하고 있는 동안 추력 방향 제어를 위해 수평으로 유지된다. 각 우주 왕복선의 주엔진은 엔진 제어기를 가지고 있는데, 이 엔진 제어기는 엔진의 성능을 감시하고 필요한 추력과 일정한 혼합 비율을 유지하기 위한 작동을 자동적으로 조절하는 디지털 컴퓨터를 기본으로 갖추고 있다. 3개의 우주 왕복선 주엔진 중 하나가 갑작스런 사고로 정지한다 해도 연료는, 남은 2개의 엔진에 공급하여 더 오랜 시간 엔진이 가동될 것이다. 외부 탱크의 분사용 절연 폼은 발사시 외부 탱크 외벽 결빙과 동파를 예방하고 액체 추진제가 비등沸騰하는 것을 줄이기 위해 탱크에 유입되는 열기를 최소화한다. 낙하산으로 다시 회수할 수 있는 2개의 고체 로켓 부스터는 왕복선이 발사대에서부터 수직으로 발사될 수 있도록 하기 위해 궤도선의 우주 왕복선 주 엔진과 동시에 점화된다.

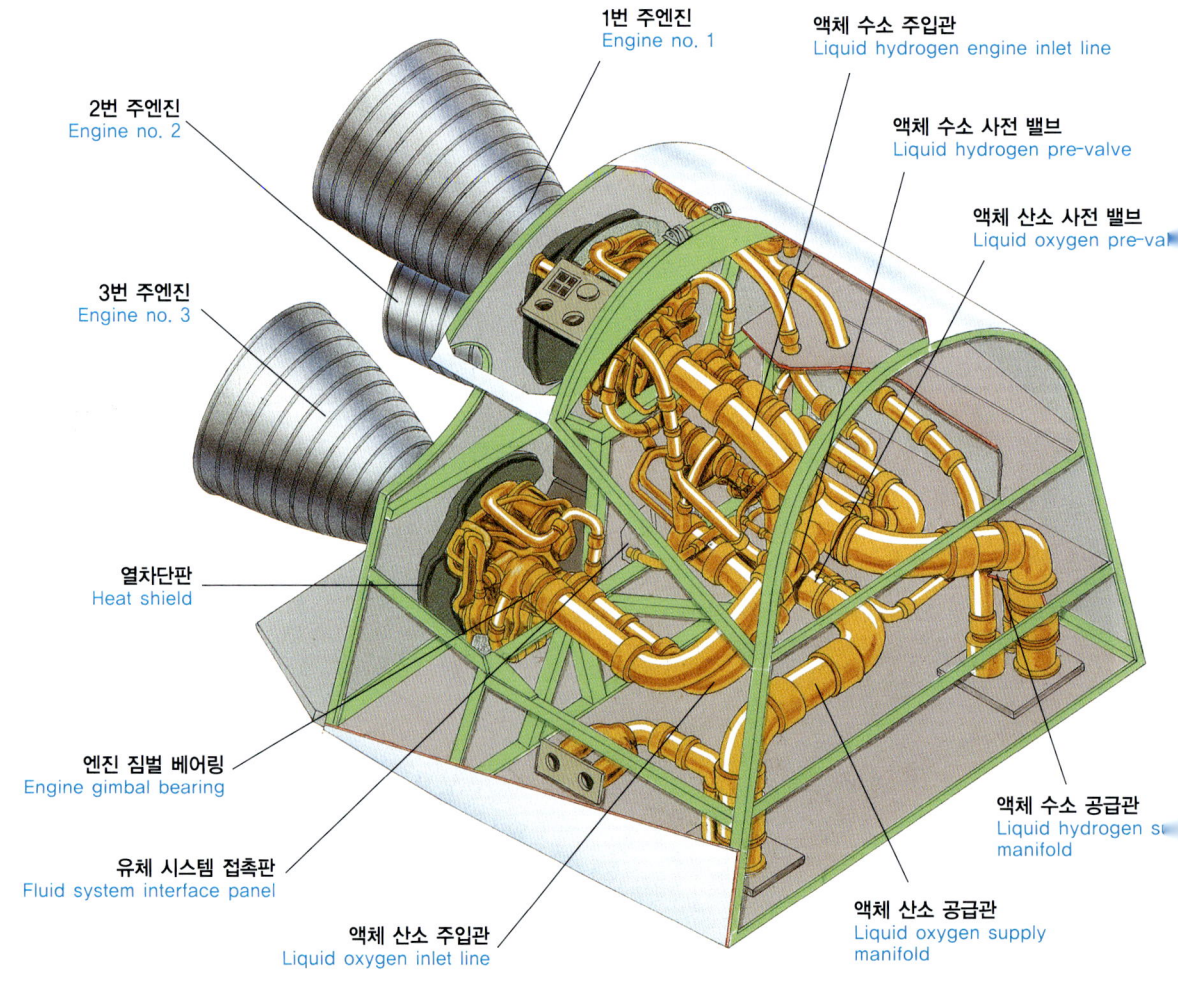

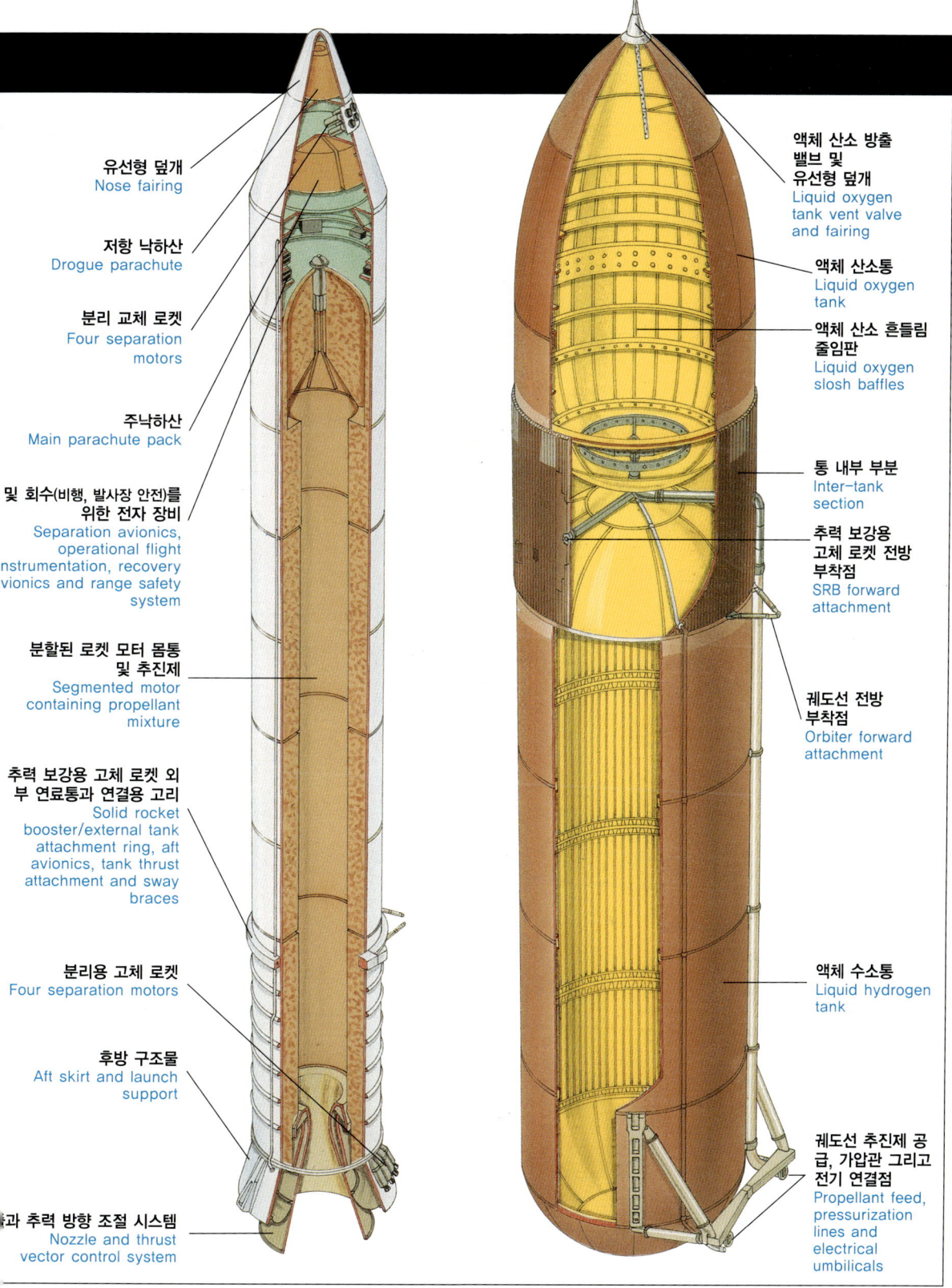

6장_우주 왕복선 · 169

안 연소한 뒤 16개 분리 로켓의 도움으로 고도 약 44km에서 분리된다. 추력 보강용 고체 로켓들은 지구로 떨어지기 전에 관성으로 약 65km까지 상승한 후 약 75초 동안 연안을 비행한다. 발사 후 4분 41초 동안 225km를 비행한 추력 보강용 고체 추진제 로켓은 각각 3개의 낙하산을 펴고 대서양으로 착수한다. 로켓들이 회수된 후에는 5개 부분으로 분해되어 다시 세척 과정을 거친 후 재조립을 위해 유타Utah 주에 위치한 공장으로 보내진다.

우주 왕복선의 추진 기관

적재량을 채운 우주 왕복선의 가장 무거운 부분은 617톤의 액체산소와 103톤의 액체 수소를 채운 751톤 무게의 외부 탱크이다. 외부 탱크 무게는 1981년 우주 왕복선 1호기의 발사 이후 두 번에 걸쳐 감량되었다. 최근에는 외부 탱크 재료로 알루미늄 대신에 알루미늄-리튬 합금을 사용하고, 또 탱크의 단열을 위해 가벼운 거품을 사용해 새로운 경량의 탱크를 개발했다. 이렇게 해서 3.5톤 정도를 더 감량하여 외부 탱크 무게는 747톤이 되었다. 우주 왕복선 시스템은 무게를 감량하는 만큼 더 많은 화물을 실을 수 있다. 발사 8분 후에 우주 왕복선은 약 80km 고도에서 주엔진을 멈추고 외부 탱크를 분리시킨다. 분리된 외부 탱크는 지구의 대기권에서 다 타버린다.

궤도선의 액체 산소-액체 수소 연료를 공급받는 극저온의 우주 왕복선 주엔진은 지금껏 설계된 액체 로켓 엔진 중 가장 효율적인 것으로 알려졌다. 이 엔진은 1985년 8월에 우주 왕복선 51F호를 발사하기까지 단 1개의 엔진만이 정지됐는데, 그것도 엔진의 온도 측정 오류라는 경미한 결함 때문이었다. 추진제들은 마지막에 연소실로 보내기 전에 미리 한 번 연소시키는데, 이것은 연소 가스의 온도와 압력을 증가시켜 더 큰 효율을 이끌어내기 위해서다. 6 대 1의 액체 산소와 액체 수소 혼합 비율은 2개의 백업용 컴퓨터를 장착한 컴퓨터에 의해 유지된다. 우주 왕복선 주엔진은 발사 6.6초 전에 No. 3 엔진을 시작으로 차례차례 점화된다. 그러면 3개의 엔진 모두 발사 3초 전쯤에 최고의 추력에 도달한다. 만약 어떤 엔진이 발사 2초 전까지도 최고 추력에 도달하지 못하면 자동적으로 모든 엔진이 중단된다. 이러한 엔진 중단 상태는 엔진의 시동과 차단을 방해하는 어떤 기술적인 이유로 생기는데, 지금까지의 발사 과정에서는 다섯 차례 발생했다. 발사대에서 카운트다운을 기다리던 우주선의 발사 중단은 실제로 화재 가

먼 왼쪽:발사대 정비탑에 설치된 자동 카메라로 올려다본 우주 왕복선의 발사 장면. 왕복선의 주엔진들과 고체 로켓 부스터에서 뿜어져 나오는 분사 가스들이 보인다.

●●●
위: 우주 왕복선이 궤도에 오른 후, 우주복을 차려 입은 사령관 로버트 깁슨Robert Gibson이 본격적인 임무가 시작되기 전 잠시 휴식을 취하고 있다.

능성이 있기 때문에 위험하다. 일단 이런 사태가 발생하면 승무원은 신속한 탈출을 위해서 지하 발사 조종실이나 장갑차 쪽으로 철선을 타고 미끄러져 내려가 비상 탈출을 해야 한다. 비록 화재에 대비한 탈출 훈련은 잘되어 있지만, 아직 어떤 승무원도 실제로 탈출해본 적은 없다.

우주 왕복선의 주엔진 배기 노즐은 높이 4.26m이고, 출구의 지름은 2.43m이다. 우주 왕복선의 주엔진은 피치pitch와 요yaw와 롤roll 제어가 가능하도록 짐볼 Gimball 장치를 사용했고, 해수면을 기준으로 엔진 성능이 100% 작동될 때의 추력은 170톤이다. 이 추력의 약 67%에서 109%까지의 범위 내에서 조절이 가능하다. 발사대에서 이륙할 때의 추력은 100%가 되어야 하며, 이륙 후 약 6.5초에 최대치인 109%가 된다. 발사 후 60초일 때의 최대 Q 동안에는 추력이 감소되고, 이후에 엔진의 추력이 다시 올라간다. 발사 10초 전, '주엔진 가동 시작'이라고 불리는 시점 바로 전에 엔진 주변에서 보이는 오렌지 빛 불꽃은 주엔진 주위의 공기 속에서 기체 상태의 수소가 연소하면서 생기는 것이다. 우주 왕복선

●●●
먼 왼쪽: 우주 왕복선이 발사한 무인 자유 비행 위성이 궤도에서 찍은 우주 왕복선. 이 위성은 후에 왕복선에 의해 회수되어 지구로 돌아왔다.

의 주엔진은 우주 왕복선 프로그램이 진행되는 동안 재사용이 가능하도록 주요 구성 요소들을 개선했다. 그중에서 특히 터빈 블레이드와 같은 터보 펌프 안의 부품들이 소모되거나 마모되는 것을 줄이기 위해 상당히 개선되었다.

고성능 자세 제어 우주선

우주 왕복선 주엔진이 정지한 후 궤도선 꼬리 양쪽에 있는 포드pod 위에 올려진 2개의 궤도 수정 시스템(OMS)용 엔진은 우주선을 초속 7.74km 궤도 속도로 가속하기 위해 점화된다. 활동할 궤도에 도달하기 위해서는 몇 번의 점화가 필요하다. 더욱 최근에는 OMS가 우주선이 상승하는 동안에도 일시적으로 우주 왕복선 주엔진을 보완하며 사용되어 왔다. 각각의 발사는 그 발사들만의 특정한 변수와 필요 조건을 가진다. OMS 엔진은 또한 궤도선의

●●●
위: 우주 왕복선에 있는 스페이스랩 실험실 안에서 우주 비행사들이 일련의 실험에 열중하고 있다.

●●●
먼 왼쪽: 우주 왕복선의 화물실 안으로 스페이스랩 실험실이 보인다. 7명의 우주 비행사들이 스페이스랩 실험실에서 과학적 임무를 수행하고 있다.

역추진 로켓 역할도 하는데, 2분 동안의 분사로 궤도선의 속력을 초속 91m 줄여준다. 각 OMS의 추력은 1.83톤이며 자동 점화성의 4-산화질소와 접촉할 때 자동적으로 발화하는 히드라진 추진제를 사용한다. 요, 피치, 롤의 방향 수정과 작은 속도 수정들은 궤도선의 반작용 조종 시스템(RCS)에 의해 수행된다. 반작용 조종 시스템은 각각 17.631kg의 추력을 가진 38개의 주 추력기와 5.44kg의 추력을 낼 수 있는 6개의 추력기로 구성되어 있다. 주 추력기는 궤도선의 앞부분에 14개가 있고, 뒷부분의 궤도 수정 시스템 포드에 각각 12개씩 있다. 또한 작은 추력기는 앞부분에 2개와 후방에 4개가 있는데, 접촉 점화 추진제에

위:우주 비행사 커트 브라운이 조종실 후미에 있는 조종기를 사용하여 왕복선의 자세 조종용 추력기를 작동시키고 있다.

의해 동력을 발생한다. 반작용 조종 시스템의 추력기들은 궤도 수정 시스템 엔진들이 작동하지 않는 비상 상태에서 사용할 수 있는데, 만일 궤도 수정 시스템 엔진이 역추진 로켓으로 점화되지 않을 경우에는 궤도 수정 시스템의 연료를 이용하여 반작용 조종 시스템의 추력기들을 대신 사용한다.

비행 제어는 우주 왕복선의 컴퓨터 시스템에 의해 이루어진다. 발사, 상승, 궤도 이탈, 대기권 재돌입, 그리고 착륙과 같이 아주 위험한 비행 단계에서는 4개의 컴퓨터를 동시에 사용한다. 그리고 각 컴퓨터의 고장에 대비하는 수단으로서 1초에 440회씩 모든 입력과 응답을 '비교'한다. 다섯 번째 컴퓨터는 백업Backup용 비행 제어 시스템으로 사용한다. 1970년대급의 개인용 IBM 컴퓨터들은 좀더 최신 기종들로 대체되었고, 모든 궤도선에 있는 본래의 스위치와 다이얼들도 마침내 유리 조종석 디스플레이로 교체되었다. 최근에 우주 왕복선 프로그램에 참여한 우주 조종사들은 최신 설비의 조종실을 갖춘 제트기에서 비행 훈련을 받았지만, 정작 실제 우주 왕복선에서는 구식 조종실을 사용한다는 것에 놀란다. 첫 번째 최신형 유리 조종실을 사용한 우주비행은 아틀란티스 궤도선에 의해서 2000년 5월 실시되었다.

로봇 팔

대부분의 우주 왕복선 비행에서는 정교한 로봇 팔인 원격 조종 시스템(RMS)이 이용된다. 이 로봇 팔은 비행 조종실에 있는 전문 조종 우주 비행사에 의해 조종된다. 조종실의 뒤쪽 부분에 자리잡고 있는 조종자는 조종실의 뒤쪽 창을 통하여 밖을 보는 것뿐만 아니라 로봇 팔을 구성하고 있는 로봇 팔의 '손'과 컴퓨터, 그리고 TV 카메라도 조종한다.

길이 15.24m의 로봇 팔은 '어깨', '팔꿈치', '팔목'과 같은 관절이 있다. 이러한 관절들은 로봇 팔이 모든 방향으로 움직일 수 있도록 한다. 로봇 팔은 화물을 배치하고 회수하는 데 사용된다. 또한 우주 비행사들이 선외 활동을 하는 동안

●●●
아래:원격 조종 로봇 팔(RMS)과 2명의 승무원이 우주유영을 하며 작업하고 있는 화물실을 광각으로 본 장면.

위:대기권 재돌입 때 가장 열을 많이 받는 궤도선의 아래 부분에 부착되는 우주 왕복선 열 보호(TPS) 타일.

로봇 팔의 끝에 있는 발 고정 장치에 서서 우주유영을 한다. 로봇 팔은 우주 왕복선 프로그램에 더 이상 가치를 매길 수 없을 만큼 중요한 기술이었으며, 지금은 국제 우주 정거장에서도 사용되고 있다.

지구로의 귀환

비행 임무의 끝부분에서 궤도 수정 장치의 역추진 로켓이 점화되면 우주 왕복선은 우주선에서 글라이더로 바뀌기 시작한다. 재돌입 시점은 고도 약 122km로, 활공 거리는 착륙 장소로부터 대략 8,000km 거리에서 마하 25의 속도로 활공을 시작한다. 지구로의 귀환시 우주 왕복선의 궤도선은 지구 재돌입을 하는 동안 좌우측으로 1,200km를 비행할 수 있고 비상 착륙 시에는 궤도선 자체가 방향을 조종할 수 있다. 이 방향 조종을 '크로스레인지'crossrange라고 부른다. 심지어 일

상적인 착륙에도 약간의 크로스레인지 방향 조종이 필요하다. 귀환할 때는 대기권과의 마찰 때문에 열이 올라간다. 이전의 유인 우주선에 있었던 융제融除용 열 방어 장치와 다르게 우주 왕복선은 특별한 열 타일과 단열재가 부착되어 있다. 열 방어 시스템(TPS)은 궤도선의 알루미늄 구조에 세라믹과 탄소-탄소 복합 재료들로 이루어져 있다. 가스 불꽃처럼 TPS 타일도 가열되면 빨갛게 빛을 내며 타고, 빨리 식으며, 손상되지 않는다.

궤도선에는 6가지 형태의 열 방어 시스템용 재료들이 필요하다. 왜냐하면 궤도선의 다양한 부분들은 각각 다른 수준의 열에 견디어야 하기 때문이다. 날개와 하면下面의 앞쪽 가장자리는 대기권에 재돌입할 때 열을 정면에서 받는 반면, 우주선 동체의 윗부분은 열에 덜 노출된다.

위:자유 비행 위성에 장착된 자동 카메라로 촬영한 궤도 위의 디스커버리호 근접 사진. 열 방어 타일과 단열재의 차이를 잘 보여준다.

주요 우주 왕복선의 임무

날짜	왕복선	기간
1981년 4월 12일	컬럼비아 STS 1	2일 6시간 20분. 존 영과 로버트 크리펜에 의한 우주 왕복선 처녀 비행.
1982년 11월 11일	컬럼비아 STS 5	5일 2시간 14분. 2개의 통신 위성을 배치하는 왕복선의 첫 상업 임무.
1984년 2월 3일	챌린저 STS 41B	7일 23시간 15분. 발사 지점에서 끝나는 첫 우주 임무인 유인 선외 장치(MMU)를 사용한 최초 독립 우주유영.
1984년 4월 6일	챌린저 STS 41C	6일 23시간 40분. 솔라 맥스Solar Max 위성의 캡처, 수리 및 재배치 임무 수행.
1984년 11월 8일	디스커버리 STS 51A	7일 23시간 45분. 통신이 두절된 위성들을 회수 수리하여 지구로 돌려보냄.
1985년 8월 27일	디스커버리 STS 51I	7일 2시간 14분. Leasat3 위성의 캡처, 수리 및 재배치 임무 수행.
1985년 10월 30일	챌린저 STS 61A	7일 0시간 44분. 최초 8명의 승무원 탑승 기록.
1986년 1월 28일	챌린저 STS 51L	1분 13초. 14.33km에서 폭발.(딕 스코비, 마이클 스미스, 주디스 레스닉, 로널드 맥네어, 엘리슨 오니주카, 크리스타 맥컬리프, 그레고리 제이비스가 사망; 이륙은 했지만 우주에 도달하지 못한 최초 비행; 최초로 미국인 기내 사망)
1988년 9월 29일	디스커버리 STS 26	4일 1시간 0분. 미국, 챌린저호 이후 2년 8개월 만에 우주로의 복귀.
1989년 5월 4일	아틀란티스 STS 30	4일 0시간 57분. 금성 궤도 탐사를 위한 마젤란 발사. 행성 탐사를 위한 무인 탐사선을 유인 우주선에서 첫 번째로 발사함.
1990년 4월 24일	디스커버리 STS 31	5일 1시간 16분. 허블 우주 망원경(HST) 배치.
1992년 5월 7일	앤더버 STS 49	8일 21시간 17분. 인텔셋 6를 회수 수리하여 정지 궤도로 다시 끌어올림. 8시간 29분으로 선외 활동(EVA) 기록을 세움.
1993년 12월 2일	앤더버 STS 61	10일 19시간 58분. 허블 우주망원경 설비와 수리 임무. 미국의 5회 선외 활동(EVA) 기록.

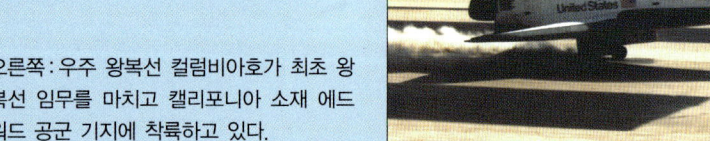

오른쪽: 우주 왕복선 컬럼비아호가 최초 왕복선 임무를 마치고 캘리포니아 소재 에드워드 공군 기지에 착륙하고 있다.

1995년 6월 27일	아틀란티스 STS 71	9일 19시간 23분. 미국의 100번째 유인 우주선 발사. 러시아의 미르 우주 정거장과 도킹한 후 승무원을 교환.
1996년 11월 19일	컬럼비아 STS 80	17일 15시간 54분. 가장 긴 우주 왕복선의 비행.
1998년 10월 29일	STS 95 디스커버리	8일 21시간 43분. 프랜드쉽 7 임무 이후 36년 만에 77살의 머큐리 우주 비행사 존 글렌의 우주 복귀. 우주 최고령 기록.
1998년 12월 4일	STS 88 앤더버	11일 19시간 18분. 미국 유니티Unity 1과 러시아 자바라 모듈을 결합하는 첫 국제 우주 정거장(ISS) 조립 임무.
1999년 7월 23일	STS 93 컬럼비아	4일 22시간 50분. 우주 왕복선 최고 탑재량 기록(22.58톤). 최초의 여성 왕복선 사령관인 엘린 콜린스Eileen Collins의 탑승 비행.

　노맥스로 코팅된 펠트 재사용 표면 단열재(FRSI)는 섭씨 370도에서 화물을 실은 화물실 상부와 동체 상부, 그리고 궤도 수정 시스템 포드들을 보호한다. 저온 재사용 표면 단열재(LRSI)는 99%의 순수 실리카silica 타일이다. 이것은 화물실의 문, 우주선 동체의 측면과 날개 위 표면, 궤도 수정 시스템 포드들과 같은 작은 부분을 섭씨 650도의 온도에서 보호하기 위해 사용된다. 타일 대신에 몇몇 구역은, 누빈 실리카-섬유 단열재(AFRSI)로 덮여 있다. 실리카 유리와 무정형의 섬유 타일로 구성된 고온 재사용 표면 단열재(HRSI)는 온도가 섭씨 1,260도에 이르는 구역인 앞쪽 동체, 조종실과 궤도선 아래쪽 바닥 등에 사용된다. 이러한 고온 재사용 표면 단열재의 재료들은 섬유질 내화 복합 단열재(FRCI)로 교체해왔다. 기수 부분과 날개의 앞쪽 가장자리에 강화된 검정색 탄소-탄소 타일carbon-carbon tile들은 섭씨 1,260도 이상의 온도도 견뎌낸다.

　궤도선의 속도가 마하 10까지 감속됐을 때 수직 안정판 감속기가 작동될 수 있고, 마하 3.5의 속도에서 방향타가 제 역할을 할 수 있다. 에너지를 줄이기 위해 자동 조종 장치나 조종사가 직접 조종을 하거나 하여 옆으로 미끄러지기와 S자 회전을 하기도 한다. 우주 왕복선의 궤도선은 보통 케네디 우주 센터에 착륙할 때 정기 여객기의 비행 착륙 각도보다 7배 가파르고 20배 더 빠르게 착륙 지점에 접근한다. 착륙 지점에 접근하는 각도는 활주로로부터 25.3km 고도에서 약 마하 2.5의 속도로 내려올 때 14도로 줄어든다. 14.9km 고도에서 속력은 마하 1 이하로 떨어지며, 활주로까지의 비행 거리는 40km가 된다. 착륙점으로부터 12km 지점에서 마이크로파 착륙 시스템이 가동되며, 착륙시에 프리 플레어 방향 조종을 통해 접근 각도를 1.5도로 줄인다. 그리고 고도 91.44m에서

개량 우주 왕복선 Modified Shuttle

우주 왕복선의 주된 개량형 모델 중 하나는, 이 그림이 묘사하고 있듯이 '비행-귀환형'(fly-back) 날개형 추력 보강용 액체 추진제 로켓의 도입일 것이다.

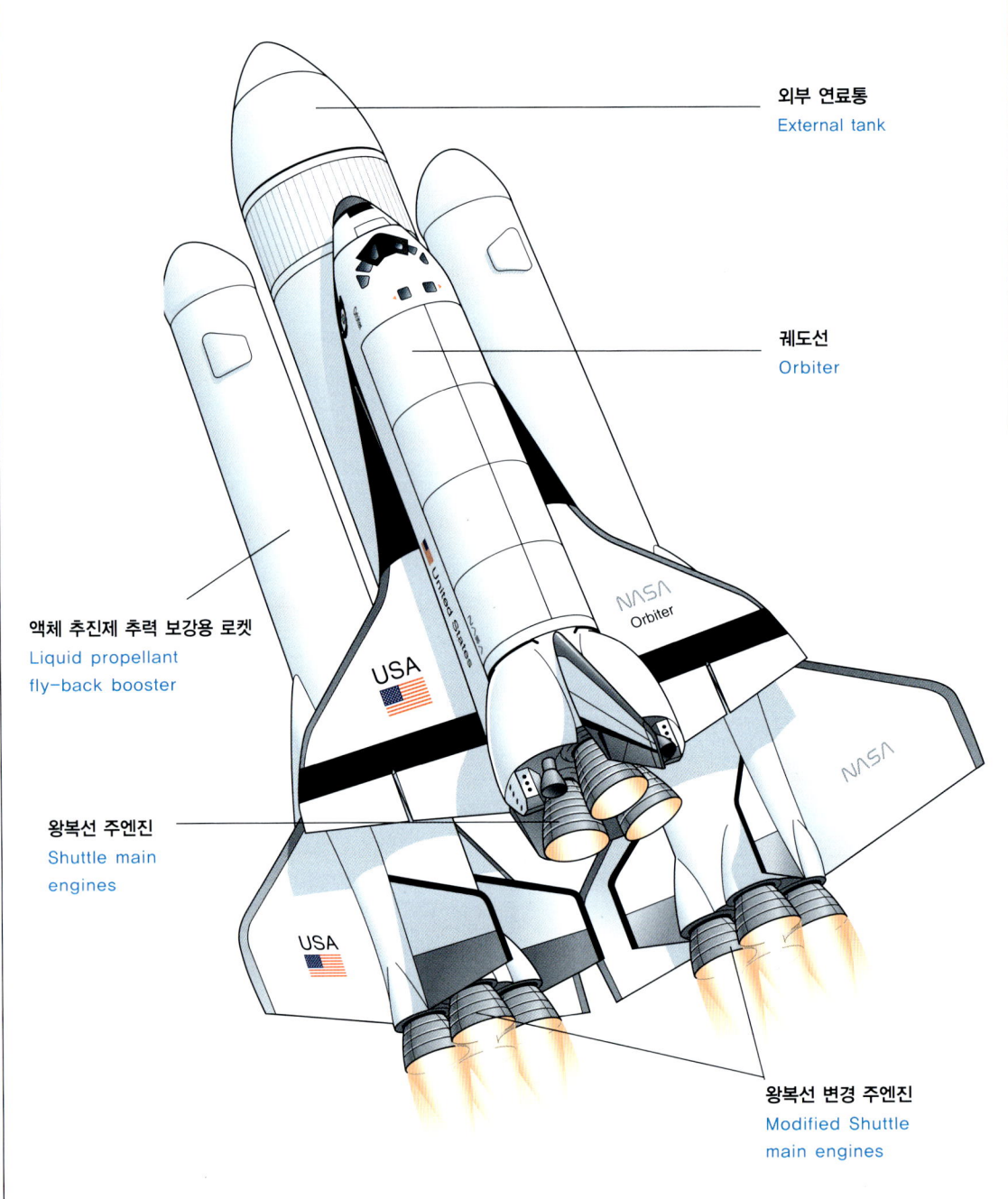

우주 왕복선의 착륙 과정

이 표는 왕복선을 안전하게 착륙시키기 위해 필요한 고도와 속도에 맞는 정밀한 방향 조종과 조절 등을 보여준다.

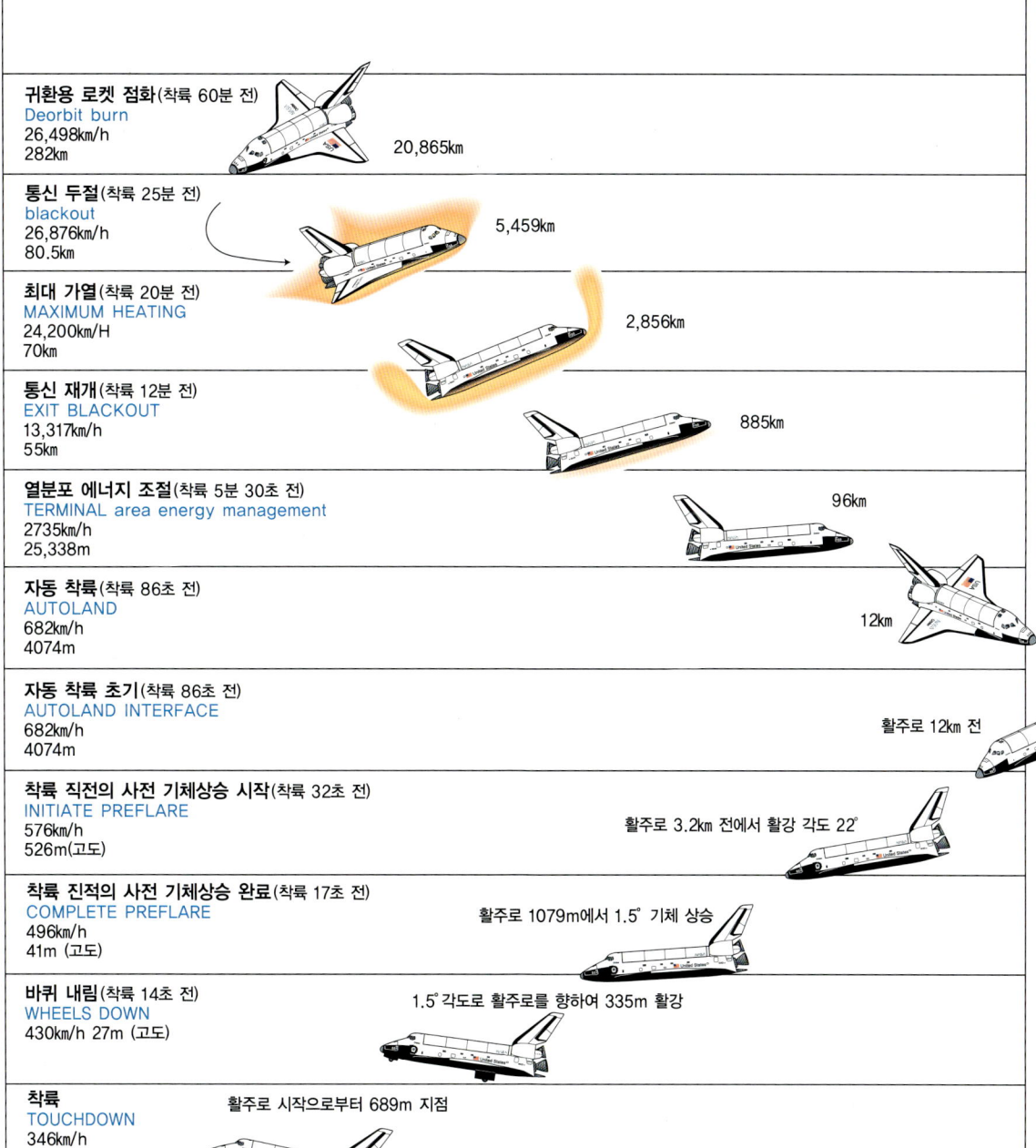

귀환용 로켓 점화(착륙 60분 전)
Deorbit burn
26,498km/h
282km
20,865km

통신 두절(착륙 25분 전)
blackout
26,876km/h
80.5km
5,459km

최대 가열(착륙 20분 전)
MAXIMUM HEATING
24,200km/H
70km
2,856km

통신 재개(착륙 12분 전)
EXIT BLACKOUT
13,317km/h
55km
885km

열분포 에너지 조절(착륙 5분 30초 전)
TERMINAL area energy management
2735km/h
25,338m
96km

자동 착륙(착륙 86초 전)
AUTOLAND
682km/h
4074m
12km

자동 착륙 초기(착륙 86초 전)
AUTOLAND INTERFACE
682km/h
4074m
활주로 12km 전

착륙 직전의 사전 기체상승 시작(착륙 32초 전)
INITIATE PREFLARE
576km/h
526m (고도)
활주로 3.2km 전에서 활강 각도 22°

착륙 진적의 사전 기체상승 완료(착륙 17초 전)
COMPLETE PREFLARE
496km/h
41m (고도)
활주로 1079m에서 1.5° 기체 상승

바퀴 내림(착륙 14초 전)
WHEELS DOWN
430km/h 27m (고도)
1.5° 각도로 활주로를 향하여 335m 활강

착륙
TOUCHDOWN
346km/h
활주로 시작으로부터 689m 지점

착륙 장치가 전개된다. 22초 후 궤도선은 케네디 우주센터의 4.57km 가설 활주로에서 단 한 번의 착륙 기회를 잡아야 한다.

궤도선의 착륙 속도는 시속 320km 이상이다. 1982년 우주 왕복선 STS-3는 약 시속 400km 속도로 착륙하는 기록을 세웠다. 우주 왕복선의 착륙 기술은 X-24와 같은 '동체 양력기'라 불리는 작은 유인 우주 왕복선 원형기들의 많은 시험 비행에서 얻어진 것이다. 그 우주 왕복선들은 착륙 지점 접근과 착륙 모의 실험을 위해 항공기로부터 투하된다. STS 50의 비행에 도입된 저항 낙하산(drag chute)은 궤도선이 활주로에 안전하게 정지하는 것을 돕기 위해 착륙할 때 펼쳐진다.

그러면 궤도선이 멈추게 되고 왕복선 수리 공장으로 옮겨져서 다음 비행을 준비한다. 다음 발사 준비가 끝난 궤도선은 케네디 우주센터의 39A, 또는 39B 발사대 중 하나의 발사대로 옮겨지는데 그전에 새로운 한 쌍의 추력 보강용 고체 추진제 로켓 및 외부 탱크와 결합하기 위해 거대한 발사체 조립 공장(VAB)으로 운반된다.

먼 왼쪽:추적 비행기가 우주 왕복선을 케네디 우주 센터에 안전하게 착륙하도록 유도하고 있다. 이곳과 가까운 발사체 조립 건물에서 우주 왕복선이 조립된다.

7장
우주 정거장

• • •

우주 정거장의 형태는 자전거 바퀴와 같이 생겼으며, 회전을 하면서 스스로 중력을 만들어낸다. 우주선들은 정기 여객기처럼 승객을 나르기 위해 이륙한다. 이 장면들은 지난날 우주시대가 도래하기 전에 책과 영화로 재현되었던 우수시대의 상상도이다. 이와 같은 꿈들은 아직 현실화되진 않았다. 우주는 여전히 소수의 방문자만을 허락한 배타적인 장소일 뿐이다.

왼쪽 : 지구 주변 궤도에 있는 러시아의 미르 우주 정거장. 가운데 있는 것은 1986년에 발사된 첫 중심 모듈이다. 미르는 21세기 초까지 계속해서 운영되었다.

오늘날의 실제 우주 정거장은 모듈로 조립되어 마치 커다란 튜브들이 어지럽게 모여 있는 것처럼 보인다. 상대적으로 엄격한 조건 하에 사는 우주 정거장의 승무원들은 종종 그들이 살고 있는 위험한 환경과 궤도를 오갈 때에 수반되는 위험에 대해 다시 생각하게 된다. 우주를 여행하는 것과 우주 정거장을 건설하는 데 드는 어마어마한 비용은 우주 정거장 개발의 발목을 잡는 주된 원인이 되어 왔다. 이는 국제 우주 정거장(ISS, International Space Station)의 경우를 보면 잘 알 수 있다.

1984년 미국의 레이건 대통령은 우주 정거장을 10년 안에 건설하겠다는 계획을 발표했다. 이후 NASA는 우주 개발의 평화적 이용과 국제적인 협력을 이끌어 내기 위해 '우주 정거장'을 '국제 우주 정거장'(ISS)으로 확대했다. 이에 따라 미국, 러시아, 유럽 우주국 산하 11개국(네덜란드, 노르웨이, 덴마크, 벨기에, 독일, 스웨덴, 스위스, 스페인, 영국, 이탈리아, 프랑스), 그 밖에 일본, 캐나다, 브라질 등 16개국이 참여하고 있다. ISS는, 처음 계획과는 달리 10배 이상의 예산을 사용했고 기간도 12년이나 더 지난 2006년도에 완공 예정이었지만, 2003년 2월의 우주 왕복선 사고로 아직도 몇 년은 더 기다려야 할 것 같다.

한편, 2001년 3월 심각한 재정난에 직면한 러시아는 1986년에 발사한 우주 정거장 미르의 수리에 드는 천문학적인 비용을 감당할 수 없어서 지구로 추락시

아래:1973년 5월 케네디 우주 센터에서 마지막 새턴 5 로켓으로 스카이랩을 궤도로 쏘아 올리고 있다.

왼쪽:과학자이자 우주 비행사인 에드워드 깁슨Edward Gibson이 84일 간 스카이랩4 비행 기록을 갱신하고 널찍한 스카이랩 우주 정거장의 무중력 상태를 즐기고 있는 모습이다.

켜 폐기하는 조치를 취했다. 비록 폐기됐지만, 미르는 우주 공간에서 2만 3천여 건의 과학 실험을 했고 ISS 건설의 초석이 되는 등 크나큰 업적을 많이 남겼다.

러시아는 미르에 앞서 1971년 단일 모듈로 구성된 우주 정거장 살류트를 성공적으로 발사했다. 이에 비해 미국은 1973년에서야 단 1개의 우주 정거장을 건설할 수 있었다. 그것이 바로 아폴로 응용 프로그램(AAP)이다. AAP는 후에 스카이랩Skylab이라고도 불렸다.

미국의 스카이랩

1966년, NASA는 아폴로 계획을 진행하면서 개발한 기술과 부품을 응용해 지구 궤도에 우주 실험실을 만드는 아폴로 응용 프로그램(AAP)을 계획했다. 아폴로 응용 프로그램은 NASA의 최종 우주 정거장의 설계는 아니었고, 그 기술력을 입증하기 위한 중간 단계의 성격을 가지고 있었다. NASA는 아폴로 응용 프로그램을 아폴로 달 탐험의 최종 단계에서 한 단계 도약시켜 한 쌍의 이름난 우주 탐사 축제를 기획하고 있었다. 후에 가서 스카이랩으로 알려지게 된 이 우주 정거장은 새턴 5 로켓을 이용해 발사되었으며, 우주 비행사 팀들은 아폴로 우주선에 탑승해 새턴 1B 로켓을 이용하여 스카이랩으로 갈 수 있었다.

이 우주 정거장은 완전히 설비를 갖춘 새턴 5 로켓의 3단 로켓으로 구성되었다. 추진제가 비어 있는 로켓단은 이곳을 방문한 우주 비행사들에 의해 다시 완

스카이랩 Skylab

스카이랩은 미국의 최초 유인 우주 정거장이다. 머큐리, 제미니, 그리고 아폴로의 우주 비행사들은 비좁은 거처에서 생활했고 대부분 봉지에 들어 있는 페이스트Pastes(갈거나 개어서 풀처럼 만든 식품) 유동식을 먹었다. 스카이랩은 최초로 좀더 일반적인 음식물을 우주인들에게 제공했다. 이따금씩 샤워도 할 수 있는 물이 있었고, 컨테이너와 냉장고에는 더욱 다양한 메뉴를 제공하는 식품으로 채워져 있었다. 옷은 라커의 '28일 의류 모듈'에 보관되었으며, 우주 정거장에서는 어떤 것도 세탁하지 않았다. 그래서 입고 난 옷은 생활 공간의 아래에 위치한 빈 탱크에 처분되었다. 가장 크고 고급스러운 곳은 '수세식 변기'인데 이곳은 승무원이 위급한 경우 치료를 받는 한편, 우주 비행사들의 무기물과 신체 분비액 간의 균형 연구가 행해지는 의학 연구소이기도 했다.

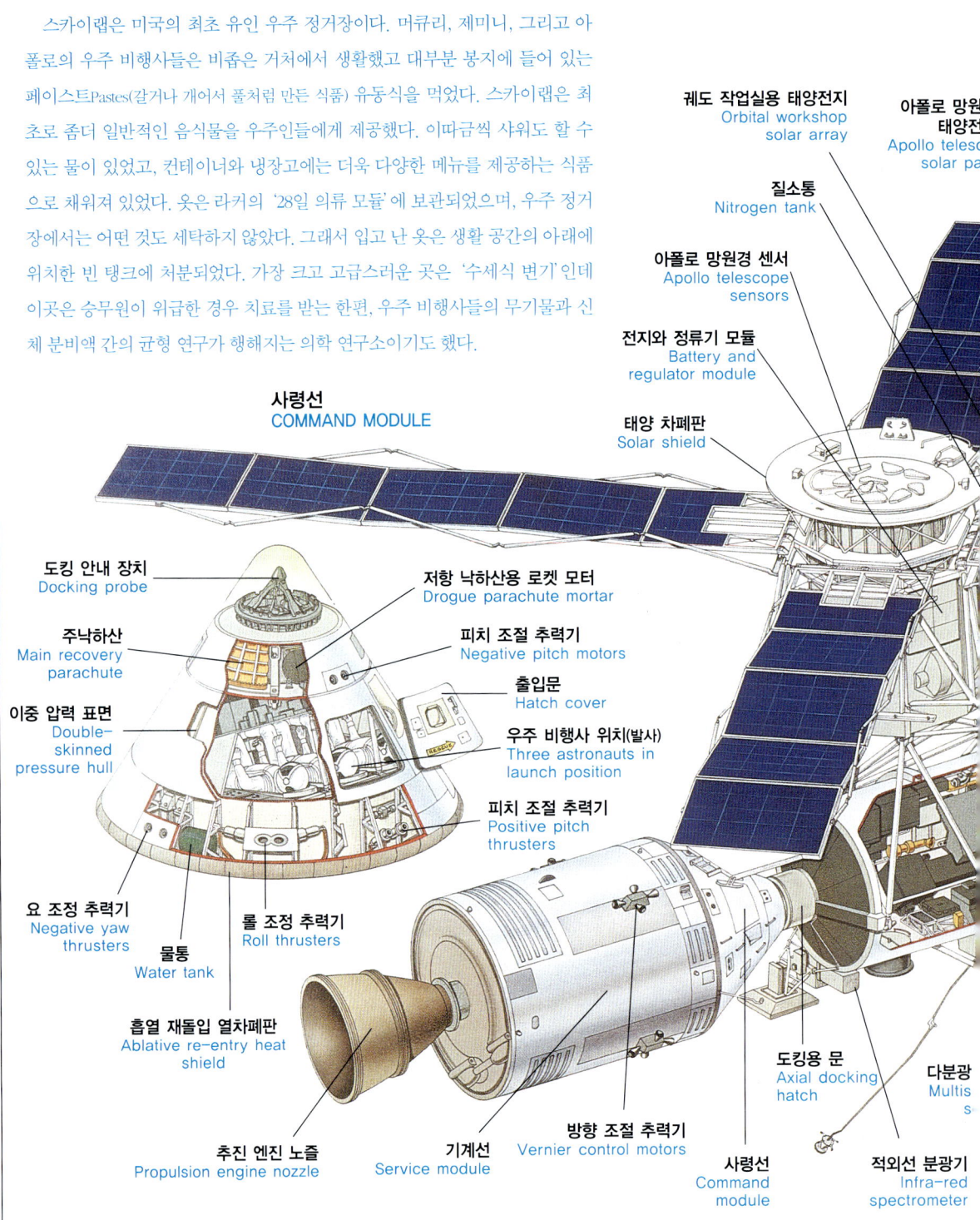

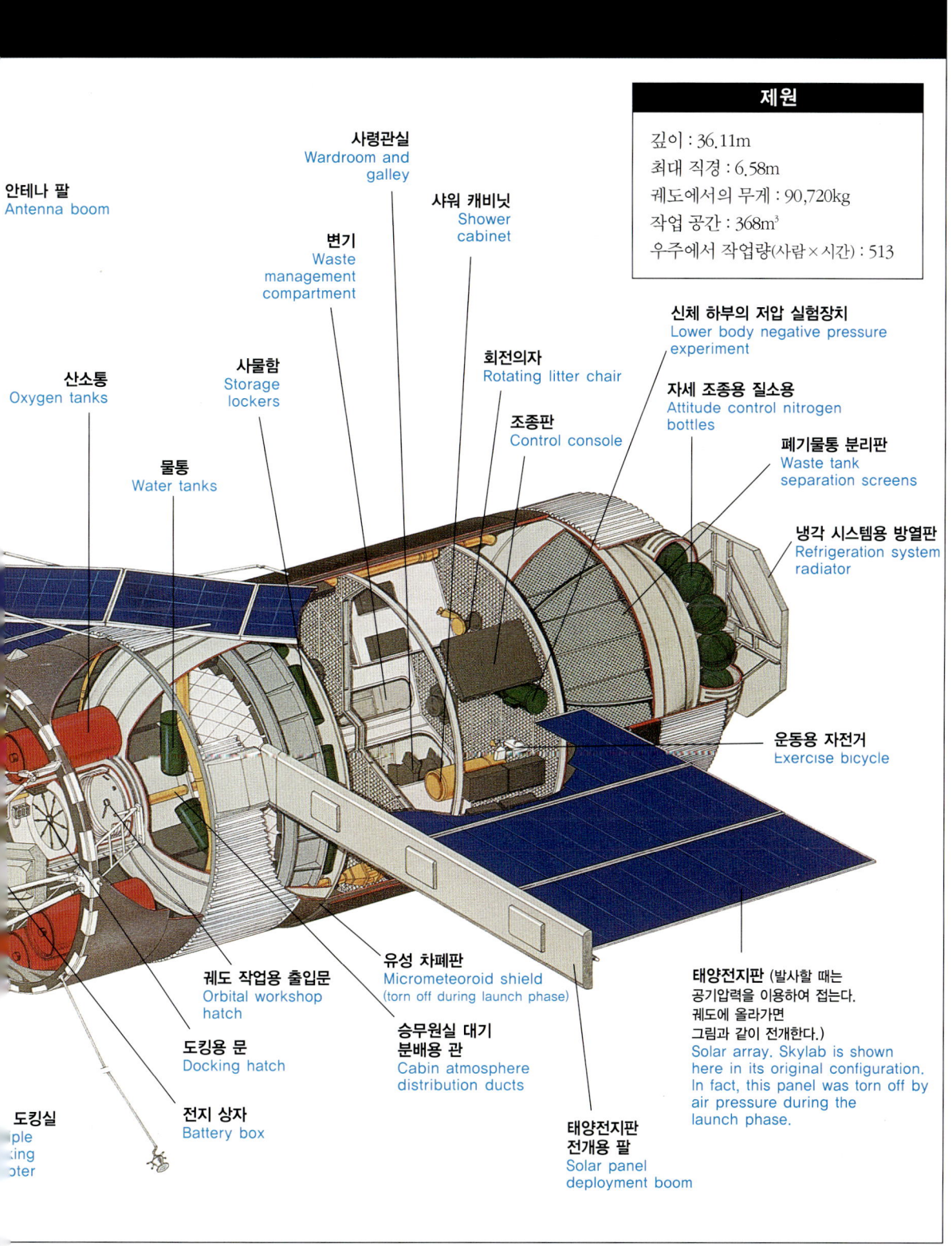

소유스 Soyuz-T

소유스-T 우주 정거장 연락선은 소련에 의해 1979년 말 그 모습을 드러냈고, 이듬해 사람이 탑승하여 처음으로 발사되었다. 비록 이 우주선은 기본적으로 소유스 우주선의 설계를 유지하고 있었지만, 상당히 개량된 것이었다. 소련은 소유스-T 우주선이 새롭고 향상된 컴퓨터 시스템을 장착하고 있다고 자랑스럽게 발표하였지만, 이 시스템은 미국의 유인 우주선이 이미 10년 전에 사용하였던 시스템의 성능과 비슷한 것으로 보였다. 소유스-T 우주선은 3명의 우주인을 태울 수 있었지만, 승무원은 대부분 2명으로 구성되었다. 소유스-T는 살류트 7 미션과 함께 사용되었다.

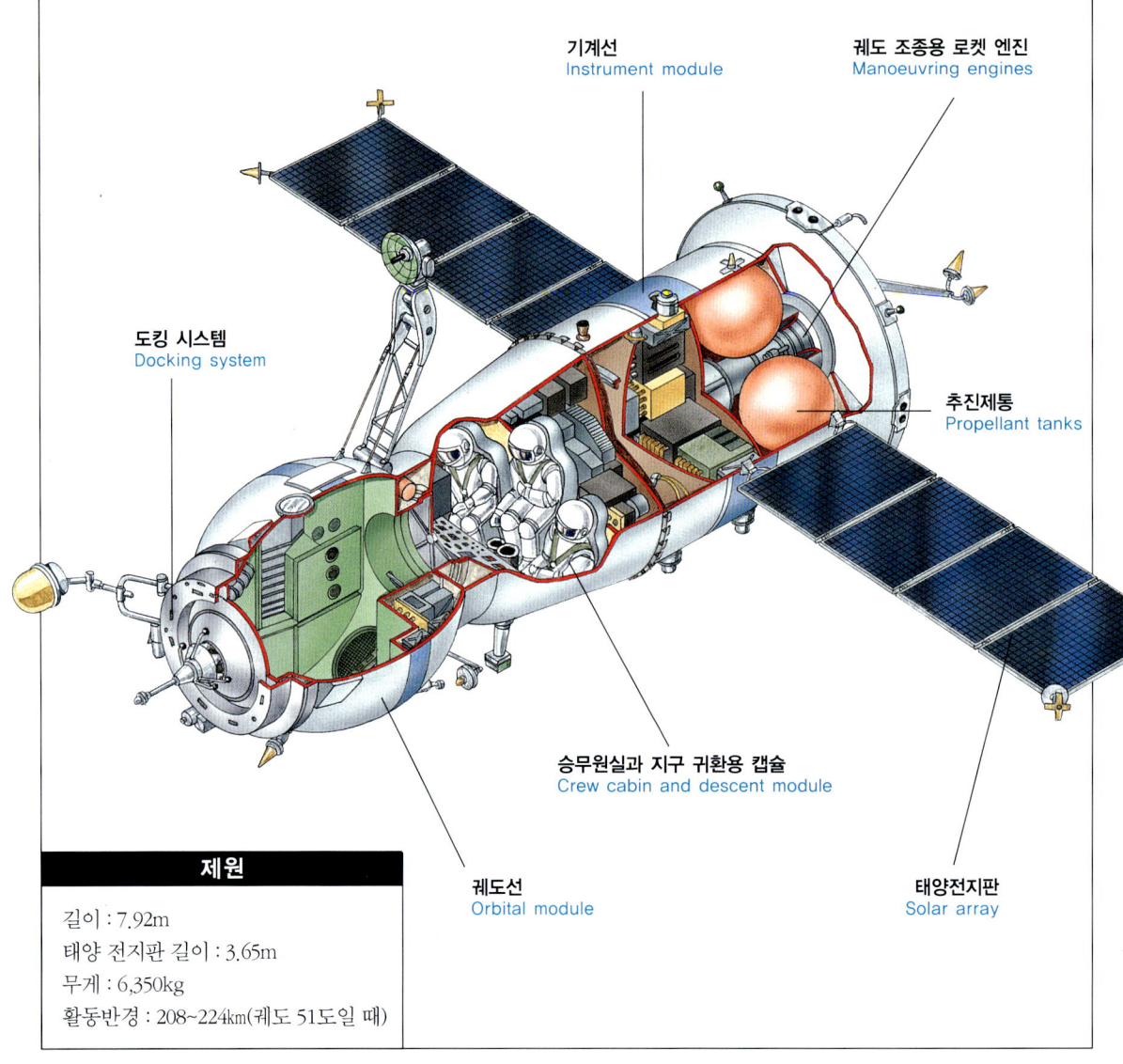

제원

길이 : 7.92m
태양 전지판 길이 : 3.65m
무게 : 6,350kg
활동반경 : 208~224km(궤도 51도일 때)

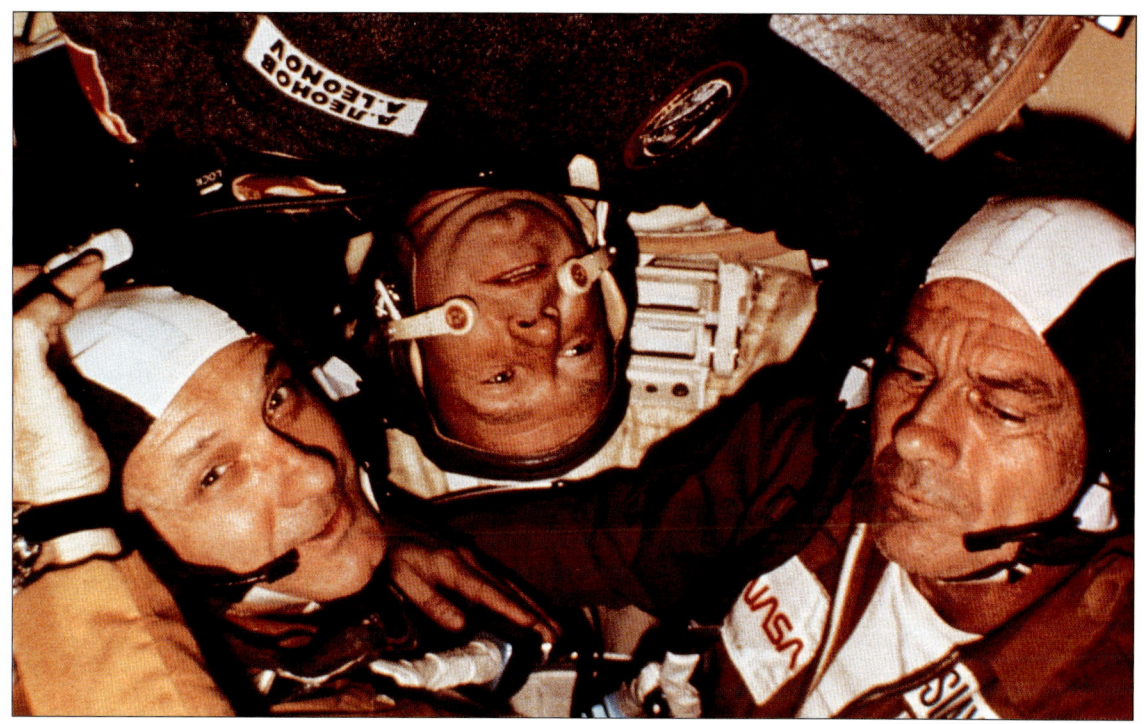

●●●
위:(왼쪽부터 오른쪽으로)토머스 스태퍼드Tom Stafford, 알렉세이 레오노프Alexei Leonov, 그리고 도널드 슬레이튼Donald K. Slayton이 아폴로-소유스 시험 프로젝트 중 함께 우주에 있는 모습.

전하게 정비된 우주 정거장으로 바뀌었다. 이 '미완성 작업장' 형태는 후에 '완성된 작업장' 형태로 바뀌었는데, 이것은 발사 전에 세 번째 단이 완벽하게 설비를 갖추게 되는 것을 의미했다. 스카이랩은 또한 달 착륙 모듈을 개조해 망원경을 설치했다. 그러나 스카이랩 프로그램을 지원하기 위해 다른 분야의 예산들이 축소됨에 따라 아폴로 17호 이후의 계획은 취소되었다.

스카이랩의 주요 부분은 새턴 5 로켓의 3단 로켓을 기초로 한 궤도 작업장이다. 이 궤도 작업장은 길이 14.6m, 직경 6.7m이며 격자 층으로 나뉜 두 층에 283 평방미터의 생활 공간과 작업 공간이 있다. 아래층에는 선장실, 침실과 부엌, 세면실과 주거 공간, 그리고 지구를 볼 수 있는 큰 전망창이 있다. 의료 시설은 아래층에 있고, 또한 쓰레기를 쌓아 놓는 탱크도 아래층에 있다. 위층은 대부분 승무원들의 작업 공간, 옷과 같은 개인용품, 장비 따위 소모품들이 있었다.

궤도 작업장 최상단부는 에어로크 모듈로 가는 진입로로 이용되었다. 이 에어로크는 1대 이상의 아폴로 우주선이 도킹을 할 수 있는 다중 도킹 어댑터로 이어졌다. 다중 도킹 어댑터는 고장난 아폴로 우주선을 우주 공간에서 구조하기 위해 설치된 것이다. 다중 도킹 어댑터의 양 측면에는 스카이랩에서 가장 중요한 기구인 아폴로 망원경이 장착되었다. 이 장비는 다른 주파수대를 관찰하

7장_우주 정거장 · 193

아폴로-소유스 Apollo-Soyuz 시험 프로젝트

　1975년 7월, 세계에서 가장 야심찬 실험이 우주에서 벌어졌다. 미국의 아폴로 우주선이 지구 위로 225km 떨어져 있는 러시아의 소유스 캡슐과 결합한 이 사건은 우주 협력에 있어서 신기원을 이룬 사건이었다. 아폴로-소유스 시험 프로젝트(ASTP)로 알려진 이 비행은 대단히 성공적이었으며, 미국 우주 비행사와 러시아 우주 비행사들이 서로의 우주선에 드나들며 실험을 수행하였다. 서로 다른 우주선 내압을 가진 아폴로와 소유스를 결합시키기 위해 미국 우주 비행사들은 미국과 러시아 기술진들이 공동으로 개발한 결합 모듈을 궤도로 가져갈 필요가 있었다. 러시아와 미국 우주 비행사들은 서로의 우주선에 들어가기 전에 서로 다른 압력에 적응하기 위해 이 모듈을 사용했다.

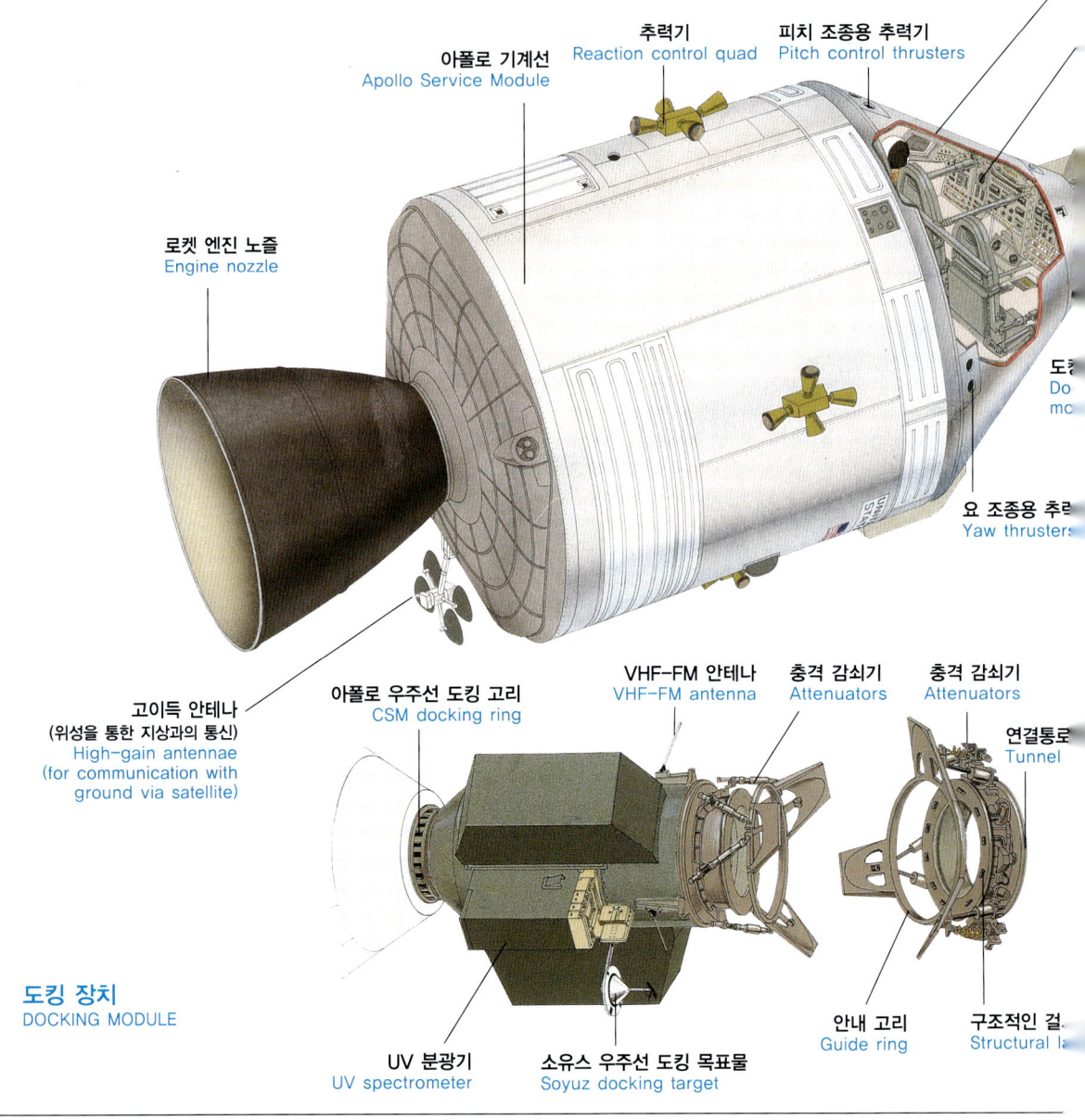

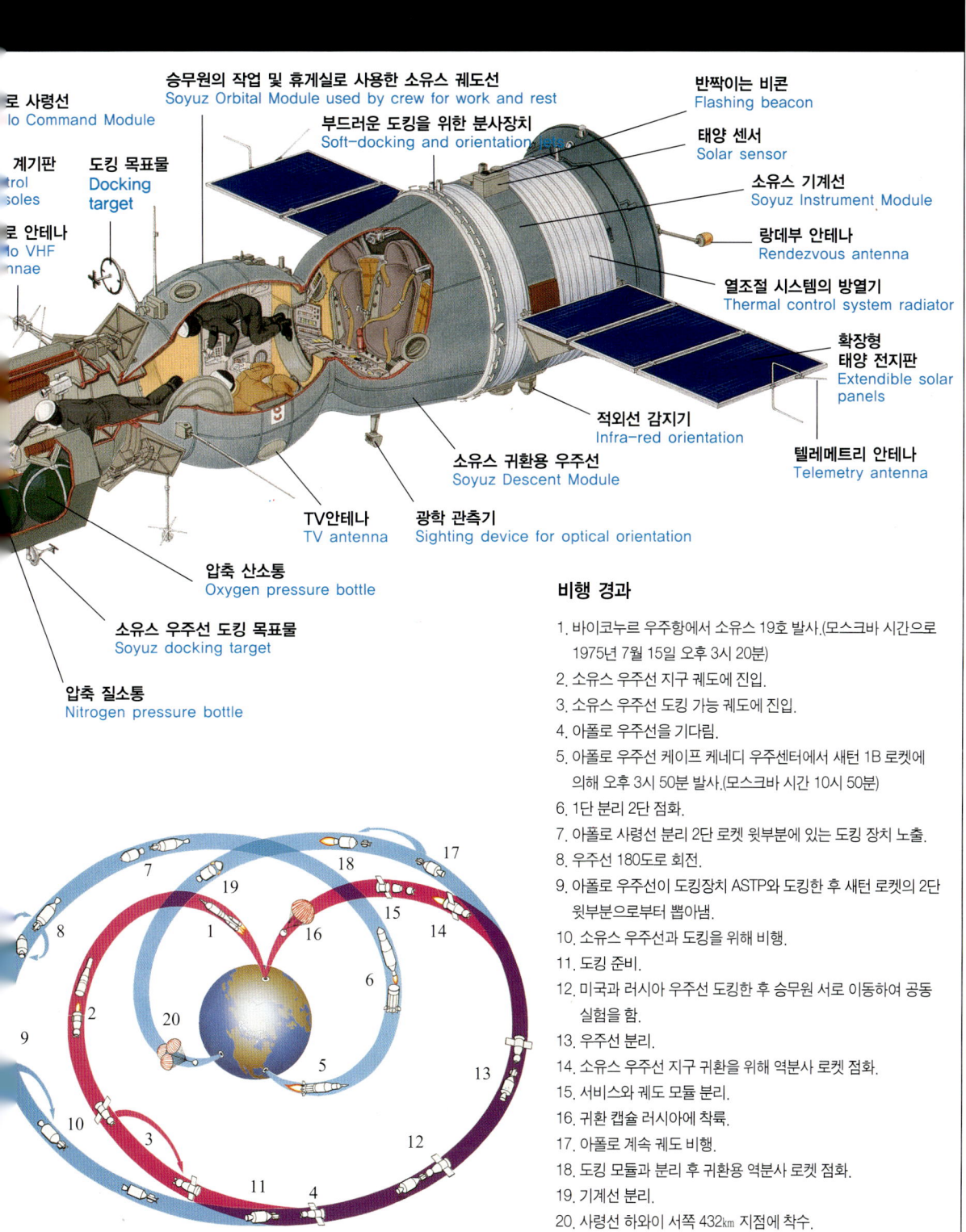

비행 경과

1. 바이코누르 우주항에서 소유스 19호 발사.(모스크바 시간으로 1975년 7월 15일 오후 3시 20분)
2. 소유스 우주선 지구 궤도에 진입.
3. 소유스 우주선 도킹 가능 궤도에 진입.
4. 아폴로 우주선을 기다림.
5. 아폴로 우주선 케이프 케네디 우주센터에서 새턴 1B 로켓에 의해 오후 3시 50분 발사.(모스크바 시간 10시 50분)
6. 1단 분리 2단 점화.
7. 아폴로 사령선 분리 2단 로켓 윗부분에 있는 도킹 장치 노출.
8. 우주선 180도로 회전.
9. 아폴로 우주선이 도킹장치 ASTP와 도킹한 후 새턴 로켓의 2단 윗부분으로부터 뽑아냄.
10. 소유스 우주선과 도킹을 위해 비행.
11. 도킹 준비.
12. 미국과 러시아 우주선 도킹한 후 승무원 서로 이동하여 공동 실험을 함.
13. 우주선 분리.
14. 소유스 우주선 지구 귀환을 위해 역분사 로켓 점화.
15. 서비스와 궤도 모듈 분리.
16. 귀환 캡슐 러시아에 착륙.
17. 아폴로 계속 궤도 비행.
18. 도킹 모듈과 분리 후 귀환용 역분사 로켓 점화.
19. 기계선 분리.
20. 사령선 하와이 서쪽 432km 지점에 착수.

7장_우주 정거장 · 195

기 위한 5대의 망원경을 갖추고 있었으며, 주로 태양 연구를 위해 사용되었다.

스카이랩은 1973년 5월 14일에 무인 발사됐고, 하루 뒤에 궤도로 진입했다. 그러나 스카이랩 발사는 완전히 성공적으로만 볼 수는 없었다. 발사 몇 분 후 스카이랩의 양 옆에 부착된 운석 차폐막과 태양전지판이 하나씩 떨어져 나가버린 것이다. 남은 1개의 태양 전지판도 엉망이 되었다. 궤도에 도달하면 곧 파괴될 것처럼 보였다.

스카이랩 2라고 이름 붙인 첫 유인 비행은 일반 왕복선 이상의 역할을 했다. 즉, 본격적인 구조 작업을 수행한 것이었다. 달에서 우주 산책을 한 베테랑 우주인 콘래드Pete Conrad는 신출내기 우주인 2명을 데리고 스카이랩에 올랐다. 콘래드는 우주 정거장을 작업할 수 있는 우주 기지로 바꾸는 전환 작업과 위험한 우주유영을 포함하는 28일간의 교육 과정을 맡았다. 우주에서 59일을 머문 스카이랩 3 비행에 이어 84일간의 스카이랩 4 비행으로 기록을 갱신했다.

스카이랩은 태양 관측과 지구 관측에서 주목할 만한 성과들을 냈다. 18만 장 이상의 태양사진을 찍었고, 지구 관측을 통해 석유와 광석이 매장된 곳을 발견하기도 했다. 하지만 애석하게도 스카이랩은 승무원들이 철수한 다음 5년 동안이나 방치된 채 지구 궤도를 돌다가 1979년 7월 11일 대기권에 진입하였으며, 대기권과의 마찰로 산산이 부서져 인도양과 오스트레일리아의 황량한 사막에 떨어져 최후를 마쳤다.

소련의 우주 정거장

스카이랩이 발사되기 2년 전인 1971년에 소련은 첫 우주 정거장 살류트를 발사했다. 살류트 우주 정거장 계획의 첫 단계는 우주를 오가는 승무원을 운송하는 연락선의 개발이었다. 이 연락선은 소유스라고 불렸으며, 3명의 우주 비행사가 살류트 정거장으로 비행하게 할 수 있었고, 궤도에서의 독립적인 연구 비행도 가능했다.

소유스의 무게는 약 6.6톤이었고 길이는 약 8.35m였다. 소유스 우주선은 기계 모듈, 하강 모듈, 궤도 모듈 이렇게 크게 세 부분으로 이루어져 있었다. 기계 모듈은 역추진 및 궤도 내 방향 조종을 위해 사용되는 추진 시스템을 갖추고 있었고, 하강 모듈은 우주 비행사가 비행중이나 지구로 귀환할 때 탑승하는 곳이다. 궤도 모듈은 독립적 비행에서 실험을 수행하고, 경우에 따라 도킹 장치로 사용되었으며, 기압이 일정하게 유지되는 선실이었다. 기계 모듈양쪽에 있는 태양전지의 날개 폭은 9.5m였다.

최초의 소유스 유인 우주선은 1967년 4월 23일 발사되었다. 이 비행은 소련이 미국과의 우주 개발 경쟁(Space Race)에서 앞서기 위해 계획된, 무모할 정도로 모험적인 비행이었다. 계획은 궤도의 두 우주선을 결합시키고 승무원들을 한쪽 우주선에서 다른 우주선으로 이동시키는 것이었다. 이것은 미국의 제미니 계획에서도 달성하지 못했던 것이었다. 첫 비행은 큰 실패였고, 두 번째 발사는 취소되었다. 소유스 1호에 혼자 탑승했던 블라디미르 코마로프Vladimir Komarov는 18번째 궤도 비행 중 착륙을 시도했다가 수천 미터 고도에서 주낙하산이 엉키는 사고로 목숨을 잃었다.

1969년, 여느 때와 다른 3개 우주선을 포함한 다른 소유스 우주선이 발사되었다. 마침내 1975년, 한 소유스 우주선이 지구 궤도에서 미국의 아폴로 우주선과 도킹하는 데 성공하였다. 아폴로-소유스 프로젝트는 우주 사업 공동 운영의 모범적 사례였지만, 지속되지는 못했다. 소유스 19호는 우주유영에 베테랑인 알렉세이 레오노프를 포함한 2명의 우주 비행사가 탑승해 발사됐고, 3명의 승무원이 탑승한 아폴로 18호가 그 뒤를 따랐다.

우주 정거장 연락선 임무를 위한 소유스 우주선은 1971년 처음으로 발사되었다. 소유스 10호로 명명된 이 우주선은 살류트 1호와 결합하는 데 실패했다. 1971년 6월 6일 발사된 소유스 11호는 우주 정거장 살류트 1호와 도킹해 3명의 우주 비행사가 살류트 1호에 옮겨타고 24일 동안 각종 과학 실험 등을 성공적으로 수행했다. 하지만 1971년 10월 11일 지구로 귀환하던 중 대기권에 재돌입하며 우주선의 기압이 낮아져 3명의 우주 비행사 모두 목숨을 잃었다. 당시 그들은 우주복을 착용하는 대신에 운동복만 입고 있었던 것으로 밝혀졌다.

그 후 새로운 형태의 우주 정거장 연락용 소유스 우주선이 개발되었다. 이 우주선에는 태양 전지판 대신, 우주 정거장으로 갔다가 다시 지구로 귀환하는 이틀 동안 비행에 필요한 동력을 제공하는 전지가 장착되어 있었다. 신형 소유스 우주선은 1973년 단독 유인 시험 비행을 하기 위해 처음 발사되었다. 그러나 몇 번에 걸친 살류트 우주 정류장과의 도킹 실패 이후 우주 비행사들은 즉시 서둘러 지구로 귀환해야만 했다. 그 이후 모든 소유스 우주선들에는 또다시 태양전지판을 장착하였다.

살류트 Salyut 1

소유스 우주선이 도킹한 살류트 1을 보여주고 있다.
이 우주 정거장에는 두 쌍의 태양 전지판과 주실험실 구역이 있다.

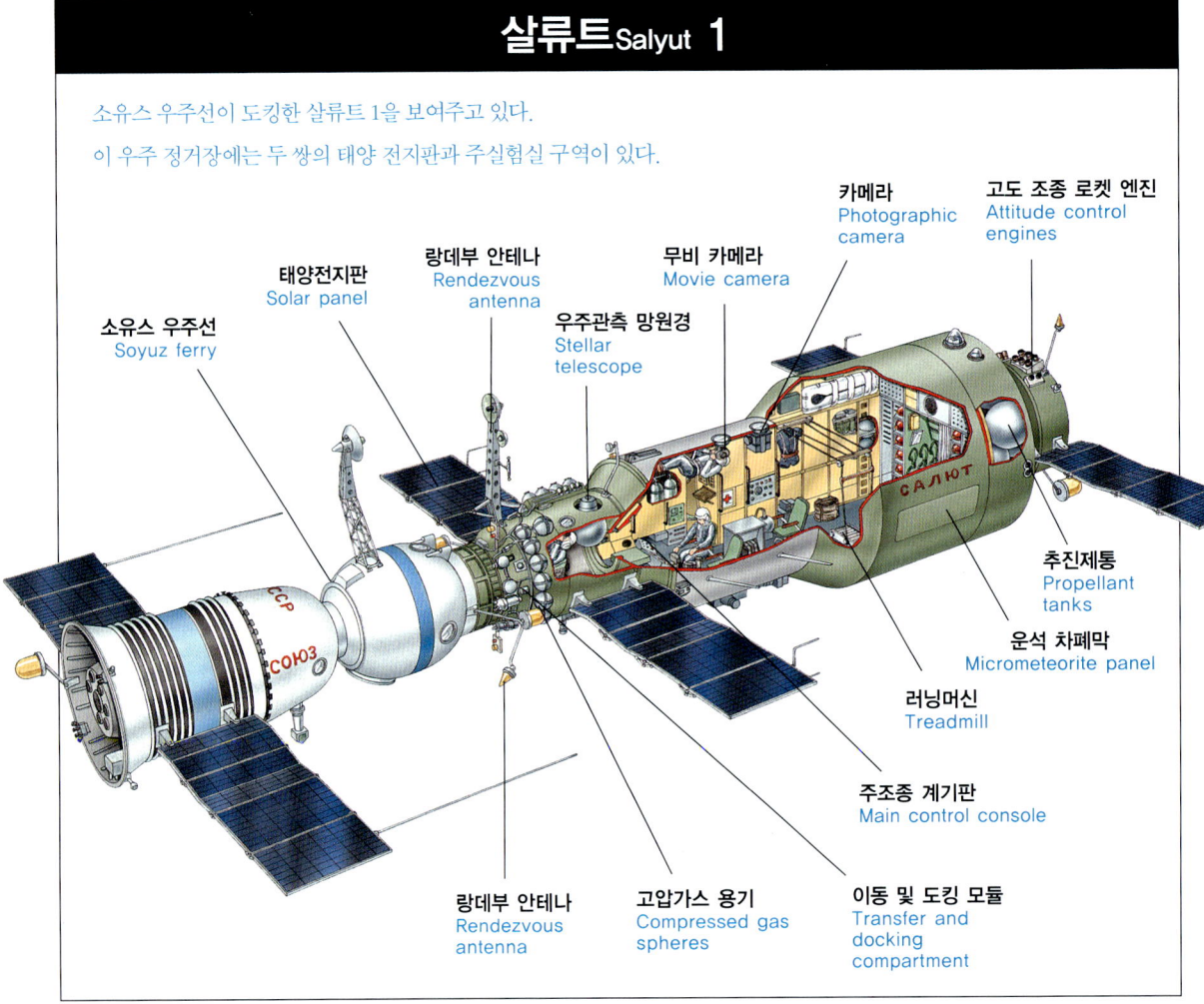

살류트 1호

살류트 1호의 설계는 살류트 7호까지 지속되는 살류트 우주 정거장 시리즈에 계속 사용되었다. 심지어는 새로운 우주 정류장 미르에도 살류트 1호의 설계를 이용하였다. 첫 번째 살류트 우주 정거장은 1971년 4월 9일 발사되었다. 이 정거장은 무게가 19톤이었고 길이는 14.5m였다. 살류트에는 2쌍의 태양전지판이 장착되어 있었는데, 1쌍은 후방 기계 구역에 고정되어 있었고 또 다른 1쌍은 작업실 앞쪽에 고정되어 있었다. 소유스 연락선과 승무원을 맞이하기 위해 제작된 도킹 및 이동 구역은 직경 2.9m, 길이 3.8m인 첫 번째 작업실과 연결되었고 다음에는 길이 4.1m, 직경 4.15m인 가장 큰 작업실과 연결되었다. 후방부에는 길이 2.17m, 직경 2.2m인 추진 시스템이 있었는데 이곳에는 방향 조종용 추력기와 총

살류트Salyut 4호

살류트 4호의 설계는 살류트 1호의 설계를 기본으로 한 것이다. 이 두 우주선의 주요 차이점은 초기 4개의, 조종할 수 없는 태양전지판을 조종할 수 있는 3개의 큰 전지판으로 대체한 것이다. 출입문 덮개는 앞쪽 작업실로 통합됐고, 이것은 이동 구역이 우주유영 활동 동안 에어로크 역할을 하도록 한 것이다. 비록 우주유영 계획은 있었지만, 취소되고 말았다. 아마도 1975년 4월의 소유스 우주선 발사 중단과 정거장에 새롭게 인원을 배치하는 것이 늦어진 결과일 수 있다.

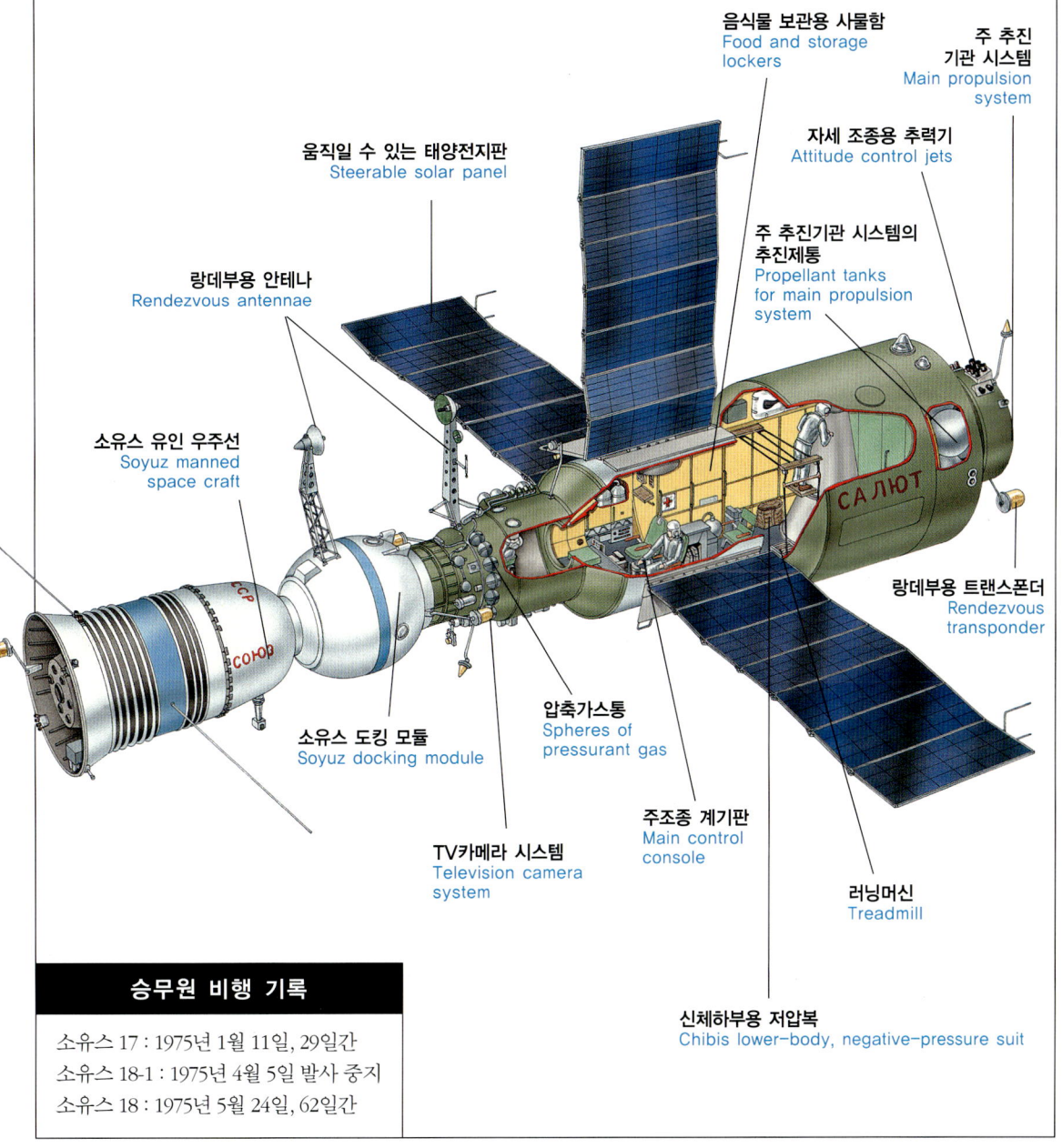

승무원 비행 기록

소유스 17 : 1975년 1월 11일, 29일간
소유스 18-1 : 1975년 4월 5일 발사 중지
소유스 18 : 1975년 5월 24일, 62일간

살류트Salyut 6호

1977년 9월, 살류트 6호의 출현으로 소련 우주 정거장 프로그램은 더욱더 야심만만해졌다. 이 새로운 우주 정거장은 앞쪽과 뒤쪽에 도킹 포트가 있었고, 추진 시스템은 에어로크 뒤쪽에 연결되어 있는 프로그레스 화물선이 연료를 보급하도록 재배열되었다. 미국의 스카이랩과 다르게 살류트 6호는 재시동시킬 수 있는 로켓 엔진을 가지고 있었으며, 이 로켓 엔진은 살류트 6호를 좀더 높은 궤도로 올리는 데 사용됐다. 살류트 6호는 3년이 넘게 소련의 우주 개발 수요를 최상으로 충족시켜 주었으며, 이 정거장의 승무원들은 날마다 새로운 우주 생활 기록을 세웠다. 이 우주 정거장에는 여러 나라의 국제 우주인들이 방문했다. 아래 그림은 소유스와 프로그레스가 살류트에 도킹되어 있는 모습이다.

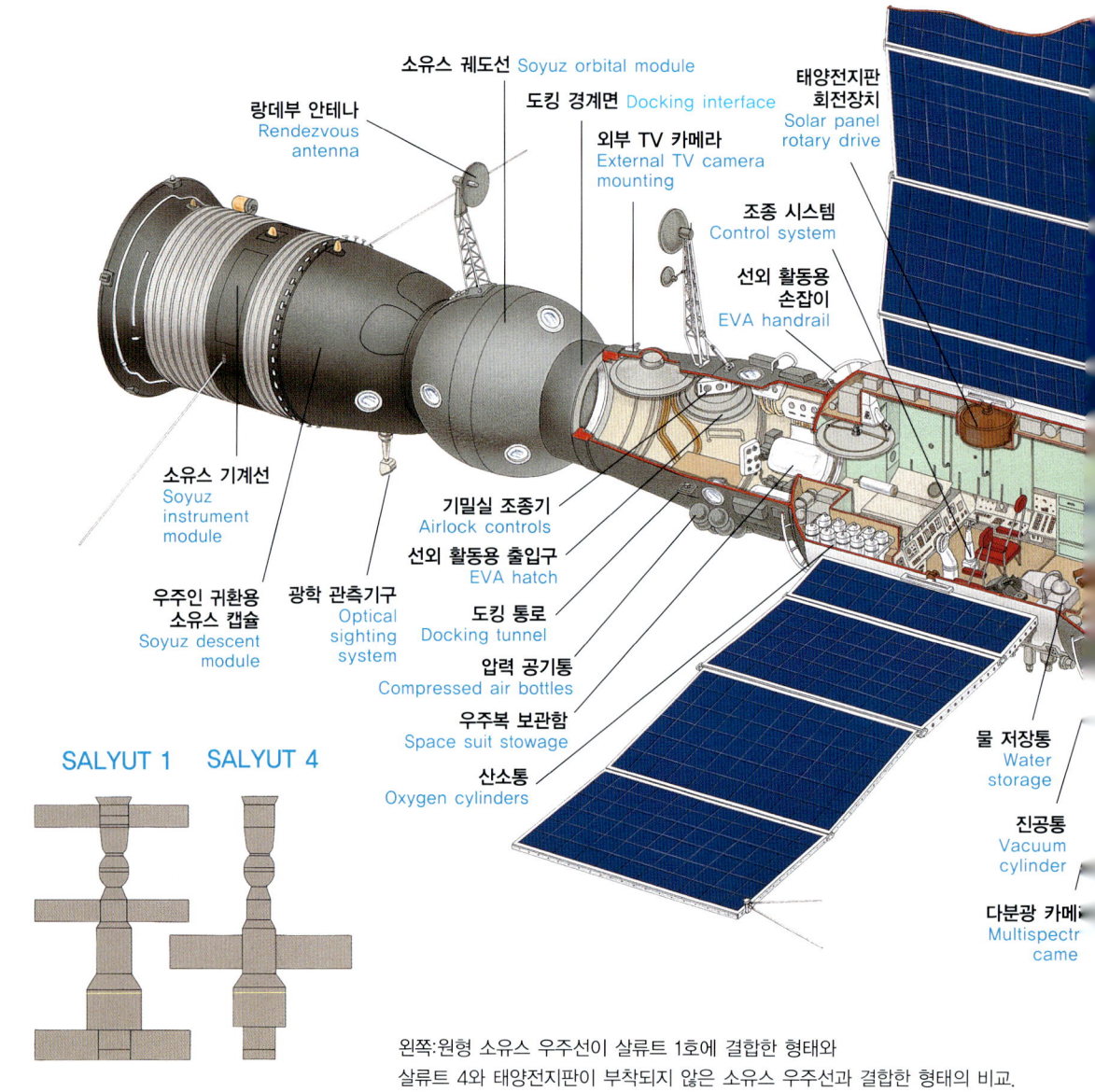

왼쪽:원형 소유스 우주선이 살류트 1호에 결합한 형태와
살류트 4와 태양전지판이 부착되지 않은 소유스 우주선과 결합한 형태의 비교.

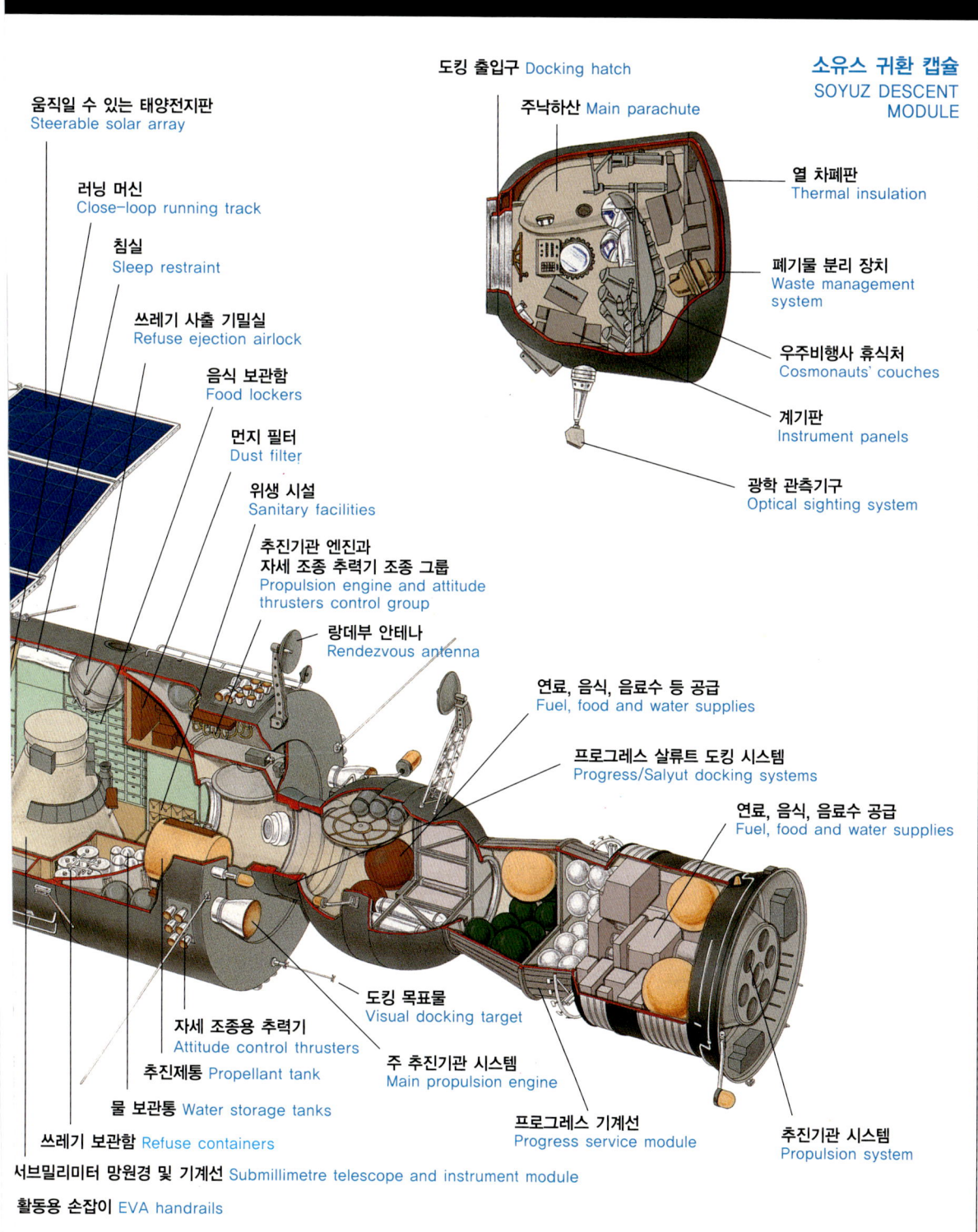

우주 정거장 Space Station 임무의 하이라이트

날짜	우주 정거장 임무	
1971년 6월 6일	살류트 1	게오르기 도브로볼스키Georgi Dobrovolsky, 브라디스라브 볼코프Vladislav Volkov와 빅토르 펫사예프Viktor Patsayev는 23일의 비행 기록 수립. 소유스 11호 우주선을 타고 지구로 귀환 중 우주선 내 감압 사고로 사망.
1973년 5월 25일	스카이랩 2	3명의 우주 비행사가 심각한 기능마비에 처한 우주 정거장을 수리하기 위해 선외 활동을 수행. 28일 동안의 비행 기록 수립.
1973년 7월 28일	스카이랩 3	3명의 우주 비행사가 59일 동안의 임무 수행.
1973년 11월 16일	스카이랩 4	스카이랩에게 주어진 마지막 임무. 3명의 우주 비행사가 84일 동안의 우주 생활 기록 달성.
1974년 7월 3일	살류트 3	소유스 14호의 15일의 임무 기간 동안 파벨 포포비치Pavel Popovich와 유리 아티우킨Yuri Artyukhin은 첫 번째 우주 스파이가 됨.
1975년 1월 11일	살류트 4	소유스 17호의 우주 비행사 2명이 29일간의 우주 비행 수행.
1975년 4월 5일	살류트 4	2명의 우주 비행사 바실리 라자레프Vasili Lazarev와 오리그 마카로프Oleg Makarov가 탑승한 소유스 18-1호는 소유스 로켓의 2단 고장으로 첫 발사가 중지됨.
1975년 5월 24일	살류트 4	소유스 18호에 탑승한 2명의 우주 비행사가 62일 동안 우주 비행.
1976년 7월 6일	살류트 5	2명의 우주 비행사가 소유스 21호에 49일 동안 체류했지만, 비상 사태 후 살류트 5호에서 철수.
1977년 12월 10일	살류트 6	소유스 26호의 유리 로마넨코Yuri Romanenko와 게오르기 그레치코Georgi Grechko가 96일 동안 머물며 스카이랩 4호의 우주 생활 기록을 갱신.
1978년 3월 2일	살류트 6	미국과 러시아를 제외한 최초의 외국 우주인인 체코슬로바키아 출신 블라디미르 레미크Vladimir Remek를 포함한 2명의 승무원이 소유스 28호를 타고 7일 동안 방문함.
1978년 6월 15일	살류트 6	소유스 29호의 블라디미르 코발료노크Vladimir Kovalyonok와 알렉산더 이반첸코프Alexander Ivanchenkov가 139일의 비행 기록을 세움.
1979년 2월 25일	살류트 6	소유스 32호의 블라드미르 리야크호프Vladimir Lyakhov와 발레리 류민Valeri Ryumin이 175일의 비행 기록을 세움.
1980년 4월 9일	살류트 6	소유스 35호의 레오니드 포파프Leonid Popov와 발레리 류민Valeri Ryumin이 184일 동안 비행을 함.
1980년 6월 5일	살류트 6	소유스 T2호에 탑승한 2명의 승무원이 3일 동안 새로운 소유스 버전의 우주선을 테스트함.

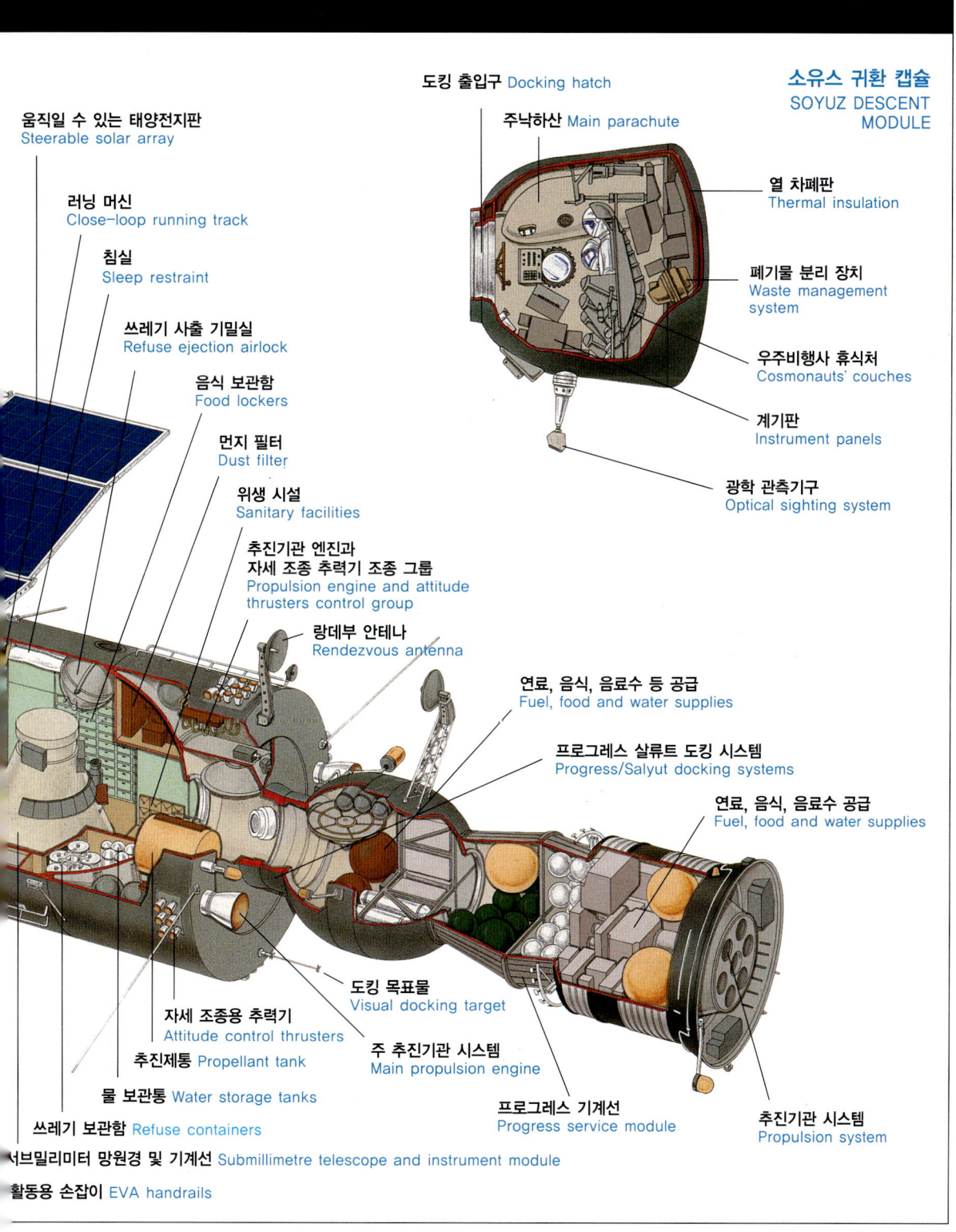

프로그레스 Progress

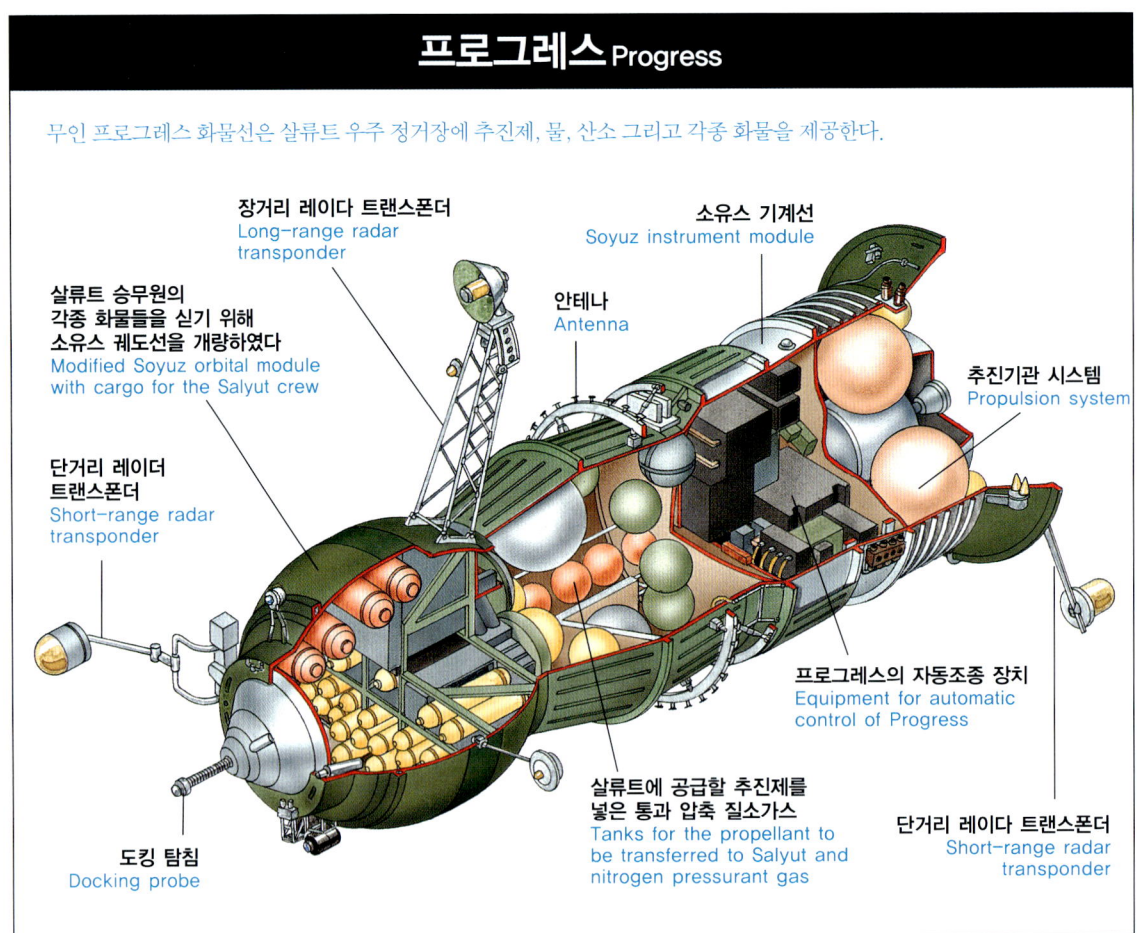

연소 시간이 16분 40초인 역추진 로켓 엔진이 달려 있다.

살류트 우주 정거장에는 망원경과 카메라가 있고 천문학과 과학 실험, 그리고 원격 탐지를 위한 관측기들과 우주 비행사들이 무중력 상태에서 오래 체류하는 동안 육체적 건강을 유지하기 위한 운동 기구들을 포함해 1,300개가 넘는 기기들을 싣고 있었다. 1971년 10월, 살류트 1호는 대기권에 재진입하다가 타버렸으며 단지 한 팀의 우주 비행사만이 그곳을 방문하여 활용했다.

우주의 스파이들 I

1973년, 소련은 살류트 2호를 발사하였다. 비록 이 우주 정거장에 대한 세부 사항은 공개된 적이 없지만, 살류트 1호와 공통점이 많은 우주선이었다는 보고가 있다. 살류트 2호만의 특징은 소유스 연락선이 앞쪽뿐만 아니라 뒤쪽의 추진 시스템 구역에도 도킹할 수 있다는 것이다. 작업실들은 기본적으로 살류트 1

호와 같은 디자인이었지만, 앞쪽에 귀환용 원뿔형의 캡슐이 있었다. 살류트 2호에 대한 소련의 공식 보도에 근거해 볼 때 아마도 살류트 2호는 군사적 목적의 우주 정류장이었던 것이 확실하다. 그곳에는 캡슐과 함께 지구로 돌아올 정찰 카메라가 장착되어 있었다. 살류트 2호는 사실상 궤도에서 고장이 났으며, 우주비행사들이 체류한 적도 없었다. 살류트 3호와 5호 우주 정거장은 각각 1974년 6월 24일과 1976년 6월 22일에 뒤따라 발사되었다. 이 두 우주 정거장에 2명으로 구성된 3개의 우주비행사 팀이 체류했지만, 2개 팀들은 도킹하는 데 실패했다.

　살류트 2호가 어떤 과학적인 연구를 구체적으로 수행했는지는 베일에 가려져 있다. 그러나 지면에서 1m 해상도를 가진 초점 거리 10m의 카메라를 사용하는 감지활동을 포함한 다양한 연구활동을 비밀리에 수행했다는 것은 확실하다. 소련은 회수할 수 있는 우주선이 우주 정거장에서 분리되었으며, 지구로 돌아왔다고 발표했다. 살류트 3호는 1975년 1월 24일 지구의 대기로 재돌입했으며, 살류트 5호는 그로부터 2년 후인 1977년 8월 8일에 지구의 대기권에 재돌입했다.

민간용 살류트

1974년 12월 26일, 군사용 살류트 3호와 5호의 비행 사이에 민간용 살류트 4호가 발사되었다. 이 우주 정거장의 몸체는 살류트 1호와 거의 동일했지만, 몇 가지 특징이 있었다. 살류트 3호에서 2쌍의 태양전지판을 사용하는 대신에 3쌍의 태양전지판을 가지고 있었으며, 각각의 전지판들은 첫 번째 작업실의 서로 다른 쪽에 설치하였다.

　살류트 4호의 주요 장치 중 하나는 큰 작업실의 후방 구역 대부분을 차지하는 궤도 태양 망원경(OST)이었다. 이 우주 정거장에서는 7가지 의학 실험과, 일련의 생물학 실험과 함께 6가지의 다른 천문학 실험이 수행되었다. 우주 정거장에서 장기간 체류하던 2명의 승무원은 일정에 따른 과학 실험과 각종 관측으로 매우 바쁘게 보였다. 살류트 4호는 지구의 대기로 1997년 2월 2일에 재돌입했다.

　1997년 9월 29일 발사된 살류트 6호는 살류트 4호와 유사해 보였지만, 살류트의 2세대 시리즈 중 첫 번째 우주 정거장이었다. 살류트 6호의 주요 기술 혁신 중 하나는 프로그레스라고 불리는 무인 조종 소유스 화물선의 도입이었다. 이

살류트 Salyut 7호

아래 그림은 살류트 7호가 소유스 T 우주선(오른쪽)과 지구 재진입 캡슐을 포함하고 있는 코스모스1443 모듈(왼쪽)을 연결한 모습을 그린 것이다.

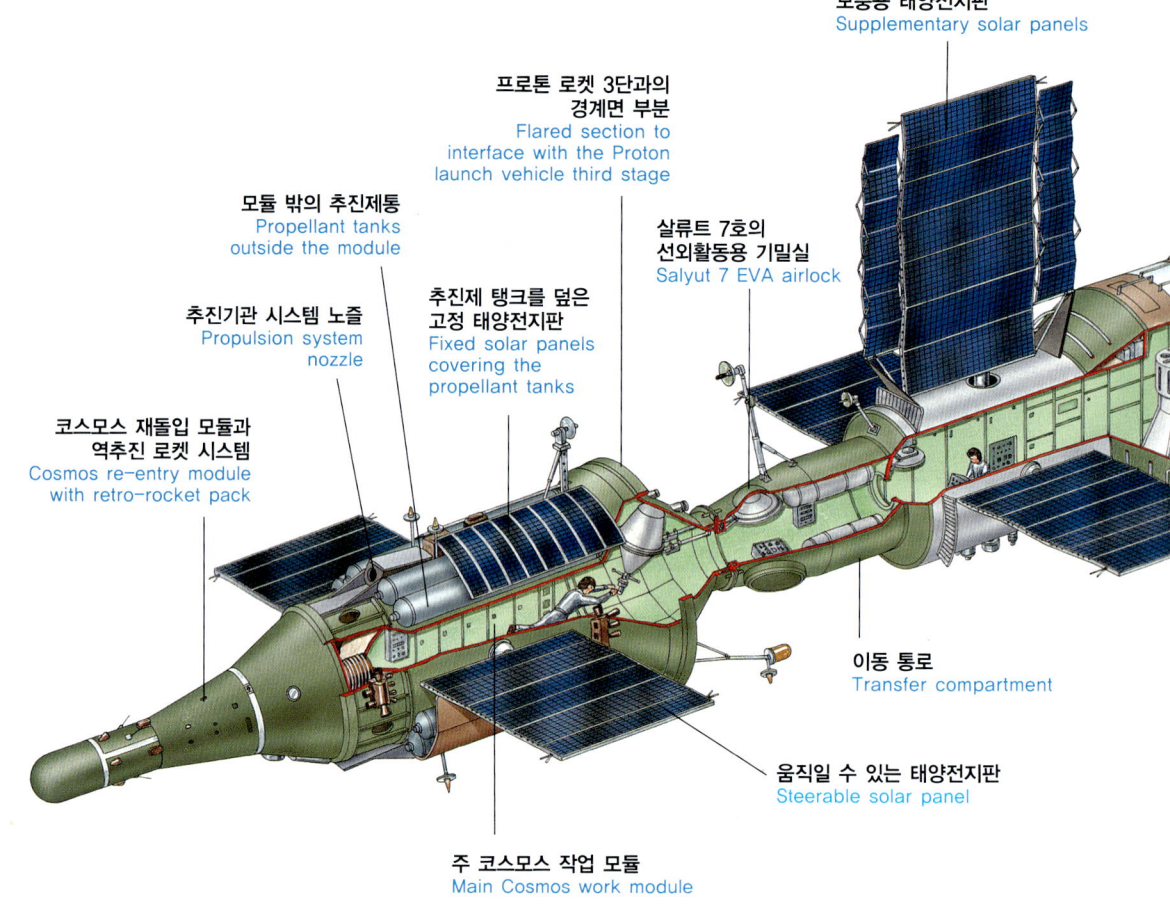

먼 오른쪽: 살류트 7호가 궤도에 있을 때 촬영한 모습이다. 1982년에 발사된 이 정류장은 1985년 마침내 사람이 탑승하게 되었다.

화물선은 우주 정거장에 탑승해 작업 중에 있는 수많은 승무원들을 위한 연료, 물, 산소, 음식, 우편물, 그리고 개인 소지품들을 제공하기 위해 우주 정거장 후방에 연결되었다. 살류트 6호의 계획에는 선전 목적으로 우주에 온 동구권 출신 우주 비행사들의 연이은 방문도 포함되어 있었다.

새로운 우주 정류장의 내부에는 액체 질소 극저온 냉각 장치와 함께 BST-1M이라 불리는 거대 망원경이 많은 공간을 차지하고 있었다.

다른 주요 장비로는 KATE-140 입체 지형 카메라와 MKF-6M 지구 자원 카메

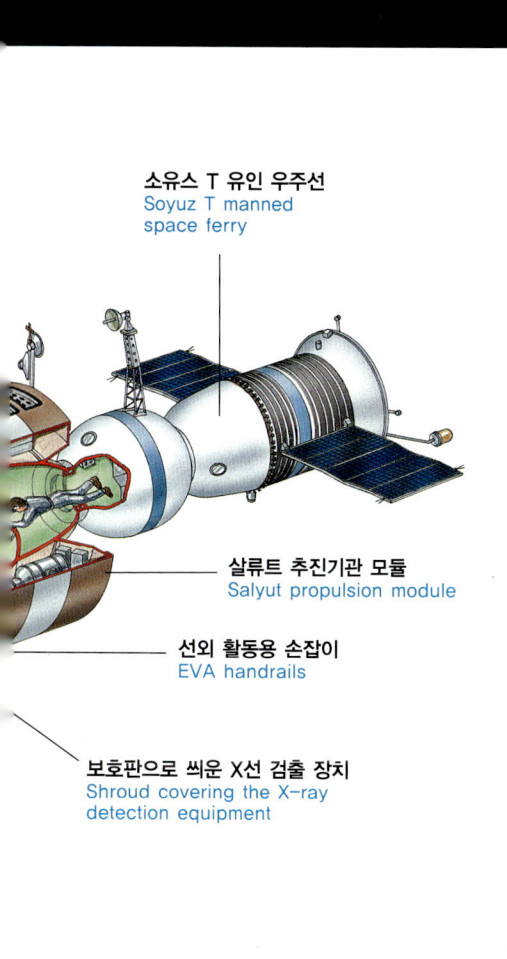

소유스 T 유인 우주선
Soyuz T manned space ferry

살류트 추진기관 모듈
Salyut propulsion module

선외 활동용 손잡이
EVA handrails

보호판으로 씌운 X선 검출 장치
Shroud covering the X-ray detection equipment

라가 있었다.

  살류트 6호에서의 작업에는 종종 일상적인 유지 관리를 위한 우주유영과 살류트 후방에 배치된 거대 전파 망원경을 처리하는 우주유영 작업이 있었다. 살류트 6호가 운용되는 동안 소유스 T라 불리는 새롭게 개선된 소유스 우주선이 출시되었

우주 정거장 Space Station 임무의 하이라이트

날짜	우주 정거장 임무	
1971년 6월 6일	살류트 1	게오르기 도브로볼스키Georgi Dobrovolsky, 브라디스라브 볼로코프Vladislav Volkov와 빅토르 펫사예프Viktor Patsayev는 23일의 비행 기록 수립. 소유스 11호 우주선을 타고 지구로 귀환 중 우주선 내 감압 사고로 사망.
1973년 5월 25일	스카이랩 2	3명의 우주 비행사가 심각한 기능마비에 처한 우주 정거장을 수리하기 위해 선외 활동을 수행. 28일 동안의 비행 기록 수립.
1973년 7월 28일	스카이랩 3	3명의 우주 비행사가 59일 동안의 임무 수행.
1973년 11월 16일	스카이랩 4	스카이랩에게 주어진 마지막 임무. 3명의 우주 비행사가 84일 동안의 우주 생활 기록 달성.
1974년 7월 3일	살류트 3	소유스 14호의 15일의 임무 기간 동안 파벨 포포비치Pavel Popovich와 유리 아티우킨Yuri Artyukhin은 첫 번째 우주 스파이가 됨.
1975년 1월 11일	살류트 4	소유스 17호의 우주 비행사 2명이 29일간의 우주 비행 수행.
1975년 4월 5일	살류트 4	2명의 우주 비행사 바실리 라자레프Vasili Lazarev와 오리그 마카로프Oleg Makarov가 탑승한 소유스 18-1호는 소유스 로켓의 2단 고장으로 첫 발사가 중지됨.
1975년 5월 24일	살류트 4	소유스 18호에 탑승한 2명의 우주 비행사가 62일 동안 우주 비행.
1976년 7월 6일	살류트 5	2명의 우주 비행사가 소유스 21호에 49일 동안 체류했지만, 비상 사태 후 살류트 5호에서 철수.
1977년 12월 10일	살류트 6	소유스 26호의 유리 로마넨코Yuri Romanenko와 게오르기 그레치코Georgi Grechko가 96일 동안 머물며 스카이랩 4호의 우주 생활 기록을 갱신.
1978년 3월 2일	살류트 6	미국과 러시아를 제외한 최초의 외국 우주인인 체코슬로바키아 출신 블라디미르 레미크Vladimir Remek를 포함한 2명의 승무원이 소유스 28호를 타고 7일 동안 방문함.
1978년 6월 15일	살류트 6	소유스 29호의 블라디미르 코발툐노크Vladimir Kovalyonok와 알렉산더 이반첸코프Alexander Ivanchenkov가 139일의 비행 기록을 세움.
1979년 2월 25일	살류트 6	소유스 32호의 블라드미르 리야크호프Vladimir Lyakhov와 발레리 류민Valeri Ryumin이 175일의 비행 기록을 세움.
1980년 4월 9일	살류트 6	소유스 35호의 레오니드 포파프Leonid Popov와 발레리 류민Valeri Ryumin이 184일 동안 비행을 함.
1980년 6월 5일	살류트 6	소유스 T2호에 탑승한 2명의 승무원이 3일 동안 새로운 소유스 버전의 우주선을 테스트함.

1980년 11월 27일	살류트 6	소유스 T3호가 12일간의 우주 비행에 3명의 유지 보수 승무원을 운반함.
1981년 3월 12일	살류트 6	소유스 T4호에 탑승한 2명의 승무원이 마지막 살류트 6호 장기 체류 승무원으로서 74일 동안의 임무를 수행.
1981년 5월 15일	살류트 6	살류트 6호의 마지막 임무를 수행했던 소유스 40호 2명의 승무원에는 루마니아인 우주 비행사도 포함되어 있었음. 임무는 7일 동안 계속됨.
1982년 5월 13일	살류트 7	소유스 T5호의 아나톨리 베레제포이Anatoli Berezevoi와 발렌틴 레베데프Valentin Lebedev가 211일의 임무 기록을 세움.
1983년 6월 27일	살류트 7	소유스 T9호에 탑승한 2명의 승무원이 149일 동안의 임무를 수행.
1983년 9월 27일	살류트 7	소유스 T10-1호에 탑승한 블라디미르 티토프Vladimir Titov와 젠나디 스트레칼로프Gennadi Strekalov가 발사대에서 로켓이 폭발하자 발사 비상 탈출 로켓을 이용하여 탈출.
1984년 2월 8일	살류트 7	소유스 T10호의 레오니드 키짐Leonid Kizim, 블라드미르 솔로브예프Vladimir Solovyov, 그리고 의사 올레그 아코프Oleg Atkov가 여섯 차례의 우주유영을 포함하여 236일 동안의 우주 비행을 수행.
1984년 7월 17일	살류트 7	소유스 T12호에는 11일 동안의 비행 동안 우주유영을 한 최초의 여성 승무원인 스베트라나 사비트카야Svetlana Savitskaya를 포함한 3명의 승무원이 탑승.
1985년 6월 6일	살류트 7	소유스 T13호의 블라디미르 드잔니베코프Vladimir Dzhanibekov와 빅토르 사빈예크Viktor Savinykh가 시스템들이 고장난 살류트 7호를 정밀 검사하고 수리. 주 임무는 112일 동안 계속됨.

다. 소유스 T의 주요 기술 혁신 중 하나는 2명의 승무원 대신 3명의 승무원을 수송하는 능력이었다. 또 다른 기술적 진보는 1981년 4월 25일 무인 모듈을 발사하여 살류트 6호와 도킹해 사용한 것이었다.

스타 모듈로 불린 이 모듈은, 공식적으로는 코스모스 1267호로 설계되었다. 살류트 6호와 결합하기 전 코스모스 1267호는 재진입 캡슐을 전개시켜 다시 운용하기 시작한 또 다른 군사용 우주선이라는 추측이 있었다. 그러나 코스모스 1267호는 1982년 7월 29일 살류트 6호의 궤도 이탈용 역분사 로켓으로 사용되었다. 왜냐하면 우주 정거장 자체의 추진 장치가 정상적으로 작동하고 있지 않았기 때문이다.

살류트 7호는 1982년 4월 19일 발사되었다. 살류트 7호는 운영 기간 동안 2개의 초대형 코스모스 모듈 1443호, 1686호와 도킹했다. 이 모듈들은 여분의 작업 공간과 태양 에너지를 추가로 생산했으며, 또한 1443호 모듈은 우주 정거장과

●●●
위: 우주 왕복선 비행 중 미르 우주 정거장에 탑승한 미국의 국제 우주 비행사들과 러시아 우주 비행사들. 정거장에서 제리 리넨거Jerry Linenger(왼쪽)가 존 브라하John Blaha(오른쪽에서 세 번째)와 교대하게 될 것이다.

연결되어 있는 동안 지구 재돌입 캡슐을 분리했다. 두 모듈 모두 살류트 7호와 거의 같은 크기였다. 수명이 다할 무렵의 살류트 7호는 심각한 기능 이상을 보여 1985년 2월에는 우주 정거장과의 통신도 두절되었다.

살류트 7호를 복구하기 위해 2명의 러시아 우주 비행사를 태운 소유스 T 13호가 발사되었다. 이들은 스카이랩 우주 정거장을 다시 재가동하기 위해 수행됐던 우주 비행과 유사한 활동을 할 예정이었다. 그들은 극도의 악조건 속에서 우주 정거장을 다시 살리는 데 성공했다. 이렇게 함으로써 코스모스 1686호가 또 다른 유인 비행을 지원할 수 있을 것이라는 희망으로 발사되었다. 그러나 이 비행은 우주 비행사의 건강 문제로 종결되어야만 했고, 다시 살류트 7호는 버려졌다. 살류트 7호의 마지막 방문자는 우연찮게도 신세대 우주 정거장의 첫 모듈인 미르의 첫 승무원들이었다. 이들이 다녀간 지 훨씬 후인 1991년 2월 7일, 살류트 7호는 남미 대륙 위로 파편을 뿌리며 지구상에서 사라졌다.

●●●
먼 왼쪽: 3명의 승무원이 탑승한 소유스 로켓이 미르로 가기 위해 바이코누르 우주 센터에서 발사되고 있다.

미르 Mir

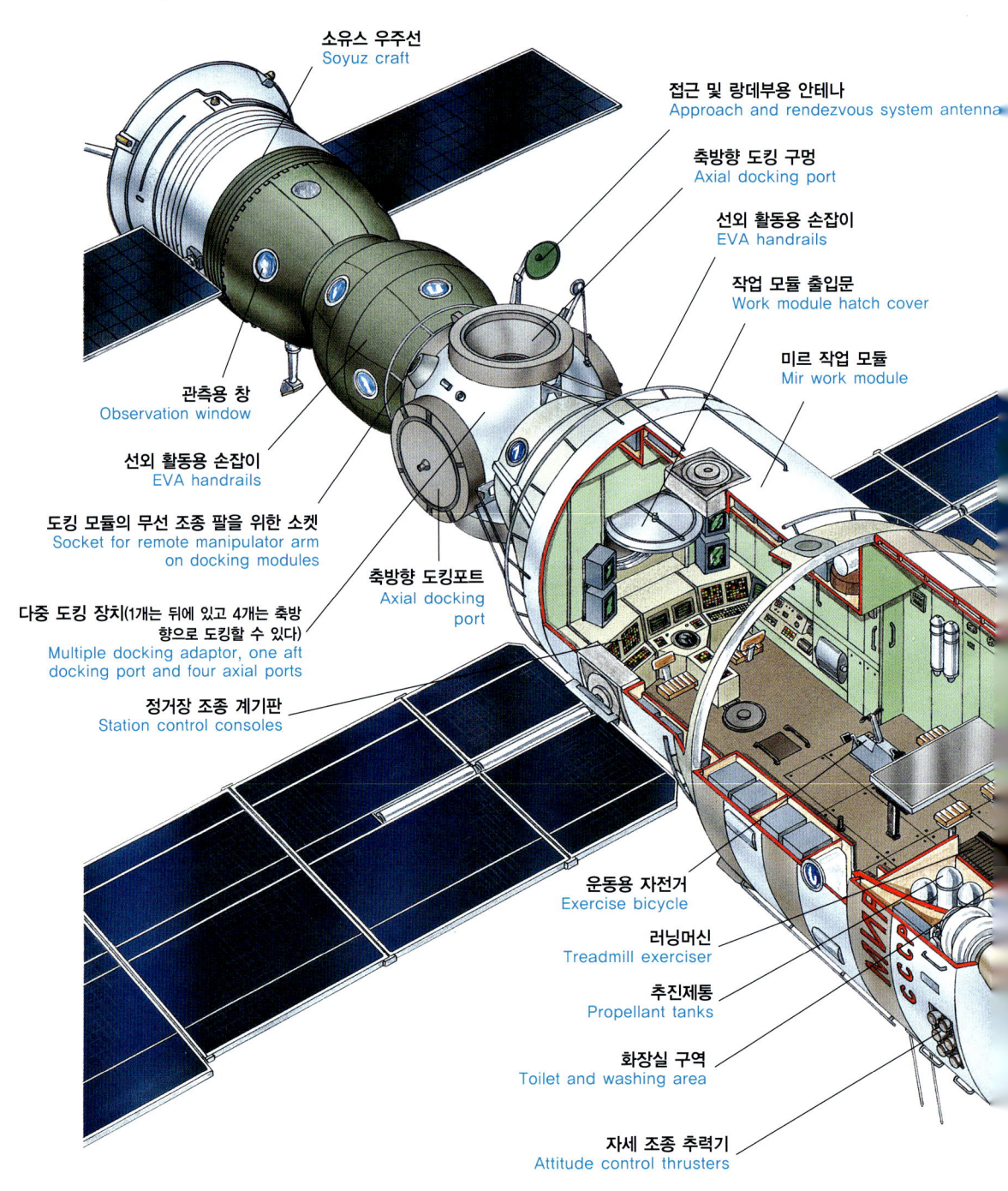

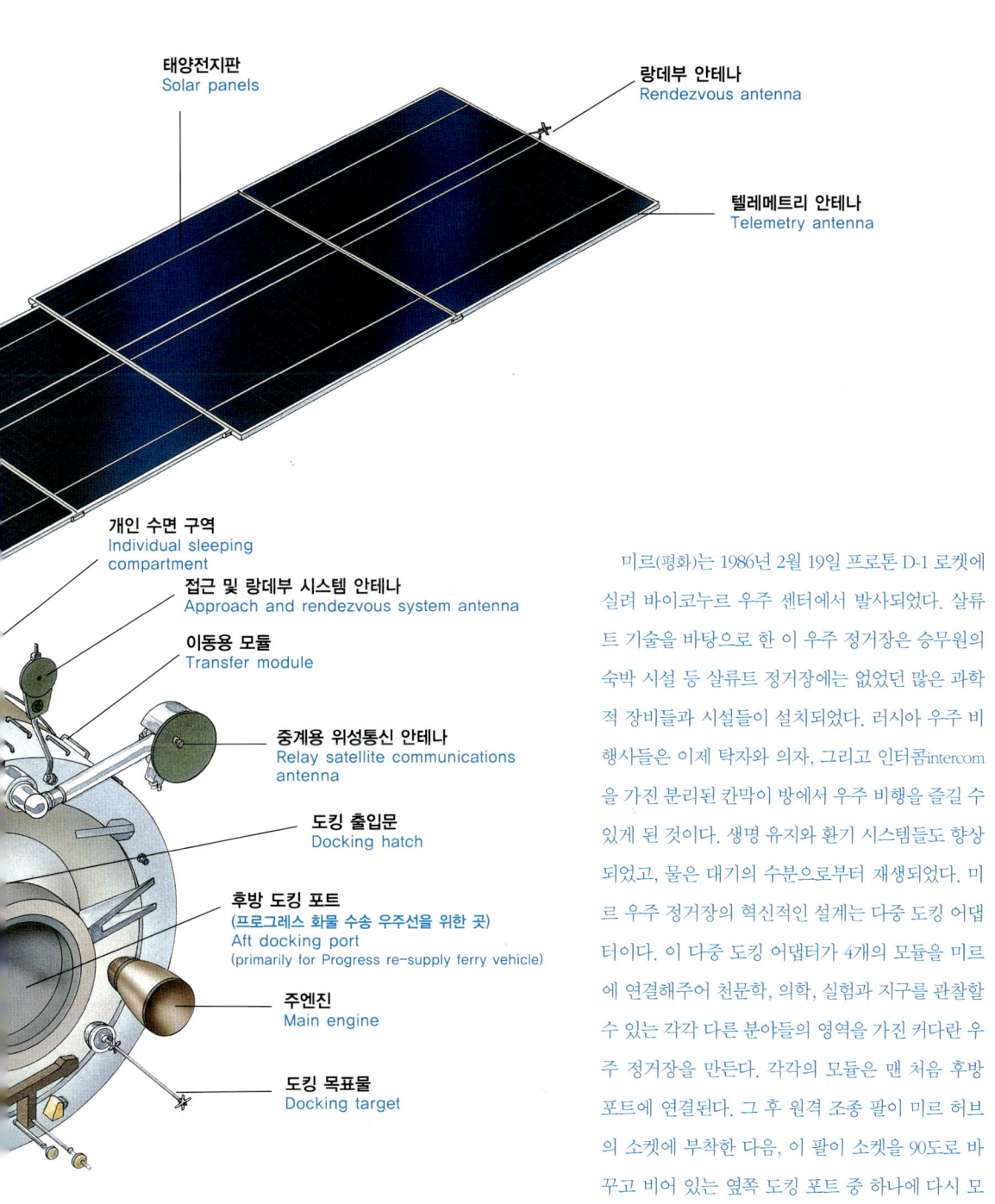

미르(평화)는 1986년 2월 19일 프로톤 D-1 로켓에 실려 바이코누르 우주 센터에서 발사되었다. 살류트 기술을 바탕으로 한 이 우주 정거장은 승무원의 숙박 시설 등 살류트 정거장에는 없었던 많은 과학적 장비들과 시설들이 설치되었다. 러시아 우주 비행사들은 이제 탁자와 의자, 그리고 인터콤intercom을 가진 분리된 칸막이 방에서 우주 비행을 즐길 수 있게 된 것이다. 생명 유지와 환기 시스템들도 향상되었고, 물은 대기의 수분으로부터 재생되었다. 미르 우주 정거장의 혁신적인 설계는 다중 도킹 어댑터이다. 이 다중 도킹 어댑터가 4개의 모듈을 미르에 연결해주어 천문학, 의학, 실험과 지구를 관찰할 수 있는 각각 다른 분야들의 영역을 가진 커다란 우주 정거장을 만든다. 각각의 모듈은 맨 처음 후방 포트에 연결된다. 그 후 원격 조종 팔이 미르 허브의 소켓에 부착한 다음, 이 팔이 소켓을 90도로 바꾸고 비어 있는 옆쪽 도킹 포트 중 하나에 다시 모듈을 연결한다.

미르Mir의 임무 일지

| 날짜 | 임무 |

1986년 3월 13일 소유스 T1 5호의 레오니드 키짐Leonid Kizim과 블라드미르 솔로브예프Vladimir Solovyov는 미르와 살류트 7호에서 125일 동안의 우주 비행을 달성.

1987년 2월 5일 소유스 TM 2호의 승무원 중 유리 로마넨코Yuri Romanenko가 326일의 우주 비행 신기록을 수립.

1987년 7월 22일 소유스 TM 3호에 첫 시리아인 우주 비행사를 포함한 3명의 승무원들이 탑승하여 7일 동안의 우주 비행을 함.

1987년 12월 21일 소유스 TM 4호로 출발한 블라디미르 티토프Vladimir Titov와 무사 마나로프Musa Manarov는 365일 동안의 우주 비행 신기록을 수립.

1988년 6월 7일 불가리아인 우주 비행사를 포함한 3명의 승무원이 소유스 TM 5호로 9일 동안의 우주 비행을 수행함.

1988년 8월 31일 아프가니스탄인 우주 비행사를 포함한 3명의 승무원이 소유스 TM 6호에 탑승. 8일 동안의 비행 중 궤도상에서 위급 상황이 발생.

1988년 11월 26일 소유스 TM 7호의 2명의 승무원은 151일 동안의 비행에 성공. 미국, 러시아 이외의 나라의 국민으로선 최초로 25일 동안의 비행 중에 우주유영을 성공했던 프랑스의 장루 크레티앙Jean-Loup Chretien의 두 번째 우주 비행이기도 했다.

1989년 9월 6일 소유스 TM 8호의 2명의 승무원이 166일 동안 체류.

1990년 2월 11일 소유스 TM 9호의 2명의 승무원이 미르에서 179일 동안 생활.

1990년 8월 1일 소유스 TM 10호의 2명의 우주 비행사들이 130일 동안의 임무 완수.

1990년 12월 2일 소유스 TM 11호의 2명의 주 승무원은 175일 동안의 비행 완수. 3번째 우주 비행사는 최초의 상업적 우주 여행객이었던 일본인 저널리스트 토요히로 아키야마Toyohiro Akiyama로 7일 동안 비행함.

1991년 5월 18일 소유스 TM 12호의 사령관은 44일 동안 비행을 성공했다. 한편, 비행 기술자인 세르게이 크리카예프Sergei Krikalev는 311일 동안의 비행 기록을 세웠다.(이 기간 동안 소련이 붕괴되고 러시아가 건립되었다.) 2명 다 33일 동안 여섯 번의 우주유영 기록을 세움. 외국인 승무원으로 참여한 영국의 헬렌 사르맨Helen Sharman은 7일 동안의 우주 방문 기간에 소련인과 미국인이 아닌 최초의 영국 여성 승무원으로 기록되었다.

1991년 10월 2일 소유스 TM 13호에 탑승한 3명의 승무원 중에는 7일 동안의 비행 임무를 수행한 카자흐스탄인과 오스트리아인 우주 비행사가 포함된다.

1992년 3월 17일 소유스 TM 14호는 러시아 최초의 국가 공인 비행을 달성.(소련 붕괴 이후) 승무원들 중에는 7일 동안 미르를 방문한 독일인 우주 비행사도 포함. 주 승무원들은 145일 동안 체류.

1992년 7월 27일 소유스 TM 15호의 3명의 승무원 중에는 14일 동안의 비행을 수행한 프랑스인 우주 비행사 포함.

1993년 1월 24일 소유스 TM 16호의 2명의 승무원은 179일 동안의 비행 임무를 달성. 알렉산더 세르브로프 Alexnader Serebrov는 열 번의 우주유영 기록 달성.

1993년 7월 1일 소유스 TM 17호의 3명의 승무원 중에는 196일 비행 임무를 달성한 승무원과 17일 0시간 45분 동안 우주 비행을 한 프랑스 우주 비행사가 포함됨.

1994년 1월 8일 소유스 TM 18호의 3명의 승무원 중 의사 발레리 폴리아코프 Valeri Poliakov는 우주에서 1년 72일의 체류 기록.

1994년 7월 1일 소유스 TM 19호의 러시아인, 카자흐스탄인으로 구성된 2명의 승무원 팀은 1997년 이래로 우주 경험이 없는 신인만으로 이루어진 최초의 팀이었으며, 125일 동안 체류.

1994년 10월 3일 소유스 TM 20호의 3명의 승무원들에는 러시아 여성과 31일 동안 우주에 머물렀던 독일인이 포함됨. 주 미션은 169일 동안 지속됨.

1995년 2월 3일 STS 61 디스커버리호의 러시아인 1명을 포함한 6명의 승무원들은 공동으로 왕복선 미르 결합 준비를 위한 랑데부 시험 비행 수행.

1995년 3월 14일 소유스 TM 21에 탑승한 3명의 승무원 중에는 러시아 로켓에 탑승한 첫 미국인 우주 비행사 노르만 타가드 Norman Thagard 포함. 모든 승무원들은 115일 동안의 미션 수행 후 우주 왕복선으로 귀환.

1995년 6월 27일 아틀란티스 STS 71 왕복선 미르 미션(SMM) 1은 미르와 결합하고 승무원은 왕복선으로 온 2명의 러시아인들을 이송시킴. 미국/러시아의 첫 합동 비행.

1995년 9월 3일 독일인 토마스 리이터 Thomas Reiter가 포함된 소유스 TM 22의 3명의 승무원들은 179일 동안 비행을 수행.

1995년 11월 12일 아틀란티스 STS 74호는 SMM 2를 위해 8일 동안 비행.

1996년 2월 21일 소유스 TM 23호의 두 승무원들은 172일 동안 체류.

1996년 3월 22일 아틀란티스 STS 76호는 사르논 루시드 Shannon Lucid의 188일 동안의 미르 체류를 위해 SMM 3를 수행.

1996년 8월 17일 소유스 TM 24호의 3명의 승무원들 중 프랑스인 여성 과학자는 16일 동안 체류. 주 승무원들은 196일 동안 체류.

1996년 9월 16일 아틀란티스 STS 79호는 128일 동안 체류할 존 브라하 John Blaha를 보내기 위해 SMM 4를 수행하고 사르논 루시드 Shannon Lucid를 데려옴.

1997년 1월 12일 아틀란티스 STS 81호는 SMM 5 임무로 132일 동안 체류할 제리 리넨거 Jerry Linenger를 보내고 브라하를 데려옴.

1997년 2월 10일 소유스 TM 25호의 3명의 승무원 중에는 19일 동안 체류한 독일인 우주 비행사도 있음. 184일의 임무는 화재와 충돌을 포함한 사고로 인해 타격을 입음.

1997년 5월 15일	아틀란티스 STS 84호는 144일 동안 체류한 미첼 호엘Michael Foale을 보내 SMM 6를 수행하고 리넨거를 데려옴.
1997년 8월 5일	소유스 TM 26호에 탑승한 2명의 승무원들은 긴급 수리를 위한 197일 동안의 임무로 급파됨.
1997년 9월 26일	아틀란티스 STS 86호 SMM 7으로 127일 동안 호엘Foale을 대신한 데이비드 울프David Wolf를 보냄. 첫 번째 미/러 합동 우주 유영이 블라디미르 티토프Vladimir Titov와 스콧 파라진스키Scott Parazinski에 의해 이루어짐.
1998년 1월 23일	앤더버 STS 89호 SMM 8로 울프Wolf 대신으로 141일 동안 체류할 앤드류 토마스Andrew Thomas를 보냄.
1998년 1월 29일	소유스 TM 27호의 사령관은 카자크 탈갓 무사바예프Kazakh Talgat Musabayev이고 승무원들 중에는 20일 동안 머문 프랑스 우주인도 있음. 주 승무원들은 207일 동안 체류.
1998년 6월 2일	디스커버리 STS 91호는 9번째이자 마지막 셔틀-미르 임무임. 토마스를 데려오고 미르 프로그램의 수장이자 베테랑 살류트 우주 비행사인 발레리 류민Valeri Ryumin을 보냄.
1998년 8월 13일	소유스 TM 28호의 3명의 승무원 중 전 대통령 보좌관이자 우주 비행사 옵저버인 유리 부타린Yuri Butarin은 11일 동안 비행. 주 임무는 198일 동안 지속됨. 1년 14일의 비행 후 세르게이 아프데예프Sergie Avdeyev는 TM 29호로 귀환. 그는 세 번의 임무에 걸쳐 2년 17일의 비행 기록을 세움.
1999년 2월 20일	소유스 TM 29호의 승무원 중 188일 미션에 독일 우주 비행사가 포함됨. 슬로바키아인 우주 비행사는 7일 동안의 비행을 기록. 이는 미르의 마지막 임무로 공시됨.
2000년 4월	미르에 새로운 임무 부여.

위: 1995년 미르 우주 정거장의 주위를 선회하는 동안 미국의 우주 왕복선에서 본 소유스TM 우주선.

왼쪽: 우주 왕복선 아틀란티스호가 1995년 미르 우주 정거장과 연결된 모습. 미르와 비교한 왕복선의 크기를 주목해 볼 수 있다.

●●● 왼쪽:완성된 국제 우주 정거장의 시뮬레이션 상상도. 이 계획은 불가피하게 지연되었으나, 원래는 2004년 완공을 목표로 했다. NASA는 2010년까지 국제우주정거장 건설을 완료할 예정이다.

미르의 성공 이야기

미르 우주 정거장은 우주 역사에 있어서 가장 성공한 이야기 중 하나이다. 언론 매체가 제멋대로 우주 정거장과 관련된 부정적인 보도를 했음에도 불구하고 2001년까지 계속됐던 미르의 성과는 놀랄 만한 것이었다. 미르는 단일 살류트 형 모듈로서 탄생했고 결국 미르의 핵심 모듈과 크반트Kvant 2, 크리스털Kristall, 스팩트라Spektr, 프리로다Priroda라 불리는 4개의, 대략 같은 크기의 모듈들을 더해 작은 크반트Kvant 1 모듈의 복합체로 성장했다. 미르 우주 정거장은 수많은 승무원들의 방문을 환대했으며, 9개의 미국 우주 왕복선과 합동 비행도 성공적으로 수행했다. 미르 우주 정거장 운영 중에 발생했던 문제들은 어떤 우주 정거장에서나 발생될 수 있는 것이었다. 이러한 문제를 다루면서 축적된 경험은 국제 우주 정거장(ISS) 운영에 매우 귀중한 자원이 될 것이다. 서방 언론인들은 국제 우주 정거장에는 미르가 경험했던 문제가 전혀 발생되지 않을 것이라 전망했다. 왜냐하면 국제 우주 정거장은 미국 주도로 이뤄지기 때문에 미르보다 더 훌륭한 정거장이 될 것이라 보기 때문이다.

1986년 2월 26일, 무게 20.9톤의 미르 핵심 모듈이 발사됐다. 이 미르 핵심 모듈에는 5대의 우주선까지 도킹할 수 있는 다중 도킹 포트가 있었다. 11톤 무게

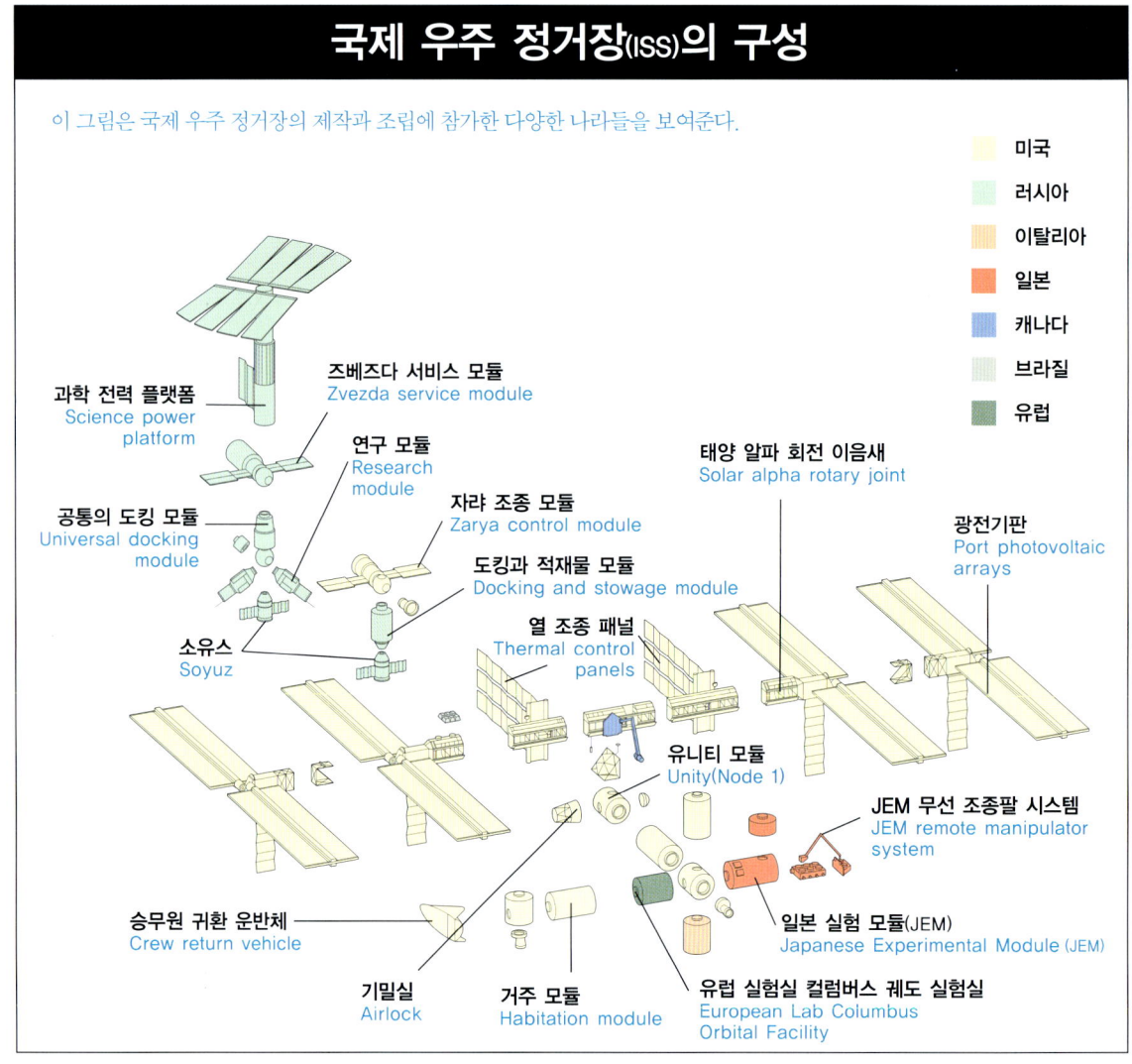

의 크반트 1 모듈이 1987년 4월 9일 미르의 후미에 연결되었다. 이제 미르의 길이는 거의 19m로 늘어났다. 무게 18.5톤의 크반트 2 모듈이 1989년 12월 6일 미르의 앞쪽에 덧붙여졌고 망원경, 카메라, 그리고 장비들이 줄지어 장착되었다. 또한 1990년 6월 10일 작은 로봇 팔의 도움으로 무게 19.6톤의 크리스털이 인접한 포트로 옮겨져 결합되었다.

크리스털은 주로 물질들을 처리하는 실험들에 사용되었다. 다음으로 결합한 모듈은 1995년 6월 1일 결합한 스펙트라였다. 이 스펙트라는 발사 당시 무게 19.6톤이었으며 지구과학과 대기 감시에 사용됐다. 무게 19.6톤의, 미르의 마지막 모듈인 프리로다가 원격 감지 카메라들을 줄지어 장착하고 1996년 4월 26일 연결되었다.

    미르는 우주 비행사들이 1년 이상 우주 공간에 체류할 수 있는 길을 열어주었으며, 장시간의 우주 비행이 사람 신체에 미치는 영향에 대한 풍부한 생물 의학적 자료를 축적하는 것을 가능케 했다. 1986년부터 우주 비행사 팀들이 끊임없이 미르를 방문했고, 이들은 2000년에도 여전히 미르로 파견되었다. 이러한 팀들에는, 또한 다른 나라 출신의 우주인들도 포함되었다. 소련의 붕괴 이후 러시아는 이러한 외국인의 방문과 이 우주 정거장에서의 실험 시간에 대한 요금을 부과하기 시작했다. 정기적인 선외 활동들(EVAs)은 실험을 실시하고 수리를 담당하기 위해 미르의 바깥쪽에서 행했다.

    1995년에 미국인들이 처음으로 미르를 방문하여 공동 우주 생활을 시작했다. 이것은 미국에게 있어서 장기간의 우주 비행을 경험하고 스카이랩 4의 승무원이 세운 84일의 기록을 능가할 수 있는 첫 기회가 되었다. 미국의 84일 기록은 이미 그 기록에 거의 5배나 능가하는 소련 우주 비행사의 기록에 의해 깨졌다. 미국 우주 비행사들의 등장은 또한 서구 언론들의 이목을 미르 우주 정거장에 집중시켰으며, 이따금씩 기계적 결함과 사고 보도로 부당한 혹평도 받았다. 스팩트라 모듈에 손상을 입히고 감압 사태를 일으켰던 적재물 탱크 트레일러의 충돌 같은 다수의 결함들은 심각한 것이었다. 미르로 우주 왕복선을 발사한 미국의 우주 비행들은 사실상, 국제 우주 정거장(ISS) 건설을 앞두고 소련과 미국이 공동으로 작업한 일종의 리허설이었다.

> 미르 우주 정거장은 우주개발 역사상 가장 성공한 프로그램 중 하나이다. 내부 화재와 부분적인 실패와 충돌에도 불구하고 오랜 기간 동안 우주에 머물며 시종일관 다양한 기능을 인상적으로 수행했다.

국제 우주 정거장

NASA의 우주 정거장 건설에 대한 희망은 1970년대 중반 예산 삭감으로 좌절되었다. 그러나 우주국은 1980년대 초 우주 왕복선이 운행되자마자 미국 우주 정거장 계획을 강력히 추진하였다. 한편, 소련은 미르 우주 정거장을 계속 발사하고 있었다. 레이건 대통령은 소련 미사일의 위협에 대항하기 위해 '스타워즈' 전략 방위 계획을 도입했다. 1984년 레이건 대통령은 우주 정거장 건설 계획이 캐나다, 유럽, 일본을 포함한 국제적 협력 사업이라는 점과, 최소한 1994년까지는 완전 가동되어야 할 것을 조건으로 우주 정거장 개발 계획을 승인했다. 그 예산은 50억 달러로 정해졌다.

    '프리덤 계획'으로 알려진 이 우주 정거장 계획은 천문학적 규모의 거대 프로

국제 우주 정거장 International Space Station

국제 우주 정거장은 가장 큰 국제 민간 협력 우주 프로그램들 중의 하나이며 미국, 러시아, 캐나다, 일본, 브라질, 벨기에, 덴마크, 프랑스, 독일, 이탈리아, 네덜란드, 노르웨이, 스페인, 스웨덴, 스위스 이렇게 15개국이 참가하고 있다. 우주 정거장이 완성되면 그 무게는 453톤 이상이 될 것이며, 한쪽 끝에서 다른 한쪽 끝까지의 길이는 축구장 길이와 같은 111.32m 정도 될 것이다. 이 우주 정거장에는 6명의 승무원이 거주할 것이며, 6명 중 적어도 미국인 우주 비행사와 러시아인 우주 비행사 1명씩이 포함될 것이다. 우주 정거장의 주요 부분은 각각의 길이가 16.77m인 로봇 팔 2개로, 캐나다의 원격 조작 시스템이 될 것이다. 또한 레일을 따라 우주 정거장 구간을 이동하는 운송 장치도 포함될 것이다.

국제 우주 정거장은 모듈, 노드, 트러스 세그먼트truss segments, 태양전지, 재공급 터그(re-supply tugs), 그리고 열 라디에이터로 구성되며 내압이 일정하게 유지되는 1,624㎥의 주거 공간과 작업 공간을 제공할 것

위: 1999년 자랴 제어 모듈(아래)과 유니티 모듈 사진. 자랴의 끝과 유니티의 다중 포트에는 연결될 포트가 많이 설치되어 있다.

이다. 이 공간은 747 보잉 제트기 내부와 같은 크기이다. 이 정거장은 주거 모듈, 2개의 미국 연구실, 유럽 모듈, 일본 모듈, 그리고 2개의 러시아 탐사 모듈뿐만 아니라 서비스를 제공하기 위한 다른 모듈을 갖추게 될 것이다. 조립하는 데는 45회의 로켓 발사, 주로 우주 왕복선의 발사가 필요할 것이다. 각각 길이 34.16m, 넓이 11.89m인 2개의 전지판을 가진 4개의 광기전성光起電性 모듈들은 각각 23kW의 전기를 발전할 것이다. 전지의 전체 표면 면적은 약 반 에이커인 2,500㎥이다. 전기 에너지 시스템은 12.81km의 전선으로 연결되어 있다. 전

> 지판은 일렬로 세워 끝에서 끝까지의 길이가 883m이다. 각각 360도로 지구를 관찰할 수 있는 4개의 창을 가진 큐폴라cupola 모듈이 국제 우주 정거장에 연결될 것이다. 52대의 컴퓨터들은 방위, 전기 에너지 전환, 그리고 태양전지판 조정을 포함하여 국제 우주 정거장 시스템들을 제어할 것이다.

젝트였다. 1992년 시작된 이 계획은, 1년에 12차례 우주 왕복선이 구조물을 운반하고 우주 비행사들이 우주유영을 통해 거대한 이중 용골 구조물을 건설하는, 실로 엄청난 계획이었다. 점차적으로 NASA와 미 의회는 프리덤 우주 정거장의 규모가 너무 커서 정해진 예산으로는 도저히 감당할 수 없다는 것을 알게 되었다. 프리덤 우주 정거장 건설 또한 예정보다 늦어지고 있었다. 의회가 예정보다 매년 늦어지는 이 프로젝트에 지출되고 있는 수십억 달러의 지원을 주저함에 따라 비용을 절감하기 위해 이 계획은 매년 축소되었다.

1994년, 이 프로젝트는 우주에 쏘아 올릴 정거장도 없고 바로 발사할 계획도 없는 상태에서 이미 250억 달러의 적자를 기록하고 있었다. 미 의회는 NASA에, 만약 러시아가 이 프로젝트에 참여하지 않는다면 프리덤은 더 이상 없을 것이라고 통보했다. 소련의 붕괴로 이러한 놀라운 결과가 발생했다. 미르 2 계획이 자금 부족으로 해체됐기 때문에 두 나라는 서로를 필요로 하게 되었다. 두 나라 모두 우주 정거장을 원했다. 러시아는 현재 국제 우주 정거장으로 알려진 미국의 우주 정거장 건설에 합류했지만, NASA의 다른 협력 국가들은 사실상 이 건설에서 손을 놓은 상태이다.

계속되는 문제점들 때문에 국제 우주 정거장 발사는 기약 없이 연기되다가 드디어 1998년 10월, 첫 국제 우주 정거장 모듈인 러시아의 자랴Zarya가 발사되었다. 미국의 유니티Unity 모듈은 1998년 12월 자랴에 연결되었다. 또 다른 왕복선이 1999년 5월 우주 정거장 정비 임무로 발사됐지만, 발사 지연이 계속됨에 따라 그 후 거의 1년 동안 국제 우주 정거장은 사람이 머무르지 않는 폐허로 남아 있게 되었다. 2000년 7월, 러시아의 모듈 즈베즈다Zvezda가 향후 우주 왕복선과 우주 정거장의 원활한 결합 환경을 조성하고, 원정 승무원들의 첫 거주를 위한 쾌적한 환경을 조성하기 위해 발사되었다. 그러나 당분간 국제 우주 정거장 건설 지연은 불가피한 것 같다. 언젠가는 국제 우주 정거장이 완성될 것이지만, 처음 계획했던 것과 같진 않을 것이다. 관건은 시간과 재원이다. 앞으로 시간적 여유와 자금 지원만 계속된다면 한걸음 한걸음 발전할 수 있을 것이다.

국제 우주 정거장 외부에 직립 안테나와 외부 시설물을 세우기 위한 초기 우주유영.

8장
오늘날의 인공위성

매년 수십 개의 인공위성이 지구 주변 궤도로 발사된다. 그 밖의 탐사선들은 화성, 소행성들, 또는 혜성과 같은 우리 태양계의 다른 목표 지점으로 발사된다. 우주의 개척 시기와는 달리 오늘날 우주 비행은 일상적인 것이 되었다. 그렇지만 아직도 소수의 사람들만이, 인공위성이 산업 세계 대다수 인구의 삶을 지탱하는 데 지극히 중요한 서비스를 제공한다는 사실을 알고 있을 뿐이다.

왼쪽: 우주 왕복선에서 발사된 유럽 유레카Eureka 다목적 과학 위성이 플로리다의 케네디 우주 센터 위에서 촬영된 모습.

오늘날은 세계의 개발도상국과 후진국들조차도 우주로부터 다소간의 유익을 얻고 있다. 허블 우주 망원경과 같은 과학 위성들은 우리가 우주의 아름다움, 광대함, 경이로움과 태양 활동에 대해 많은 것을 이해하도록 도움을 준다. 갤럭시Galaxy XI호와 같은 통신 위성들은 국제전화와 무선전화, 위성 TV는 말할 필요도 없이 인터넷의 급속한 성장 속에서 많은 종류의 통신 서비스를 지원하고 제공하는 데 중요한 역할을 하고 있다. 스폿Spot과 같은 원격-탐지 위성들은, 특정 광물이 풍부한 지역을 지질학자들이 찾는 데 도움을 주거나 도시 계획자들이 새로운 단지를 선정하는 데 도움을 주기도 하고, 환경론자들이 강이나 바다의 오염수치를 측정하는 데 도움을 주는 등 다양한 산업과 단체들에게 유익한 서비스를 제공하고 있다.

항공기, 배, 기타 운송 수단은 내브스타Navstar와 같은 GPS 위성을 이용하여 항해하고, 도로 차량 관제 시스템은 현재 데이터 통신과 위치 추적 위성의 도움을 받고 있다. 또, 메테오셋Meteosat 같은 위성은 TV 일기 예보에 사용되는 사진을 제공하는가 하면 다른 위성들은 파도의 높이와 바다 온도 같은 자료를 제공하면서 지구 환경을 모니터하고 있다. 한편, 군사 위성은 군대와 안보 기구에 매그넘 위성으로 정찰한 전자 첩보와 기밀 광학 레이더 위성에서 찍은 고해상도 이미지를 제공하고 있다.

허블 우주 망원경

광학 망원경으로 지구에서 우주를 관찰하려면, 지구 대기 때문에 자세히 보는 데 많은 방해를 받는다. 마치 수영장 물 속에서 밖을 보는 것과 같다. 지구 대기라는 또 하나의 방해물 뒤에서 우주를 관찰해야 하기 때문에 선명하고 자세하게 볼 수가 없는 것이다. 이에 반해 대기 위쪽 우주 공간에 설치한 광학 망원경은 가시 범위를 넓혀주었으며, 은하계와 그 너머까지 관측하는 능력도 향상시켜주었다. 1990년 4월 24일, 우주 왕복선 디스커버리 STS 31호는 허블 우주 망원경을 지구 궤도에 올려놓았다. 허블 우주 망원경은 약 607km 고도에서 적도와 28.5도 기울어진, 원에 가까운 궤도에 투입되었다. 허블 우주 망원경은 나중에 우주 왕복선 승무원들이 궤도에서 각각의 길이가 12.19m인 2개의 태양전지를 포함한 부품들을 제거하거나 교체하기에 편리하도록 설계되었다. 무게 11.6톤의 이 망원경은 길이가 13m이며, 가장 넓은 곳의 직경이 4.2m에 이른다. 이 망원

먼 오른쪽:허블 우주 망원경을 수리하기 위한 우주 비행사들의 우주유영. 세 번의 왕복선 수리 비행이 있었다.

허블 우주 망원경 Hubble Space Telescope ; HST

허블 우주 망원경(HST)은 1990년 우주 왕복선에 의해 지구 궤도에 배치되었다. 때문에 천문학자들은 지구 표면에 망원경들을 설치해서 보는 것보다 우주를 훨씬 더 깊고 자세히 볼 수 있었다. 이 망원경은 (1) 주반사경과 부반사경을 포함하고 있는 광학 망원경 조립체(OTA) (2) 과학 기기(SI)와 (3) 매우 정확한 고정 시스템과 동력 시스템을 포함하는 지원 시스템 모듈 등 세 부분으로 나뉘어져 있다. 전기 동력은 태양전지판에서 얻는다. 운석 차폐막과 렌즈 후드가 렌즈들을 보호한다. 우주 망원경의 열려진 앞쪽 끝은 대부분의 지구에 있는 망원경과 유사하며, 망원경의 후미에 주반사경으로 빛을 받아들인다. 주반사경은 앞쪽에 있는 작은 부반사경에 상(像)을 반사한다. 그 후 광선은 주반사경에 있는 구멍을 통해서 다시 후미에 있는 과학 기기에 반사되며, 이 과학 기기는 망원경 상(像)을 유용한 과학적 데이터로 바꾸어 제공해준다.

제원

- 길이 : 13.1m
- 직경 : 4.26m
- 무게 : 11,600kg
- 궤도 : 607km

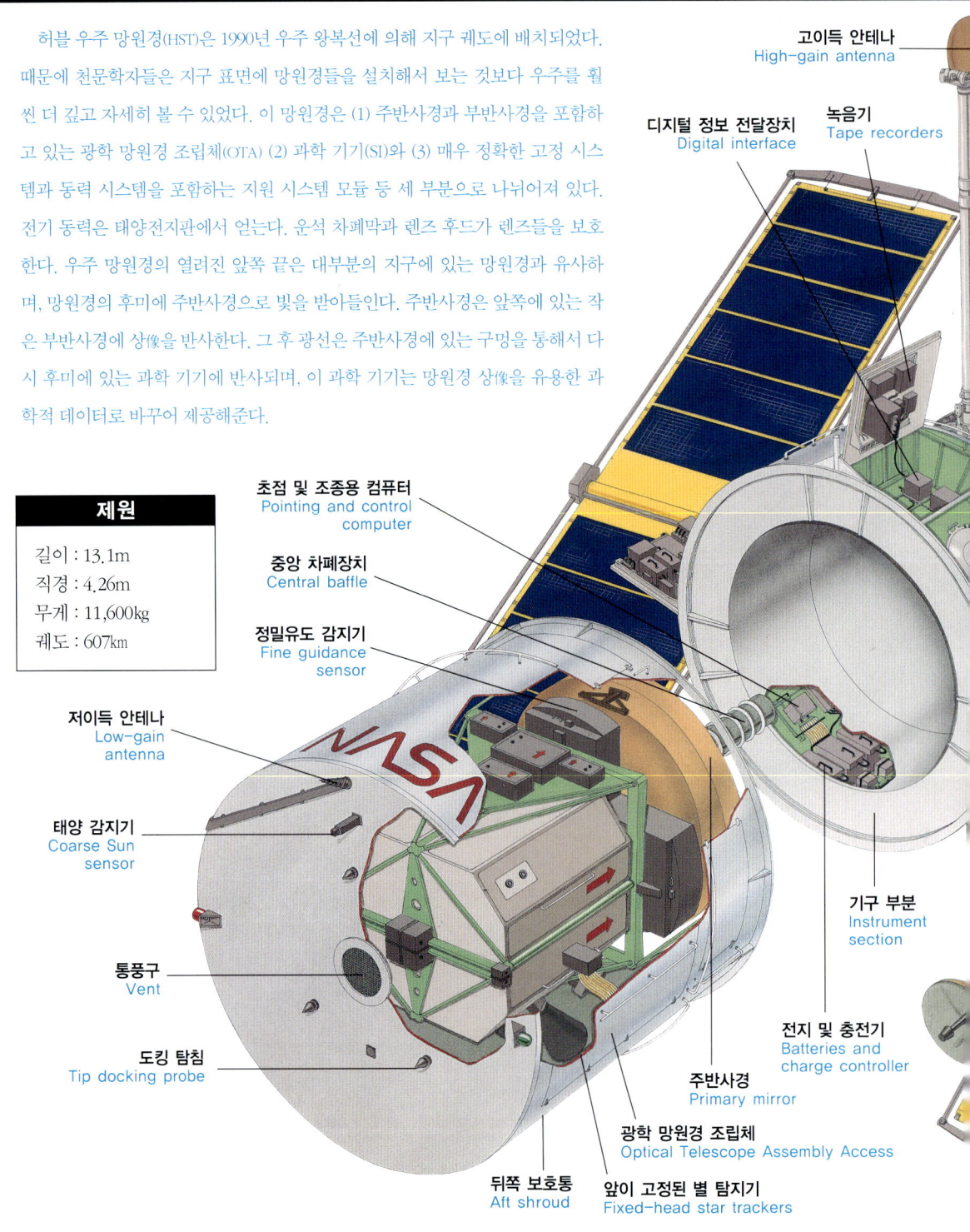

226 · 우주선의 역사

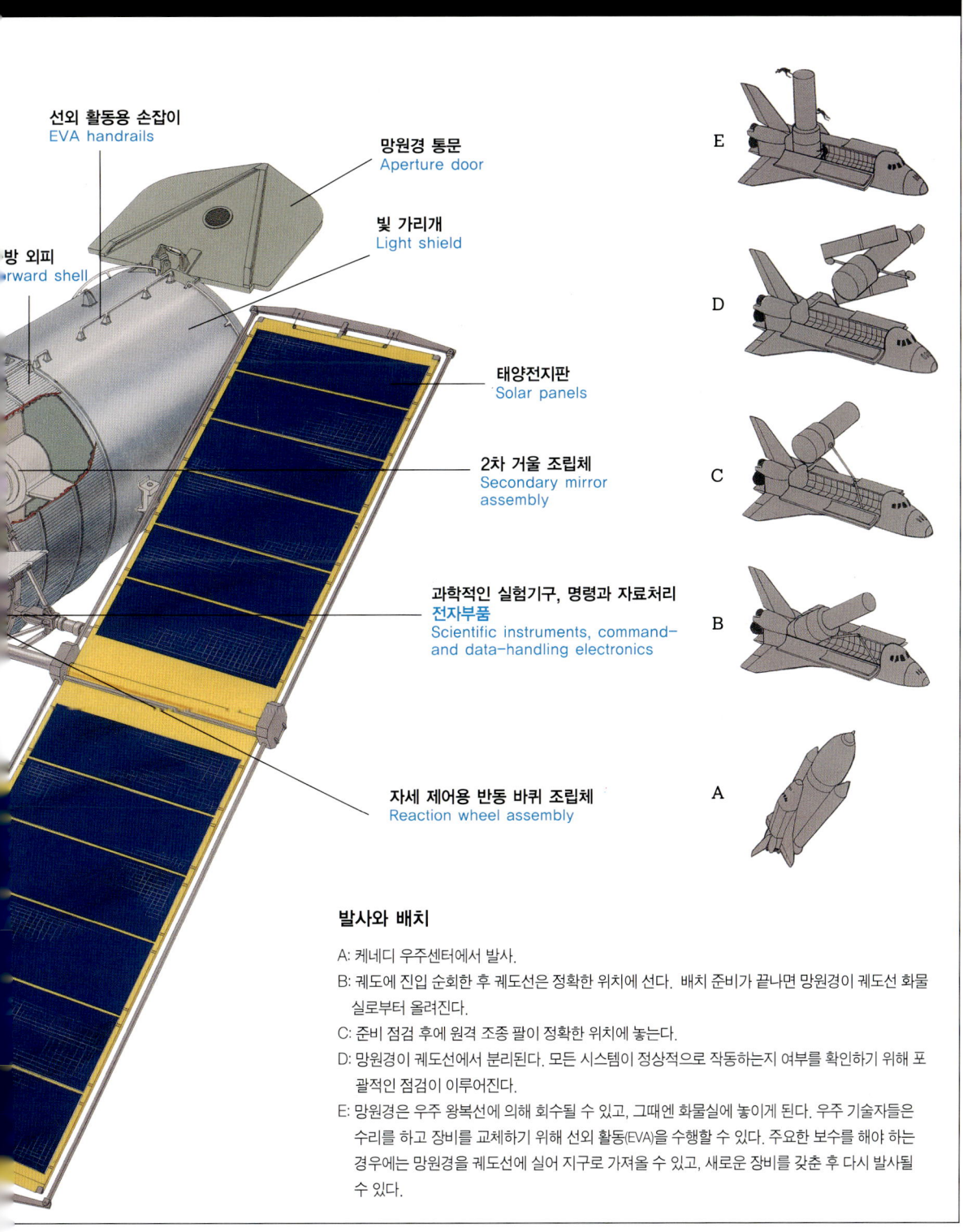

발사와 배치

A: 케네디 우주센터에서 발사.

B: 궤도에 진입 순회한 후 궤도선은 정확한 위치에 선다. 배치 준비가 끝나면 망원경이 궤도선 화물실로부터 올려진다.

C: 준비 점검 후에 원격 조종 팔이 정확한 위치에 놓는다.

D: 망원경이 궤도선에서 분리된다. 모든 시스템이 정상적으로 작동하는지 여부를 확인하기 위해 포괄적인 점검이 이루어진다.

E: 망원경은 우주 왕복선에 의해 회수될 수 있고, 그때엔 화물실에 놓이게 된다. 우주 기술자들은 수리를 하고 장비를 교체하기 위해 선외 활동(EVA)을 수행할 수 있다. 주요한 보수를 해야 하는 경우에는 망원경을 궤도선에 실어 지구로 가져올 수 있고, 새로운 장비를 갖춘 후 다시 발사될 수 있다.

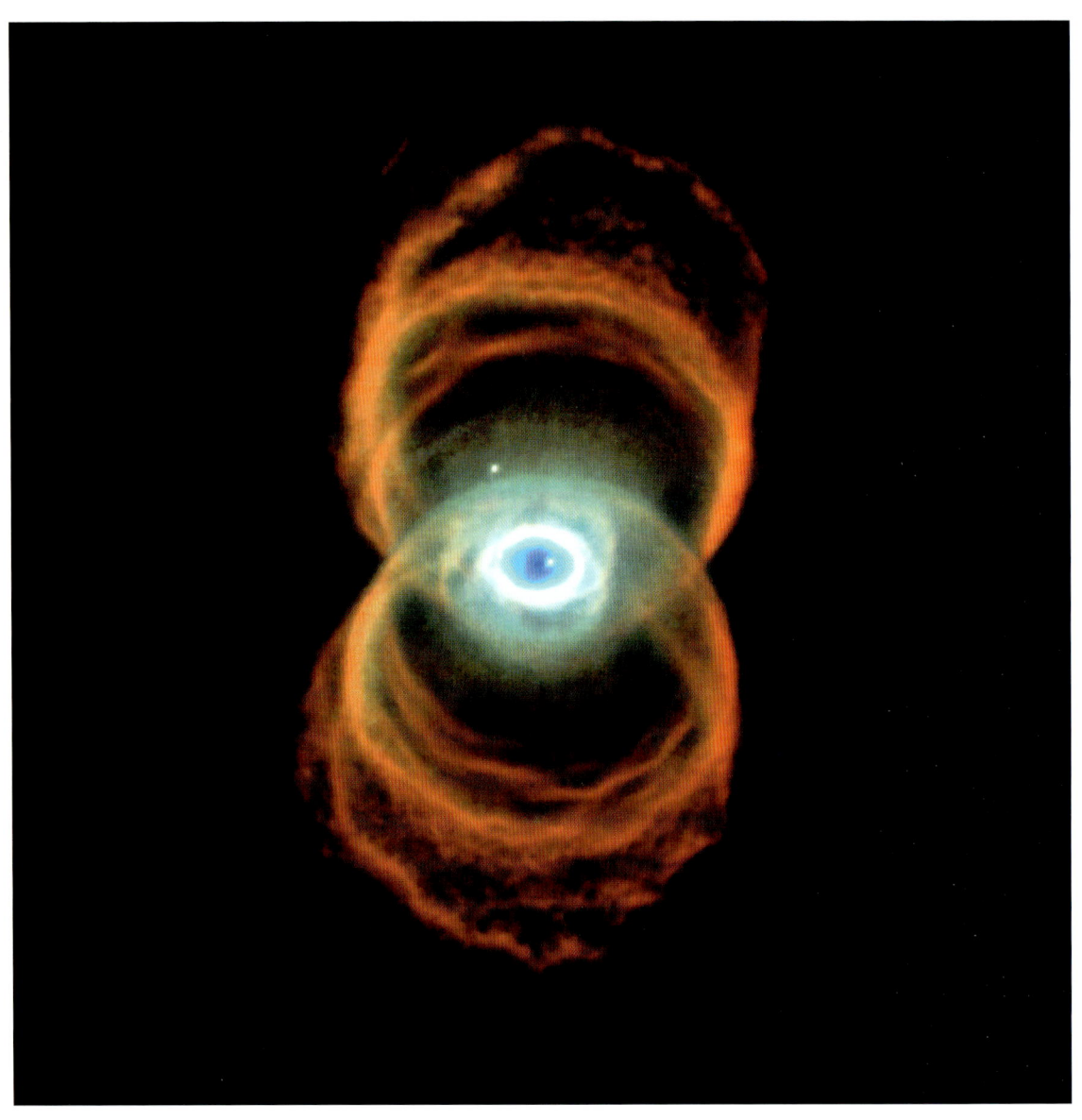

●●●
위: 허블 우주 망원경이 촬영한 모래시계 성운은 폭발된 별의 잔재로부터 방사된 잔해들이 고리 형상을 이룬 궁수자리의 M8 안에 위치한다. 허블 우주 망원경은 우리에게 우주에 대한 지식을 상당히 증진시켜 주었다.

경에는 추적 및 데이터 중계 위성 시스템과, 지상으로 직접 자료를 전송할 수 있는 2개의 고이득 안테나와 2개의 저이득 안테나를 장착하고 있다. 고성능 컴퓨터와 정교한 위치 찾기 시스템을 포함하는 자료 처리 시스템은 허블 우주 망원경이 0.01arc초 안에 어떤 특정 목표물을 포착하고 그 대상에 고정될 수 있도록 했다. 만약 허블 우주 망원경이 로스앤젤레스에 있다면, 샌프란시스코에 있는 10센트짜리 동전에도 초점을 맞출 수 있을 것이다.

광학 망원경 조립체는 57.6m의 망원경 길이를 6.4m로 축소시킨 것과 같은 구

정지궤도(GEO)

정지궤도(GEO) 위성은 적도 위에 있으며, 회전주기는 지구 자전 주기와 일치시킨다. 이 위성은 표면의 고정점에서 동쪽이나 서쪽으로도 이동하지 않는다. 그러므로 단일 위성은 하루 24시간 차단되지 않는 통신 서비스를 제공할 수 있다. 원래 텔스타와 같은 저고도 위성 시스템들은 위성들이 하늘을 가로지를 때마다 지상국들의 안테나들이 그 위성들을 따라 위치와 방향을 변경해야 했다. 그래서 지상국은 한 위성이 수신 범위 수평선 밑으로 사라진 후 또 다른 위성이 수신 범위 내에 다다름에 따라 수신 대상을 한 위성에서 다른 위성으로 바꿔야만 하는 불편함이 있었다. 정지궤도로 가는 첫 단계 위성은 8자 모양의 궤도로 이동하는, 약간 기울어진 위성인 신콤 Syncom 2호였다. 신콤 2호 위성의 궤도가 8자 모양으로 보였던 이유는, 위성의 궤도가 지구 적도면의 경사각과 완전히 일치하지 못해 지구상에서 보면 그 움직임이 8자 형태로 보인 것이다. 그렇다면 완벽한 정지궤도 위성은 언제 만들어졌을까? 완벽한 정지궤도 위성은 역시 NASA에 의해 개발된 신콤 2호의 차세대 모델 신콤 3호였다.

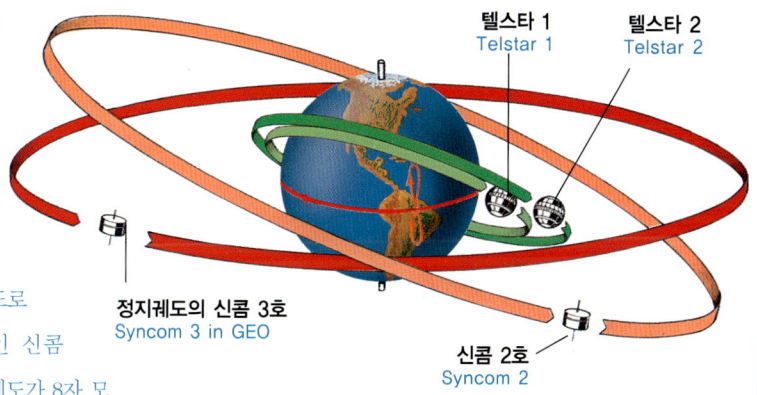

조로 구성되었다. 빛은 조리개 뚜껑으로 들어가서 튜브를 따라 직경 2.4m의 주반사경으로 내려간 후, 초점면 위에 있는 주반사경의 가운데 구멍을 통과하기 전 직경 30cm의 부반사경에서 반사된다. 그런 다음 허블 우주 망원경의 과학 장비들이 빛을 받는다. 허블 우주 망원경은 원래 미광 천체 카메라(FOC), 광각 행성 카메라(WFPC), 고다드 고해상도 분광기(GHRS), 미광 천체 분광계(FOS), 고속 광도계(HSP) 그리고 미세 유도 센서(FGS)가 탑재되어 있다.

이전에 망원경이 궤도에 닿았을 때 허블 우주 망원경이 몇 개의 선명한 우주 영상을 찍었다는 사실에도 불구하고, 주반사경이 의도한 만큼 곡률이 완전하지 않았다는 것이 곧 밝혀졌다. 주반사경의 제작 과정에서 발생한 구면수차 Spherical aberration 때문이었다. 허블 우주 망원경은 일종의 보정 장치인 '안경'이 필요했다. 이 안경은 알맞게 제조됐고, 코스타COSTAR로 이름 지어졌으며, 공중전화 부스 크기만했다. 코스타는 1993년 12월 2일 우주 왕복선 STS 61호에 실려 허블 우주 망원경으로 발사되었다. 이 장치는 두 팀의 우주 비행사가 계속해서

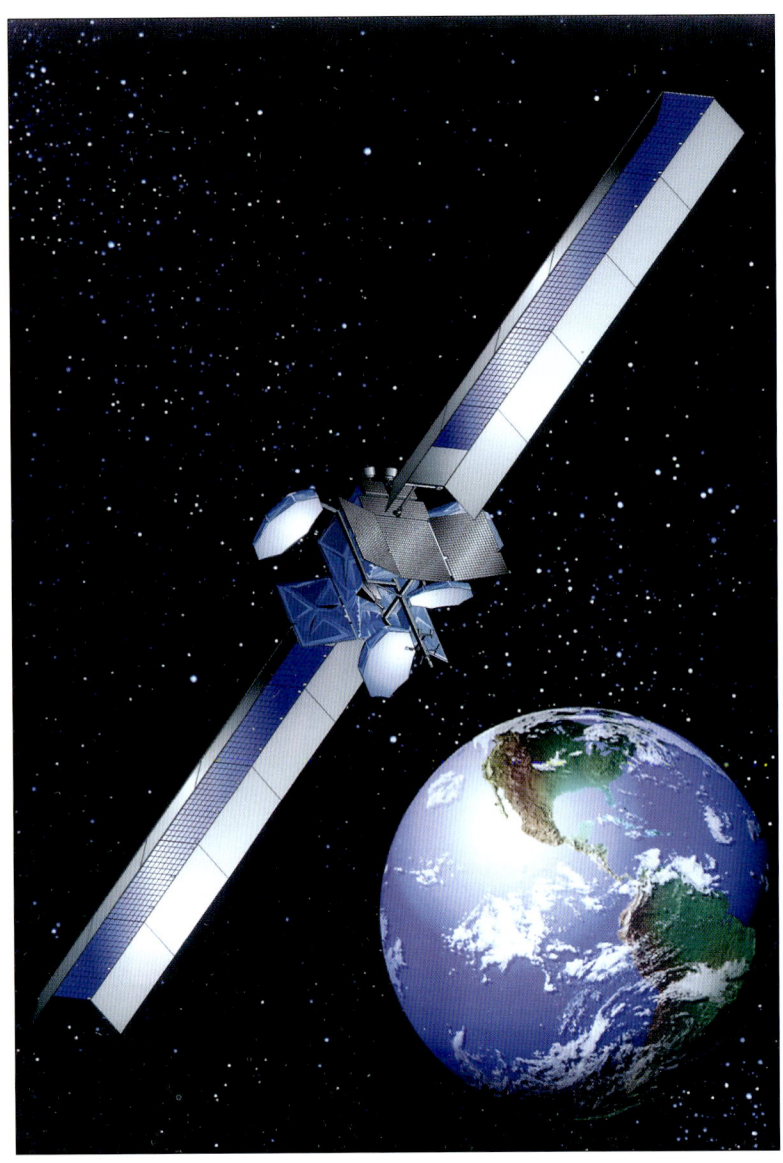

위: 서비스 지역 위의 정지 궤도에 있는 갤럭시 XI호 통신 위성은 아메리카 대륙의 대다수 사용자에게 다양한 서비스를 제공해준다. 정지 궤도에 있는 1대의 위성은 지구 반구의 1/3 지역 내에서는 서로 통신을 할 수 있다.

다섯 차례의 우주유영을 하는 작업 끝에 망원경 안쪽에 고정되었다. 이 우주 비행사들은 또한 태양전지판을 교체했고, 전자 기기들을 수리했으며, 광각 행성 카메라를 새로운 장치로 교체하고, 자기력계를 설치했다. 또한 고속 광도계를 제거한 다음 고다드 고해상도 분광기를 위해 여분의 장비를 설치했다. 코스타의 설치 결과는 즉시 나타났다. 허블 우주 망원경의 영상들은 정말 환상적이었고, 이 망원경은 곧 전세계 매스컴들의 상상력을 유혹했다.

이 허블 우주 망원경은 4년 이상 많은 천문학자와 대중들에게 영상과 자료를 제공했다. 1997년 2월 11일, 허블 우주 망원경의 또 다른 정비선이 발사되었다. STS 82 디스커버리호 승무원들은 허블을 대대적으로 손보고 정기적인 우주유영 정비를 수행했다. 고다드 고해상도 분광기와 미광 천체 분광계는 제거되고 우주 망원경 영상 분광기(STIS)와 근적외선 카메라, 그리고 다목적 분광계(NICMOS)가 설치되었다. 우주 비행사들은 테이프 레코더를 포함해 미세 유도 센서와 다른 장비들을 교체했고, 광학 전자 기기 중 대 장비를 설치했으며, 허블 우주 망원경의 안정과 정밀 지시 반작용 휠 조립체를 바꾸었다. 그 밖의 작업은 새로운 열 차단 막을 덮는 것이었다.

허블 우주 망원경이 10년째 작동하고 있을 때 또 한 번의 정비 비행이 있었다.

1999년의 인공위성과 우주선의 발사 일지

날짜	발사
1월 3일	미국 화성 극 착륙선(Mars Polar Lander)
1월 27일	미/대만 록샛Rocsat 1호 과학 위성
2월 7일	미국 스타더스트Stardust 태양계 탐사선
2월 9일	4개의 글로벌스타Globalstar 국제 이동 전화 통신 위성
2월 16일	일본 JCSAT 6 정지 궤도(GEO) 통신 위성
2월 20일	러시아 소유스 TM 29호 미르 연락선
2월 23일	영국 아르고스Argos 군사 기술 위성
2월 26일	영국 스카이넷Skynet 4E 군사 통신 위성, 사우디아라비아 아랍샛Arabsat 3A 정지 궤도 통신 위성
2월 28일	러시아 라두가Raduga 1 정지 궤도 통신 위성
3월 5일	미국 와이어Wire 적외선 천문학 탐사 위성
3월 15일	4개의 글로벌스타Globalstar 국제 이동 전화 통신 위성
3월 21일	홍콩 아시아샛Asiasat 3S 통신 위성
3월 28일	새로운 시 런치Sea Launch 우주 로켓을 시험하기 위한 시범 위성
4월 2일	러시아 프로그레스 M41 미르 화물선, 인샛Insat 2E 인도 정지 궤도 통신 기상 위성
4월 10일	미국 DSP 19 군사 조기 경보 위성
4월 12일	유럽 유텔샛Eutelsat W3 정지 궤도 통신 위성
4월 15일	4개의 글로벌스타 국제 이동 전화 통신 위성, 미국 랜샛Landsat 7 원격 감지 지국 관측 위성
4월 21일	영국 유오샛UoSAT 12 소형 위성 기술 시범 위성
4월 29일	메그샛Megsat 이탈리아 기술 위성, 독일 액시브라스Axibras X-ray 천문 위성
4월 30일	밀스타Milstar 2 미국 군사 통신 위성
5월 5일	오리온Orion 2 미국 상업 통신 위성
5월 10일	중국 펑윈風雲Fengyun 1C 기상 위성
5월 17일	테리어스Terriers 미국 학생의 이온층 연구 위성
5월 20일	니믹Nimiq 1 캐나다 GEO 통신 위성
5월 22일	미국 정찰위성(National Reconnaissance Office)
5월 26일	오션샛Oceansat 1 인도 해양 관찰 위성
5월 27일	디스커버리 STS 96 ISS 미션
6월 10일	4개의 글로벌스타 국제 이동 전화 통신 위성
6월 11일	2개의 이리듐 국제 이동 전화 통신 위성
6월 18일	아스트라Astra 1H Luxembourg-based direct TV GEO 통신 위성
6월 20일	퀵샛Quicksat US 원격 감지 기술 위성

6월 24일		휴즈Fuse 미국 자외선 천문 위성
7월 8일		러시아 몰리야Molniya 3 통신 위성
7월 10일		4개의 글로벌스타 국제 이동 전화 통신 위성
7월 16일		러시아 프로그레스 M42 미르 화물선
7월 17일		오케이안Okean 0-1 러시아 해양 관찰 감시 위성
7월 23일		컬럼비아 STS 93의 찬드라 X-ray 관측소 배치
7월 25일		4개의 글로벌스타 국제 이동 전화 통신 위성
8월 12일		텔콤Telkom 1 인도네시아 GEO 통신 위성
8월 17일		4개의 글로벌스타 국제 이동 전화 통신 위성
8월 18일		러시아 코스모스 2365호 군사 정찰 위성
8월 26일		러시아 코스모스 2366호 네비게이션 위성
9월 4일		무궁화 3호Koreasat 3 한국 GEO 통신 위성
9월 6일		2개의 야말Yamal 러시아 GEO 통신 위성
9월 9일		퍼톤Foton 12 국제 마이크로 중력 회수 연구 위성
9월 22일		4개의 글로벌스타 국제 이동 전화 통신 위성
9월 23일		미국 에코스타Echostar V GEO 통신 위성
9월 24일		미국 이코노스Ikonos 상업용 고해상도 원격 탐지 위성, 미국 텔스타Telstar 7 GEO 통신 위성
9월 26일		LM-1 미국/러시아 GREO 통신 위성
9월 28일		레수르수Resurs F1M 러시아 원격 감지 위성

오른쪽:이코노스 원격 감지 위성에서 본 이탈리아 로마의 콜로세움. 상업 위성인 이코노스 위성은 군사 목적의 정찰 위성과 식별력에 있어 동등한 성능을 가지고 있다. 이 공중사진은 1m 해상도 근접 촬영의 결과물이다.

10월 7일	미국 위성 위치 확인 시스템(GPS) Block IR 네비게이션 위성
10월 9일	미국 직접 TV 1R GEO 통신 위성
10월 14일	중국/브라질 CBERS 원격 감지 위성
10월 18일	4개의 글로벌스타 국제 이동 전화 통신 위성
10월 19일	미국 오리온Orion 2 GEO 통신 위성
11월 13일	미국 GE-4 GEO 통신 위성
11월 20일	중국 신쥬Shenzou 유인 우주선의 무인 실험
11월 22일	4개의 글로벌스타 국제 이동 전화 통신 위성
11월 22일	미국 해군 UHF GEO 통신 위성
12월 3일	프랑스 스파이 위성 Helios 1B
12월 4일	5개의 오브컴Orbcomm 데이터 송신 위성
12월 10일	유럽의 XMM X-ray 천문 망원경
12월 12일	미국 DSMP 5D 군사 기상 위성
12월 18일	미국 테라Terra 지구 관측 플랫폼 극 위성
12월 19일	디스커버리 STS 103 허블 우주 망원경 정비 미션
12월 21일	아리랑(Kompsat) 1호 한국의 다목적 위성
12월 22일	미국 갤럭시 XI GEO 통신 위성
12월 26일	러시아 코스모스 2367호 해양 전기 첩보 위성
12월 27일	코스모스 2368호 미사일 발사 조기 경보 위성

왼쪽:글로벌스타 국제 이동 전화 통신 위성. 글로벌스타는 지구 저궤도에 48개의 위성으로 운용되고 있다.

소련의 인공위성 시스템

소련에서 군사 목적이 아닌 일반 용도로 사용된 최초의 위성은 12시 궤도의 몰리야 위성들이었다. 몰리야 위성은 대용량의 라디오, TV, 전화, 텔렉스, 팩스를 중계할 수 있도록 제작된 국내용 위성이었다. 에크란Ekran(필름)은 시베리아와 대륙 북부 지역 등 오지에 TV 프로그램을 전송하기 위해서 1976년 10월 도입되었다. 소련은 내부와 외부 통신을 위한 2개의 궤도 시스템을 사용했다. 이 중 하나는 적도에서 약 65도로 기울어진 대략 40,000km×500km 지점의 매우 편심적인 궤도 시스템으로, 대략 같은 간격으로 배치된 몰리야 위성이 북반구 지역에 24시간 서비스를 제공했다. 나머지 한 궤도는 에크란이 사용하던 정지궤도였다.

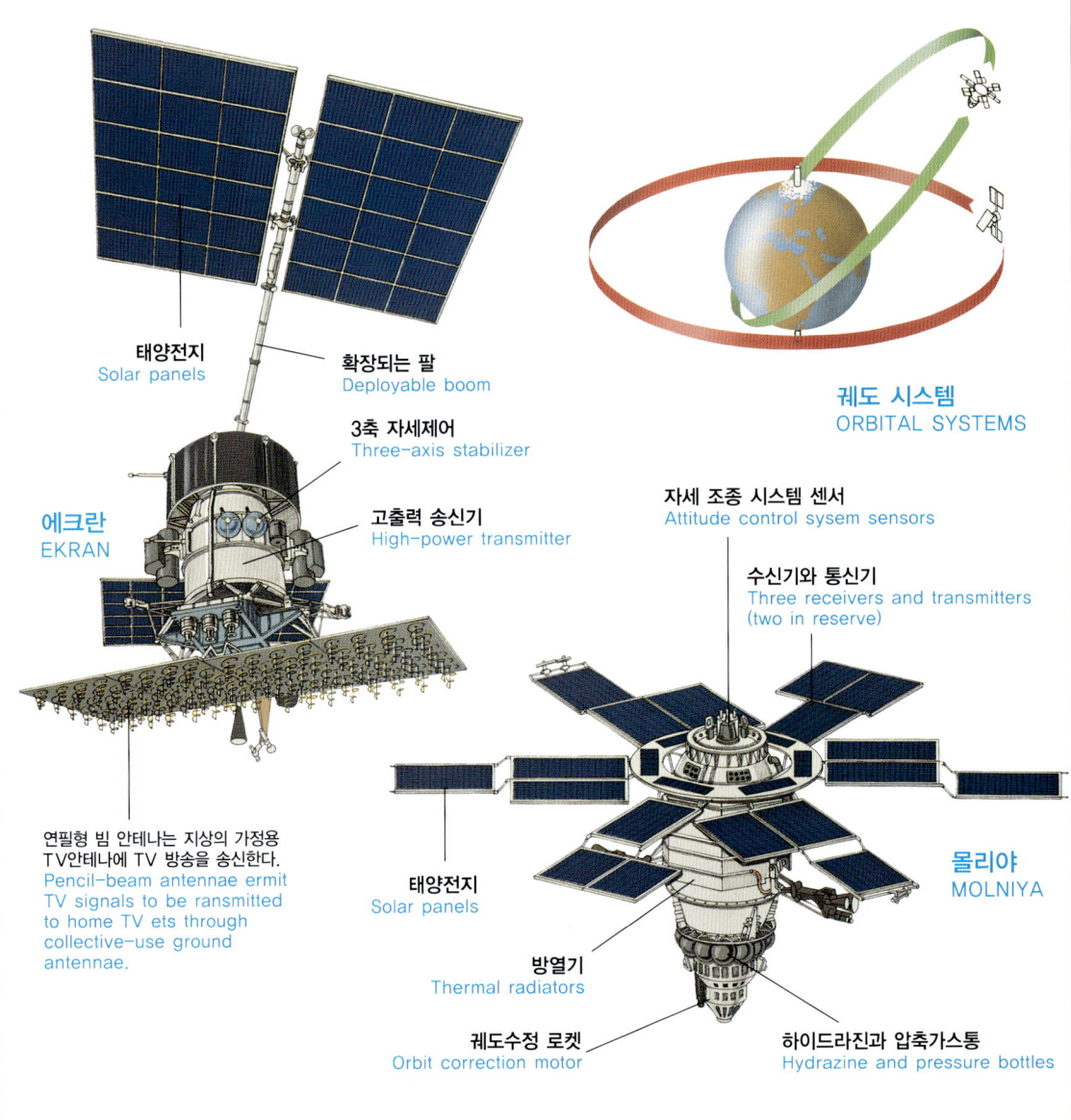

위:템포Tempo 통신 위성은 직접 방송 TV 영상에서부터 다중 매체 서비스까지 다양한 서비스를 제공하는 수십 개의 트랜스폰더와 접시 안테나들을 갖추고 있다.

이 비행은 원래 2000년을 겨냥해서 계획된 것이었지만, 우주 망원경의 자이로스코프가 결정적 단계에서 고장이 나서 이 비행은 두 번에 걸친 정비 계획으로 나뉘어 수행되었다. 첫 번째 비행은 1999년 12월로 당겨졌고, 두 번째 비행은 2001년으로 미루어 시행되었다.

STS 103 디스커버리호는 1999년 12월 19일 발사되어 6개의 새로운 자이로스코프와 전압/온도 측정 장비, 기존의 컴퓨터보다 20배 빠르고 6배의 메모리 용량을 가진 신형 컴퓨터, 새로운 디지털 테이프 레코더를 설치했으며 미세 유도 센서 1개와 무선 송신기를 교체했다. 우주 비행사들은 여러 번의 선외 활동(EVAs)을 통해 허블 우주 망원경의 일부분에 새로운 단열재도 설치했다. 그리고 추가적인 두 번의 우주 왕복선 정비 비행이 계획되었다. 새로운 태양 전지뿐만 아니라 측량을 위한 고도의 카메라를 추가 설치하기 위한 계획이었다.

콤스타 Comstar 1

자가 장치 정지궤도 위성들 중 하나가 콤스타이다. 콤스타 회사에 의해 운영되고, 미국의 전신 전화회사인 AT&T에서 임대해 사용하고 있는 콤스타 1 위성은 7년 동안 작동되도록 설계되었다. 이 위성들은 푸에르토리코Puerto Rico를 포함한 미국 내의 지상국들 사이에 전화 통화와 TV 방송을 수신, 증폭시켜 재전송했다. 이 위성은 6,000회선까지의 전화 통화와 12개의 TV 프로그램들을 중계할 수 있으며, 또는 이 두 가지를 공동으로도 중계할 수도 있다.

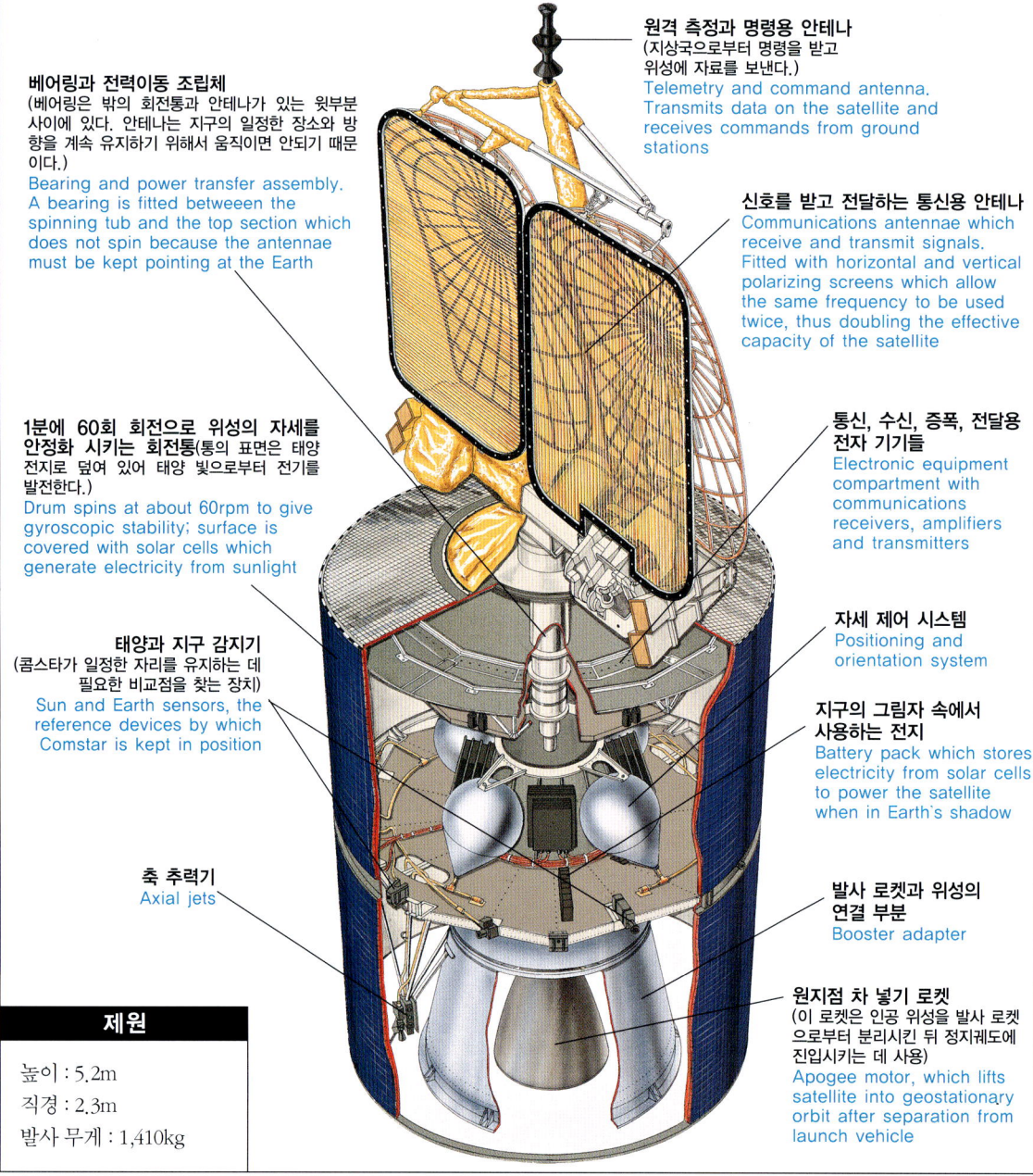

원격 측정과 명령용 안테나
(지상국으로부터 명령을 받고 위성에 자료를 보낸다.)
Telemetry and command antenna. Transmits data on the satellite and receives commands from ground stations

베어링과 전력이동 조립체
(베어링은 밖의 회전통과 안테나가 있는 윗부분 사이에 있다. 안테나는 지구의 일정한 장소와 방향을 계속 유지하기 위해서 움직이면 안되기 때문이다.)
Bearing and power transfer assembly. A bearing is fitted betweeen the spinning tub and the top section which does not spin because the antennae must be kept pointing at the Earth

신호를 받고 전달하는 통신용 안테나
Communications antennae which receive and transmit signals. Fitted with horizontal and vertical polarizing screens which allow the same frequency to be used twice, thus doubling the effective capacity of the satellite

1분에 60회 회전으로 위성의 자세를 안정화 시키는 회전통(통의 표면은 태양 전지로 덮여 있어 태양 빛으로부터 전기를 발전한다.)
Drum spins at about 60rpm to give gyroscopic stability; surface is covered with solar cells which generate electricity from sunlight

통신, 수신, 증폭, 전달용 전자 기기들
Electronic equipment compartment with communications receivers, amplifiers and transmitters

태양과 지구 감지기
(콤스타가 일정한 자리를 유지하는 데 필요한 비교점을 찾는 장치)
Sun and Earth sensors, the reference devices by which Comstar is kept in position

자세 제어 시스템
Positioning and orientation system

지구의 그림자 속에서 사용하는 전지
Battery pack which stores electricity from solar cells to power the satellite when in Earth's shadow

축 추력기
Axial jets

발사 로켓과 위성의 연결 부분
Booster adapter

원지점 차 넣기 로켓
(이 로켓은 인공 위성을 발사 로켓으로부터 분리시킨 뒤 정지궤도에 진입시키는 데 사용)
Apogee motor, which lifts satellite into geostationary orbit after separation from launch vehicle

제원

높이 : 5.2m
직경 : 2.3m
발사 무게 : 1,410kg

위:대부분의 위성에 장착되어 있는 태양전지판의 모습. 일률적으로 배열된 수천 개의 태양전지들은 에너지·소모 탑재체를 위해 전기 에너지를 발생시킨다.

고출력 통신

지구 정지 궤도는 사람들에게 전화, 팩스, 데이터, TV, 전보, 그리고 다양한 서비스를 제공하는 수백 개의 통신 위성들이 펼쳐져 있는 우주에서 가장 분주한 곳 중 하나이다. 통신 위성 사업 분야의 전형적인 위성은 1999년 아리안 4 로켓에 의해 발사된 갤럭시 XI호라 불리는 위성이다.

갤럭시 XI호는 다양한 종류의 안테나들, 즉 페러볼러 안테나와 다른 장비들이 올려진 상자처럼 생겼다. 이 위성은 적도 상공 서경 91도에 위치하며, 북미와 브라질의 고객들에게 서비스를 제공한다. 이 위성은 팬암샛PanAmSat이라 불리는 국제 통신 회사에 의해 운영되며 팬암샛은 현재 20여 개의 통신 위성으로, 글로벌 네트워크를 기반으로 하는 세계의 주요 통신 서비스 업체이다.

갤럭시 XI호에는 지정된 주파수대에서 작동하는 트랜스폰더가 장착되었다. 트랜스폰더는 송신기와 수신기가 결합된 것으로 무선 신호를 수신하고, 종종

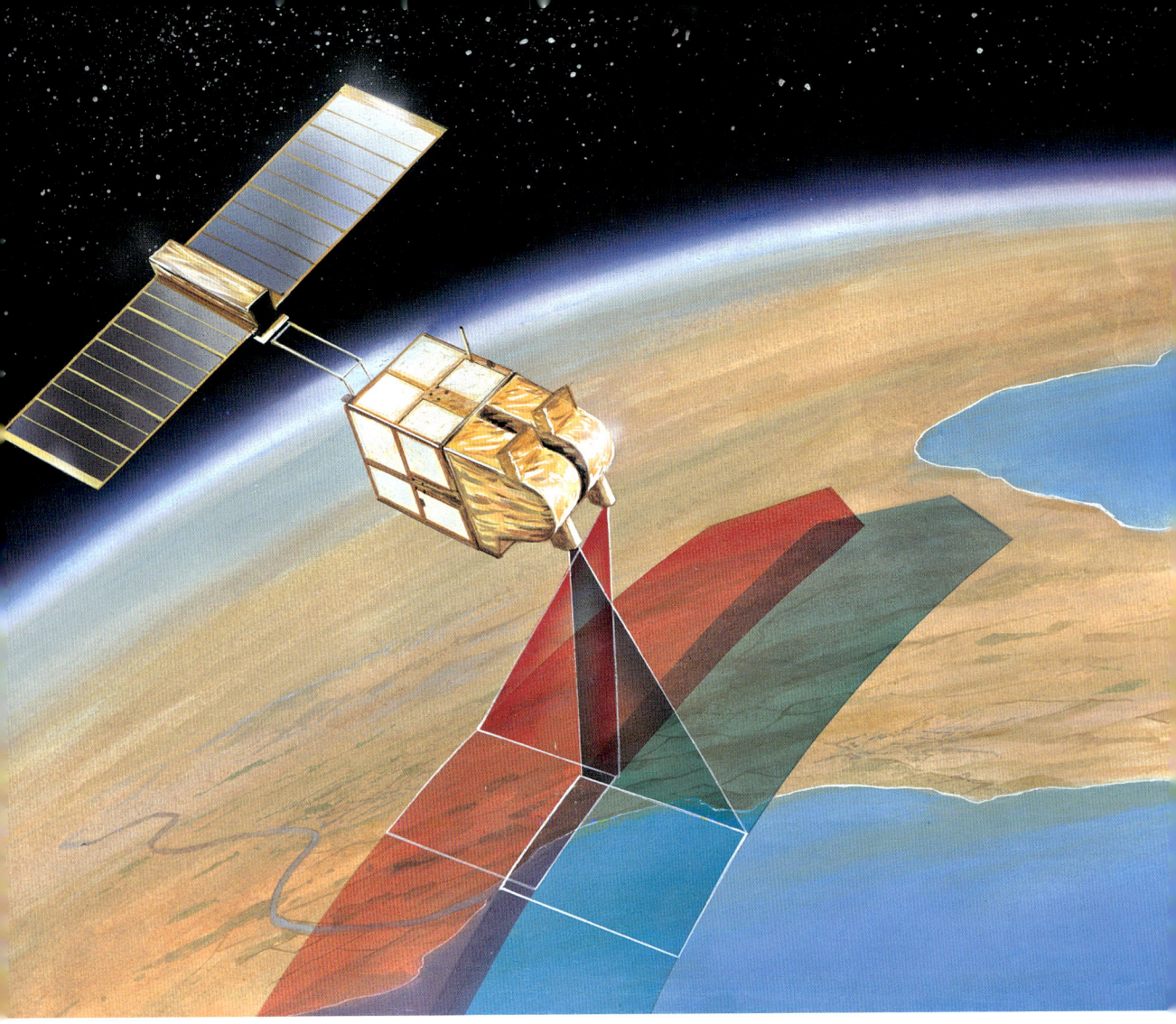

위:프랑스 스폿 원격 탐사 위성은 지구의 표면을 가로지르는 넓이로 일련의 다양한 스펙트럼 영상을 촬영한다.

주파수를 바꾸어 그 신호를 재송신한다. 위성으로 전송된 신호는 그 신호가 위성에 닿았을 때 약화되며, 파장 튜브를 통과함으로써 증폭된다. 안테나가 전송을 받으면 전송받은 데이터는 정교하게 디자인된 접시 안테나, 또는 풋프린트 footprints로 불리는 지구의 특정 지역에 신호를 보내는 반사기를 통해 다시 지구로 보내진다.

위성은 20개의 C-밴드와 40개의 Ku-밴드 트랜스폰더가 장착되어 있다. C-밴드 트랜스폰더는 케이블 TV 방송국에 프로그램을 제공하기 위해 사용되는 반면 Ku-밴드는 영상 분배, 데이터 네트워크, 일반적인 통신 서비스에 사용된다. 이처럼 많은 트랜스폰더가 장착된 위성을 작동시키기 위해서는 실로 엄청난 전력이 필요했다. 이 전력을 얻기 위해서 갤럭시 XI호에는 위성 양쪽에 보잉 747 날개보다 더 긴 62m 길이의 태양전지판이 장착되었다.

랜드샛 Landsat 4

1982년 6월 16일 발사 당시 랜드샛 4는 NASA의 지구 자원 탐사 위성들 중 가장 진보한 위성이었다. 이 위성은 지구의 원격 탐사 기술에 괄목할 만한 발전을 가져와 지구 자원 활용에 큰 기여를 하였다. 랜드샛 4는 전지구 위치 파악 시스템(GPS)과 통합한 최초의 NASA 위성이었다. 내비게이션 위성에서 공급된 데이터를 사용하는 랜드샛 컴퓨터는 GPS 안테나를 통해 전송되는 신호로 우주선의 위치와 속력을 계산할 수 있었다.

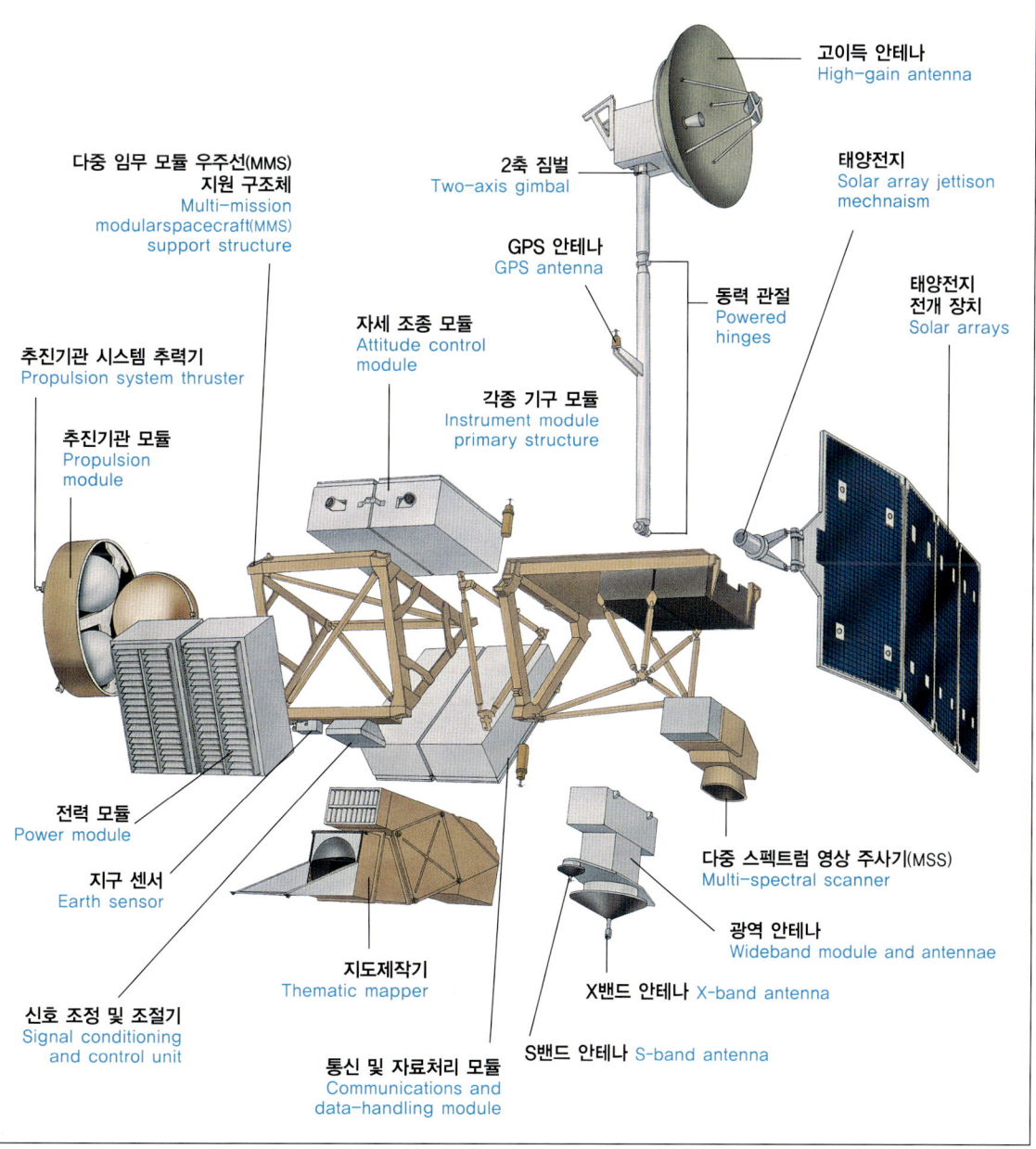

8장_오늘날의 인공위성 · 239

시샛 Seasat 4

태양전지판
Solar panels

아제나 로켓
Agena rocket

통신용 안테나 No.2
Communications Antenna No. 2

전파 발신 안테나
Beacon antenna

전기기
Electronics

레이더 방사장치
Radar Scatterometer

다채널 촬영 초음파 복사계
Scanning Multi-channel Microwave Radiometer

합성 개구면 레이더(SAR)
Synthetic Aperture Radar(SAR)

전파 방사장치
Scatterometer antennae

레이저 역반사기
Laser retro-reflector

통신용 안테나 NO.1
Communications antenna No. 1

라디오 고도계
Radio Altimeter

SAR 자료 연결 안테나
SAR data-link antenna

가시광선과 적외선 복사계
Visual and Infrared Radiometer

시샛Seasat 1호는 비록 1978년에 4회도 작동되진 않았지만 항행과 해양 자원 관리 분야에 분명하게 중요한 정보를 제공하여 지구 관측의 새로운 장을 열었다. 이 위성의 5개 관측 기기들 중 4개는 마이크로파 기기였다. 주사 다채널 마이크로파 복사계(Scanning Multi-channel Microwave Radiometer)는 오차 범위 1.5~2°C의 정밀도로 표면 온도를 측정했고, 50m/sec까지의 풍속 측정 서비스를 제공할 수 있었다. 해수면의 풍량 증가에 따른 풍량과 너울 변화는 레이더 스케터로미터 Radar Scatterometer로 측정할 수 있었다. 이 측정으로 풍량의 속도와 방향값을 알 수 있었다. 합성 개구면 레이더(Synthetic Aperture Radar)는 파도, 얼음, 그리고 연안 환경의 모든 기상 사진을 제공했다. 전파 고도계(Radio Altimeter)는 평균 파고와 조수, 폭풍 해일과 조류 등의 특징들을 조합하여 위성 자체의 고도를 10cm의 정밀도로 측정하였다. 다섯 번째 기기인 가시광선과 적외선 복사계(Visual and Infrared Radiometer)는 맑은 날씨의 해수면 온도, 구름 모양, 그리고 해양과 연안의 상세한 이미지들을 제공하였다.

역동적인 시스템 Dynamic Systems

첨단 과학 기술의 발달이 인공위성의 미래에 어떤 영향을 미칠까? 특히 고도의 정밀도를 자랑할 미래의 인공위성은 어떤 방식으로 지구를 정찰할 것인가? 이처럼 흥미로운 주제에 대한 답변은 지구의 역동적 대기현상을 연구하는 NASA의 새 프로그램에 의해 실마리를 찾을 수 있다. 위성들 중 화산재 Volcanic Ash 비행, 또는 발캠 Volcam이라 불리는 위성은 지구 정지궤도에서 화산구름과 에어로졸 감시 활동의 효율적 운영과 과학 분야에 효과적 적용을 하는 데 선도적인 역할을 했다.

화산구름은 제트 엔진 항공기 운영에 있어 잠재적인 위험 요소이다. 화산재로 인해 상업적 정기 여객기가 수차례 피해를 입었다. 그중 적어도 한 차례는 거의 추락할 뻔하였다. 피카소 Picasso라 불리는 또 다른 위성

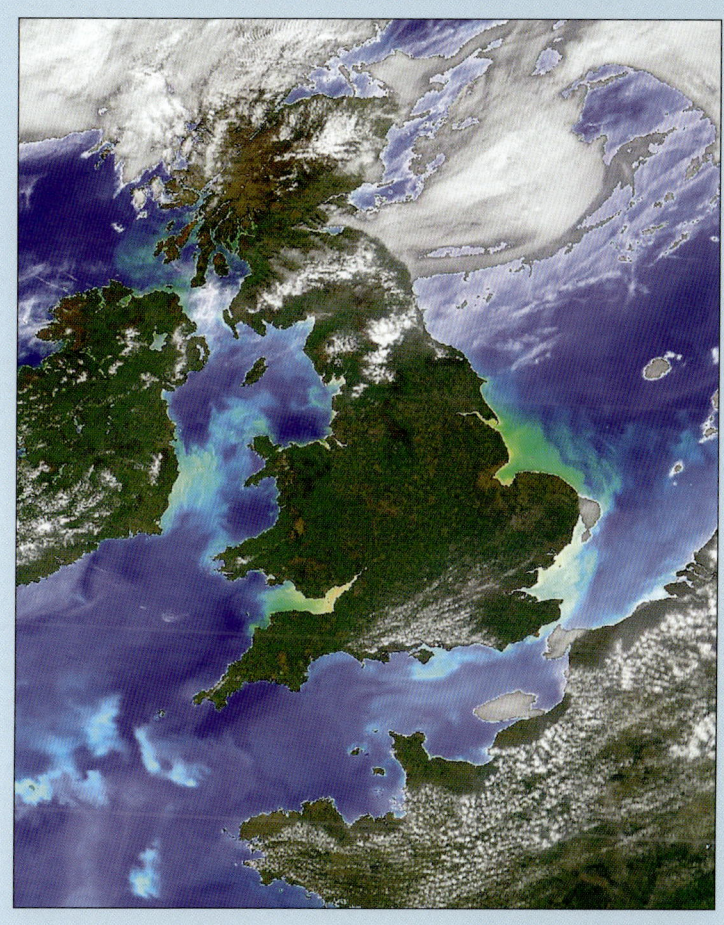

위:영국제도의 일부를 위성에서 촬영한 사진으로 바다의 온도를 보여주고 있다. 왼쪽의 '오렌지색' 멕시코 만류는 따뜻한 곳을 나타내고, 북 해안에 '파란색'은 차가운 곳을 나타낸다.

은 구름과 에어로졸로 알려진 작은 대기의 소립자뿐만 아니라 지구의 온도를 조절하는 과정인 지구의 복사 에너지 '비축'—지구에 도달하면서 우주로 방출되는 태양에너지의 균형—에 대한 영향을 측정한다. 피카소는 구름과 에어로졸의 수직 분포 윤곽을 그리기 위해 혁신적인 Light-Detection And Ranging(LIDAR) 기계를 사용한다. 한편, 또 다른 기기는 동시에 대기의 적외선 (열)방출 영상을 촬영할 것이다. 낮 동안 궤도의 반쯤에서 피카소는 산소 흡수대에 반사된 햇빛을 측정하고, 넓은 시야의 카메라로 대기 영상을 촬영할 것이다. 클라우드샛 CloudSat 위성은 지구의 복사 에너지 양 감소에 영향을 미치는 구름의 작용에 대한 연구를 진행할 것이다. 그것은 고도로 역동적인 열대성 구름 조직의 수직 구조에 대한 정보를 제공하기 위해 겹겹이 층을 이룬 구름의 윤곽을 잡는 레이더를 사용할 것이다. 이 새로운 레이더는 구름 관련 이론에 대한 이해를 향상시키며, 전세계에서 최초로 구름의 속성을 측정할 수 있게 할 것이다.

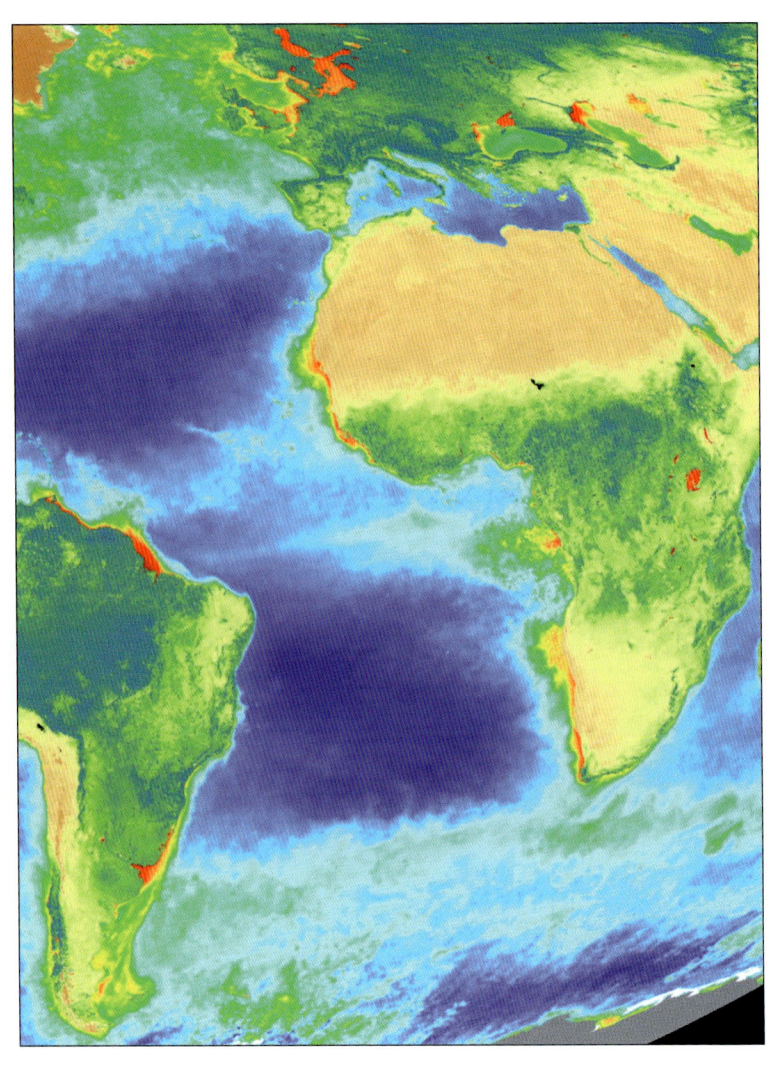

위:지구의 식물 분포를 나타내는 세계지도의 일부.

이러한 전지들은 갈륨 비화물 (gallium arsenide)로 만들어지며 전통적인 실리콘 전지보다 2배 용량의 전기 에너지를 더 만든다. 태양전지판은 발사될 때 위성의 양쪽에 접혀 있지만, 발사 후에는 궤도에서 전지판을 펼친다. 갤럭시 XI호는 10kW의 에너지를 사용해 작동되며 현재까지 발사된 위성 중 가장 크고 가장 강력한 민간 상업용 통신 위성이다. 우주에서 위성의 무게는 2.77톤이다.

한편 저궤도(LEO) 통신 위성은 음성 메시지, 인터넷, 팩스, 그리고 데이터 전송을 포함해 전세계에 이동 전화 통신을 지원하고 있다. 글로벌스타 Globalstar 위성 시스템은 이동 전화 통화권을 벗어난 지역으로 다니는 고객들, 지상의 유무선 통신 시스템이 존재하지 않는 외딴 지역에서 일하는 사람들, 미개척 시장의 거주자들, 계속적인 연락 유지가 필요한 해외 여행자들에게 위성 전화 서비스를 제공한다.

위성 전화의 겉모습은 이동 전화나 일반 전화와 별반 차이가 없어 보이며, 사용 기능도 비슷해 보인다. 그러나 위성 전화의 수신 범위는 전세계 어디서나 사용 가능한 광대역이며, 통화 품질 역시 고감도의 위성 신호를 통해 고품격 서비스를 제공한다. 지구상에 개발된 지역이면 어디든 들어가는 파이프 배관시설이나, 하늘에서 온 세상을 비춰주는 거울처럼 글로벌스타의 48개 저궤도 위성들은 최고도의 극지와 낙후된 몇몇 연안 지역들을 제외한 지구 표면의 80% 이상의 지역에서 신호를 감지해낸다.

위성 전화는 워낙 수신 범위가 넓기 때문에 수신 중 신호 손실이 발생할 것이라 생각하기 쉽다. 그러나 위성 전화 서비스는 여러 대의 위성들이 신호들을 중복 중첩하여 감지하는 '경로의 다양성' 때문에 전화기가 위성들 가운데 어느 한 위성의 시야에서 벗어난다 할지라도 통화 신호가 끊어지는 경우는 거의 없다.

위:기술자가 전지구 위치 파악 시스템인 내브스타 위성의 발사를 위해 준비하고 있다. 내브스타 위성은 사용자들이 30m, 또는 그 이하에서 자신들의 위치를 추적해 내는 데 도움을 준다.

스폿 위성의 지구 관측

위성의 중요한 용도 중 하나는 지구 영상을 제공하는 것이다. 지구 상공으로 멀리 떨어진 우주에서 찍은 이러한 영상들은 넓은 지역을 아주 상세하게 보여준다. 이러한 위성들은 원격 탐사 위성이라고 불리는데, 이들 위성은 특정 지역에 대한 정보 수집이나 지도 작성을 현장에서 직접 하기보다는 원격으로 한다.

극궤도 위성들은 경제성이 뛰어나다. 위성들은 하루 만에 전 지구를 정찰할 수 있다. 같은 지역을 비행기가 정찰한다면 더 낮은 고도에서 더 많은 시간 비행해야 할 것이다. 극궤도 위성의 도입은 시간과 자원의 효율성을 높여주었다.

위성들의 정밀성은 경탄해 마지않을 정도이다. 어떤 고성능 위성은 고도 480km에서 지상에 위치한 지름 1m 정도의 작은 물체도 식별할 수 있을 정도로 정밀도가 높다. 위성들은 지표면의 온도와 식물류의 분포도를 모니터링할 수 있는 다양한 종류의 다중 스펙트럼 영상 기능을 탑재한 고감도 카메라를 갖추고 있다. 심지어 레이더와 적외선 관측기기들은 어둠 속을 투과하여 야간 관측 활동도 가능하다.

그 밖의 위성들은 수심 9m 바다 밑까지 탐지가 가능하다. 위성 촬영 사진 원본 자체는 사용처가 많지 않다. 따라서 그런 원본 자체를 유용한 고급 데이터로 가공 처리하는 위성 원격 탐사 산업이 발달하게 되었다.

가공 전단계의, 다듬지 않은 위성 영상에서 정보와 지도를 재현해 내는 것은

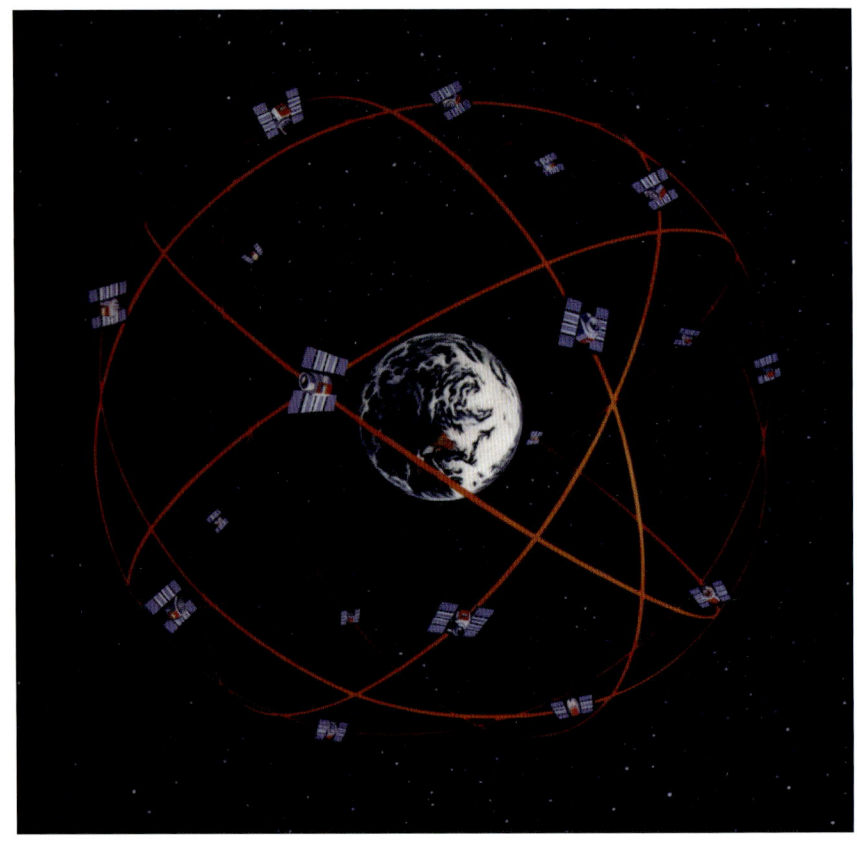

오른쪽:모든 내브스타 위성들은 지구에서 20,000km 상공에 있는 6개의 궤도 면에서 선회한다. 이 위성들은 하늘과 땅, 바다, 그 어디든지 수신기를 지닌 모든 사람들이 자신의 위치를 3m 오차 범위 안에서 찾아낼 수 있도록 지속적으로 신호를 발신한다.

컴퓨터 기술로 가능하게 되었다. 원격 탐사 데이터는 컴퓨터에 의해 처리되고 강화되어 상품화된다. 그 결과로 만들어진 지도와 영상은, 지리 조사와 기존 지도를 포함한 그 밖의 다양한 자료들과 결합한다. 이러한 작업을 통해 생산된 귀중한 데이터들은 석유 탐사, 지도 제작, 환경 감시, 도시 계획을 포함하여 다양한 산업 분야에 제공된다.

원격 탐사 위성들을 관할하는 민간 기업체 중 하나로 스폿 이미지Spot Image라고 불리는 회사가 있는데, 이 회사는 영상 분야에 있어서 전세계 상업 시장의 60%를 점유하고 있는 프랑스 회사이다. 4개의 스폿 위성들은 1998년부터 지금까지 아리안 로켓으로 발사해왔다. 스폿 4호의 무게는 2.75톤이며 위성 기기들을 위해 2.1kW의 전기 에너지를 발전하는 2개의 태양전지판이 장착되었다. 이 위성에는 2개의 고해상도 카메라가 있는데 이 카메라들은 복사선, 가시광선, 적외선 그리고 2개의 전자기석 스펙트럼 주파수에서 작동하고, 최고 10m 해상도로 60㎢ 면적을 보여주는 영상을 제공한다. 그리고 적외선 단파대에서 작동하

내브스타 Navstar

각각의 내브스타Navstar 사용자의 장치에는 라디오 수신기와 전방향성의 안테나, 신호 처리기, 그리고 데이터 송신 장치 등이 있다. 이 장치들은 수동으로 작동되기 때문에 무한한 수의 사용자들이 자신의 위치를 노출하지 않고도 이 시스템에 접속하여 사용할 수 있다. 장치는 자동적으로 가장 적절한 위치에 있는 4개의 위성을 선택하고, 그 위성들의 항행 신호를 자동적으로 추적하여 각각의 대략적인 범위를 입력한다. 그런 다음 4개의 미지수(3개의 사용자의 위치와 시간 편차 요인)와 동시에 4개의 방정식을 만든다. GPS 수신기 안의 작은 컴퓨터는 사용자 실제 위치와 시간을 위해 방정식을 풀고, 그 속도를 결정할 것이다. 이것이 전지구 위치 파악 시스템, 또는 위성 항법 시스템(GPS)이라고 불리는 것이다.

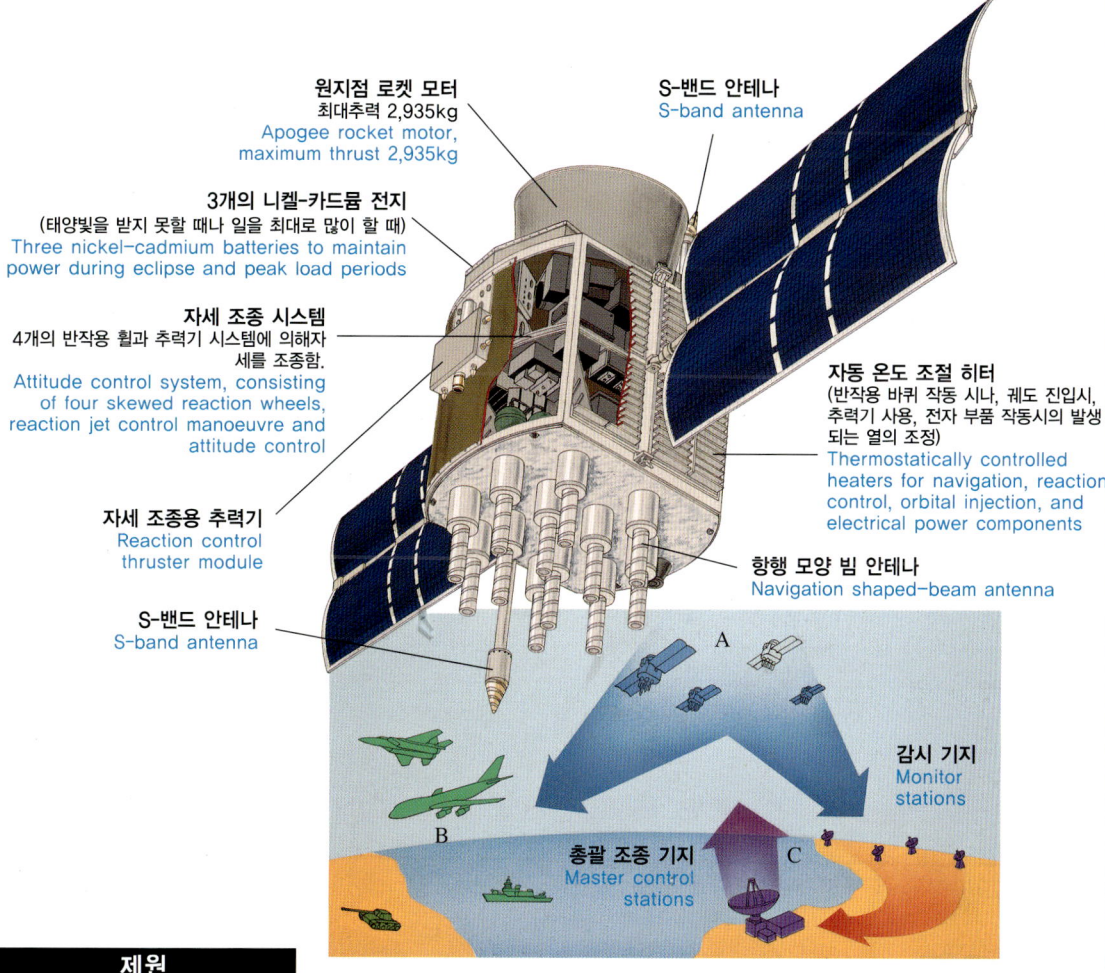

제원

무게 :
로켓과 위성 분리시 773kg
최종궤도 진입시 462kg
태양전지판 전개시 폭 : 5.3m
설계 수명 : 7년

내브스타 시스템

이것은 세 부분의 통합된 부품들로 구성돼 있다.
A : 시간 측정 정보와 정확한 위성의 위치 좌표, 시간 측정 정보를 전송하는 우주 부품.
B : 4개의 위성으로부터 시간과 위치 데이터를 받아 계산하는 사용자 부품.
C : 모든 위성을 추적하고 매일 위치 좌표와 루비듐 원자시계를 수정하는 제어 부품. 원자시계들은 평균 30,000년 중 평균 1초가 늘거나 준다.

오른쪽:유럽 메테오샛이 발사 준비를 하고 있다. 메테오샛 위성들은 온도에서부터 수분 함량에 걸친 현상들을 조사 하기 위해 지구의 다중 스팩트럼 이미지를 촬영한다.

는 식물 탐사 기기는 2,200km를 1km 해상도로 영상을 찍어 전송할 수 있다. 이것은 유럽연합이 농작물을 보호하고 농부들이 할당 규정을 준수하고 있는지 여부를 확인하기 위해 널리 사용된다. 스폿 4호는 극지대의 오존과 에어로졸 발생량을 측정하는 기기와, 궤도에서 위성간 상호 통신 기능을 시험하기 위한 레이저 통신 시스템 등 기타 다양한 기기를 장착하고 있다. 위성은 먼저 의뢰를 받고 지구의 특정 지역들을 촬영하게 되며, 위성에 저장된 영상들은 그 영상을 필요로 하는 전세계의 지상국으로 전송된다.

인생 길과 같은 GPS

미국이 제작하고 발사한, 적어도 24개의 내브스타 블록 IIA와 IIR GPS 위성군은 델타 로켓으로 발사되었다. GPS 위성군 시스템은 지상 2만 200km 상공에서 적도면과 54도의 경사각을 가진 6개 궤도면에 4대씩 배치되어 12시간마다 한 번씩 지구 둘레를 돌며, 지구상 어디에서나 최소한 4개 이상의 위성이 보이도록 설계돼 있다.

이러한 위성들은 2개의 L주파수대로 계속 항해 신호를 보내기 때문에 군사적 목적의 모든 분야와 전세계 민간인 사용자들의 다양한 분야에 이용이 가능하다. 이들은 적합한 장비로 100만 분의 1초, 시속 1km의 n분의 1, 그리고 약 30m 오차 범위 한도 내의 위치 등 정확하게 시간, 속도, 위치를 계산할 수 있는 신호를 받을 수 있다. GPS 수신기들은 비행기, 함선, 자동차 등에 장착되고 있으며, 휴대용은 손에 쥘 만한 크기로 개량되었다.

GPS 서비스는 육지, 바다와 공중 항로, 측량, 지구 물리학상의 탐사, 지도 제작과 측지학, 수송 수단 위치 시스템, 공중 연료 보급과 궤도 회합, 탐사와 구조 작업 등을 지원하는 데 사용된다. 일반 분야에서도 GPS의 새로운 이용 영역이 지속적으로 확대되고 있다. 예를 들면 상업적 항공 회사, 사법 행정 기관, 어부, 등산객들, 그리고 심지어는 농장의 트랙터 운전자까지도 GPS를 사용하고 있다.

GPS 개념은 위성을 궤도에 배치하는 것에서 착안된 것이며, 40년 전 첫 트랜싯 위성들에 의해 시작되었다. 각각의 GPS 위성은 정확한 위치와 시간 신호를 전송하고 궤도에 있는 사용자의 수신기는 그 신호가 수신기에 도달하기까지의 지체된 시간을 측정한다. 적어도 4개의 위성들로부터 동시에 수집된 측정값들을 이용하여 계산하면 현재 이용자의 3차원 위치와 속도, 시간을 알 수 있게 된다. 좀더 최근의 모델인 내브스타 블록 2R 위성은 궤도에서 1톤 이상의 중량에 2개의 태양전지판을 펼쳤을 때 길이가 19.3m이고 1.1kW의 동력을 발전시킬 수 있으며, 본체에는 1.52m×1.93m×1.91m의 박스처럼 생긴 버스를 기본적으로 탑재하고 있다.

GPS 시스템은 구소련의 글로벌 내비게이션 위성 시스템인 글로나스GLONASS에 의해 확대되었다. 글로나스 위성 체계는 세 궤도에 각각 우주선을 8개씩 배치해 모두 24개의 위성으로 구성된 이상적인 시스템이었다. 이 우주선들은 적도에서 64도 기울어진 19,100km의 원궤도에서 작동하고 11시간 15분마다 한 번씩 궤도를 돌았다. 글로나스 위성 체계의 신호는 GPS 시스템처럼 민간인 사용자와 군 사용자에 의해 사용될 수 있었으며 암호화할 수 있었다.

세계의 기상을 본다

세계를 선도하는 우주 개발 국가들은 전세계의 기상과 환경 자료를 극궤도 위성들과 정지궤도 위성들로부터 하루 24시간 수신하며 관리한다. 자료의 범위는 우리가 종종 TV에서 보는 가시 파장의 영상에서부터 표면 온도 지도까지이다. 이러한 세계 기상 감시 시스템은 미국, 러시아, 중국, 인도, 그리고 일본의 위성에 의해 제공될 뿐만 아니라 유럽 우주국(ESA)과 협력한 유럽의 기상 위성 기구인 유메트샛Eumetsat에 의해 운영되는 기상 위성Meteosat과 정지궤도 위성들에 의해서도 제공된다. 메테오샛 위성 시스템을 운영하는 유메트샛도 메톱이라 불리는 극궤도를 선회하는 위성의 발사를 계획하고 있다. 첫 메테오샛은 1977년 유럽 우주국에 의해 발사되었고, 1997년까지 7호가 발사되어 이용되었다. 유메트샛은 2세대 기상 위성인 메테오샛-1호(MSG-1) 위성을 개발했다. 이것은 드럼 모양으로, 회전식 자세 안정화 방식을 이용한 1세대 위성을 기반으로 개발되었지만, 규모는 더 커져서 무게가 2톤에 이른다. MSG-1호는 2002년 8월 아리안 5에 의해 성공적으로 발사됐다.

차세대 메테오샛은 초기 메테오샛에 있던 가시광선과 적외선 촬영기를 포함해 2개의 강화된 주요 기기들이 장착되었다. 촬영기는 1km 해상도의 가시광선 채널과 수중기 함유물, 오존 수치와 같은 그 밖의 대기 특성을 보여주는 3km 해상도의 11개 적외선 채널을 포함해 12개의 파장 채널로 매 15분마다 지구를 세밀히 조사한다. 두 번째 기기는 전 지구 복사 에너지 측정 장치이며, 이 장치는 기상 예보에 있어 가장 중요한 두 과정인 수증기와 구름 촉성 피드백을 측정할 것이다.

차세대 메테오샛은 위성들이 단순히 TV 일기 예보를 위한 날씨 영상만 보내는 것이 아니라 그 이상의 역할을 하는 위성들임을 설명해준다. NASA는 '행성 지구를 위한 임무' 라는 프로그램을 수행할 일련의 지구 관측 시스템(EOS) 위성 중 이미 첫 위성을 발사했다. 테라Terra라 불리는 커다란 극궤도를 선회하는 플

먼 오른쪽:NASA의 첫 지구 관측 시스템 위성 테라Terra는 지구와 지구 대기를 조사하는 연구 활동 프로그램을 시작하기 위해 1999년 발사되었다.

보이지 않는 영상 Elusive Image

지구 전체 자기권의 첫 영상은 2000년에 발사된 이미지(IMAGE : Imager for Magnetopause-to-Aurora Global Exploration) 위성에 의해 얻을 수 있을 것이다. 자기권은 주로 양성자나 전자로 구성된 플라즈마 입자의 이온화와 변화 작용, 태양으로부터 어마어마한 속도로 방출되는 태양풍의 상호작용 가운데 지구 자기장이 미치는 범위 안에서 형성 된다. 자기권은 눈에 보이지 않는 안개와 같은, 이온화된 기체의 거대한 구름이다. 자기권 간섭이 발생되면 인공위성과 지상과의 통신이 중단되고, 수백만 달러의 비용이 들어간 위성에 대규모 동력 정전 사태가 발생될 수 있다. 자기권의 작용과 범위는 태양풍의 강도와 구성 성분 변화에 의해 영향을 받는다. 자기권이 변화하는 동안 과학자들이 그 변화를 관찰할 수 있다면 태양이 지구에 미치는 영향을 더 잘 이해할 수 있을 것이다. 만약 그렇게 된다면 지구에 영향을 주게 될 자기권 간섭을 예보하는 능력이 향상될 것이다. 태양풍이 시속 900km에 이르는 속도로 불어와 지구의 자기장과 맞닥뜨리면 마치 거대한 지각 변동이 일어난 것처럼 자기권이 생성된다. 태양풍은 태양을 향한 지구의 측면에서 약 60,000km 떨어진 곳에서 시작된다. 태양풍이 처음 자기장을 만나는 곳에는 충격파, 또는 뱃머리 충격파(bow shock)가 일어난다. 뱃머리 충격파 내에는 일반적으로 자기권 외피층으로 불리는 이온화된 소용돌이 지역이 있다. 지구 반대편의 자기권은 태양풍으로 인해 엄청나게 먼 곳까지 늘어나 있다.

자기권이 활성화되면 일반적으로 북방의 빛으로 더 알려진 오로라 보레알리스aurora borealis를 형성시킨다. 남반구에서 그 현상은 '오로라 오스트랄리스' Aurora Australis로 잘 알려져 있다. 전자와 이온들은 지구 자기장의 자기력선을 따라 앞뒤로 재빨리 이동한다. 그 전자와 이온들이 격심한 태양의 폭풍에 의해 전류가 흐를 때 이러한 미립자들은 그 자기권을 뚫고 지나가 대기의 외부에 부딪쳐서 화려한 오로라들을 만들어낸다.

위:지구 자기권을 관측하기 위해 개발된 이미지IMAGE 위성 사진. 자기권 간섭 현상이 발생되면 통신 중단 사태와 심각한 대규모 정전 사태가 일어날 수 있다.

랫폼은 무게 5.19톤, 길이 5.9m이다. 테라와 다른 지구 관측 시스템 위성들은 지구의 날씨와 기후에 영향을 주는 다양한 매개 변수를 측정할 모든 종류의 관측 기기들을 운반한다. 이러한 관측 기기들은 태양 복사 에너지와 그것이 기후에 미치는 영향, 그리고 대기 중의 수분 함유물, 강우량, 토양 수분, 얼음, 눈, 바다 그리고 표면 온도의 수문학hydrology적 주기 변수들을 측정할 것이다. 또, 다른 관측 기기들은 대기 중 에어로졸 함량과 대륙 빙하의 분포 상태, 오존층의 파괴 정도 그리고 대기 중의 CFC 화합물(스프레이 분사물)과 일산화탄소물, 메탄의 분포를 측정할 것이다. 지구 관측 분야는 다른 어떤 분야보다도 더 많은 위성들이 참여해야 하는 우주 과학 분야이다.

우주의 스파이들 Ⅱ

1999년 보스니아 사태에서 활용된 군사 작전들은 통신에서부터 미사일 조기 경보 시스템까지 여러 서비스를 제공하는 위성들의 지원을 받았다. 다른 종류의

●●●
아래:방어 지원 시스템(Defence Support System:DSP)의 조기 경보 위성은 로켓 배기가스에서 방출되는 열과, 심지어는 제트 전투기의 재연소 장치에서 감지될 수 있는 열을 검출하기 위한 적외선 센서가 갖추어져 있다.

통신 위성들은 작전 본부와 해군 함대, 항공기, 지상 부대의 교신 활동을 지원했다. 예를 들면 출정중인 군 지휘관이 백악관에 있는 대통령과 직접 이야기할 수 있도록 한다는 것이다. 또한 이 통신 위성들은 다른 위성들로부터 스파이 위성들의 고해상도 영상과 같은 최신의 기밀 정보를 받을 수 있도록 했다.

이러한 위성들은 워싱턴의 국제 정찰국(National Reconnaissance Office)과 다른 지역들로 직접 중계될-또는 데이터 중계 위성을 통해 중계될-디지털 영상들을 촬영한다. 어떤 위성들은 고해상도의 레이더 영상을 촬영하는데 이 영상들은 24시간 주야로 촬영할 수 있으며, 심지어는 구름에 목표물이 가려졌을 때도 촬영할 수 있다. 데이터 송신 위성들은 기밀 정보 수집자들이 메시지를 받고 그 메시지를 그들의 본부로 전송할 수 있도록 한다. 군대, 함선, 항공기와 미사일들은 내브스타와 같은 항행 위성들의 안내로 목표물로 향하게 된다. 해양 정찰 위성은 빠른 움직임을 감시한다. 그 밖의 위성들은 미사일 방어 시스템 개발에 요구되는 미사일 추적 센서와 같은 기술들을 시험하기 위해 사용된다.

CIA의 매그넘Magnum과 같은 '엘린트'elints라 불리는 전자 첩보 위성들은 군사 기지들의 무선 전송과 레이더 방출을 감시하며, 심지어는 민간인의 전화 통화를 도청하는 데도 사용될 수 있다. 구체적 대상은 군사 기지, 시험 중 전송된 미사일의 원격 측정 자료, 통신 첩보 레이더 시설로부터의 마이크로파와 그 밖의 통신들도 포함된다. 예를 들면 엘린트는 군사 지역으로부터의 무선 전신과 레이더 전송들을 기록한다. 데이터가 지상국으로 전송됐을 때 데이터는 다시 재생되고 펄스 수신율, 주파수, 펄스 폭, 송신기 주파수, 그리고 변조와 같은 레이더 기호들은 설치 작전의 가장 그럴싸한 기능과 방법을 알려준다.

몇몇 전자 첩보 위성들은 거대한 접시형 수신기를 이용해 많은 정보원으로부터 전송되는 자료를 수집하는 거대한 '청소기'와 같다. 이렇게 수집된 데이터는 글로스터Gloucester의 첼튼햄Cheltenham에 있는 지상 센터(GCHQ)에서 다시 정리된다. 3개의 매그넘/오리온 위성들은 우주 왕복선이나 타이탄 4 센토 로켓에 의해 발사되었다. 그 위성들은 각각 직경 100m에 이르는 대형 접시형 수신기를 사용했다.

●●●
먼 왼쪽:소련 스파이 위성이 촬영한 영국 파른보로Farnborough의 사진으로 활주로에 있는 차들만큼이나 작은 물체들도 보인다. 공군 기지는 파른보로 국제 에어쇼의 개최지이다.

9장
우주 탐험

• • •

행성은 우주시대 전까지는 잘 알려지지 않은 신비스러운 세상이었다. 그 중에서도 태양계 가장 깊숙한 곳에 위치한 수성은 인간의 발길이 가장 닿지 않은 곳이었다. 이곳에는 단지 한 우주선이 세 번의 방문을 가졌을 뿐이다. 미국의 매리너 10호는 1973년 11월에 발사되어 금성을 스쳐 지나가면서 그 중력을 이용하여 태양을 도는 궤도로 진입했다. 이 여행은 1974년 3월과 7월, 그리고 1975년 3월에 탐사선을 수성에 접근시켰고, 이것으로 매리너 10호는 수성을 탐사한 유일한 우주선이 되었다.

왼쪽 : 1958년 파이어니어 달 탐사선 모델과 미국의 과학자들. 파이어니어는 거대한 꿈을 가지고 달의 궤도로 들어갈 계획이었다. 그러나 달에 도달하는 데 실패하였다.

매리너 10호는 무게가 503kg이었고, 높이 4.6m 직경 1.38m의 팔각형 모양을 한 몸체를 가지고 있었다. 이 몸체에는 연료 탱크, 자세 조정을 위한 추력기, 태양 보호막, 분광계, 그리고 지구에 700장의 사진들을 보낸 직경 1.19m의 안테나와 영상을 촬영한, 외계인의 눈같이 생긴 2개의 TV 카메라를 가지고 있었다. 탐사선은 길이 6m의 긴 팔에 2개의 자기력계가 장착되어 있었고, 또 다른 팔에는 저이득 안테나가 장착되었다. 2개의 태양전지판은 길이가 2.69m로 19,800개의 규소판을 가지고 820W의 전기를 공급했다.

매리너 10호는 수성보다는 달의 관측으로 과학자들을 놀라게 했다. 분화구들, 산마루들, 용암이 넘친 지역과 거대한 충돌 웅덩이가 시야에 들어왔다. 관측기구는 달의 온도가 섭씨 영하 183도에서 영상 187도까지의 범위인 것을 밝혀냈고, 달의 중앙에는 전체 크기의 80퍼센트에 상당하는 직경 4,885km의 금속성 핵이 있음을 탐지했다.

•••
먼 왼쪽:우주 비행선에 의해 탐험된 태양계의 모든 행성들의 몽타주. 태양(사진 중 가장 작은 것)으로부터 수성, 금성, 지구, 화성, 목성, 토성, 천왕성, 명왕성이다.

•••
아래:매리너 10호는 지금까지 수성을 탐사한 유일한 탐사선이다. 탐사선은 태양에 가깝게 근접 비행을 하였고, 도중에 수성을 방문하였다.

위:1962년에 발사된 최초의 우주 탐사선 매리너 2호는 금성의 표면 온도가 425°C까지 올라갈 수 있음을 가리켰다.

금성의 구름 통과

지금까지 금성 탐사를 향한 도전이 12차례 이상 시도되었지만, 대부분 실패하였다. 1962년 12월 매리너 2호가 행성인 금성을 최초로 탐사하는 데 성공하기까지 4차례의 실패가 있었다. 무게 203kg의 금성 탐사선은 1962년 8월에 발사되었고, 4개월 만에 금성에 도착했다. 탐사선의 몸체에는 2개의 태양전지판을 장착하고 있었는데, 각각의 길이는 1.52m이고 4,900개의 실리콘 판에서 222W의 전기를 발전했다. 탐사선에는 3.02m 높이의 피라미드형 트러스 골격에 7대의 실험장치 중 6대가 설치되어 있었다.

금성의 대기는 두꺼운 구름층으로 뒤덮여 있었기 때문에 탐사선에는 카메라

●●●
왼쪽:베네라 13호와 14호에서 나온 착륙 탐사선은 지구에서 발견되는 현무암질의 화강암과 비슷해 보이는 금성 토양의 화학적 특성을 조사했다.

를 장착하지 않았다. 탐사선 밖으로 나온 방사계가 금성의 표면 온도가 섭씨 425도라는 것을 가리켰을 때, 사람들은 첫 번째로 큰 쇼크를 받았다. 그 원인을 규명함에 있어, 매리너 탐사선이 발견한 것은 고도 56km와 80km 사이에 있는 두꺼운 이산화탄소 구름이 엄청난 온실 효과를 발생시키고 있다는 사실이었다.

금성의 신비한 베일이 벗겨졌는데, 그것은 몇몇이 생각했던 것처럼 수풀이 우거진 천국이 아니라 지옥 같은 세상이라는 것이다. 금성의 대기를 뚫은 첫 번째 우주 탐사선은 1967년 소련에 의해 발사된 베네라Venera 4호였다. 이 탐사선은 온도가 섭씨 280도가 넘고, 지구 압력의 22배나 되는 큰 대기 압력을 받는 지점인 고도 27km 지점에서 송신이 끊어짐에 따라, 아마도 낙하산을 펴고 무사히 착륙하지는 못했을 것이라 추정된다. 금성 탐사로부터 베네라 4호가 발견한 중요한 사실은 금성 대기의 95%가 이산화탄소라는 것이었다. 베네라 5호와 6호가

개척자 비너스 Pioneer Venus 1

파이어니어 금성 궤도선은 최초로 지도 작성 시스템을 가지고 금성의 대기를 뚫고 들어가 행성의 표면을 조사한 비행선이다.

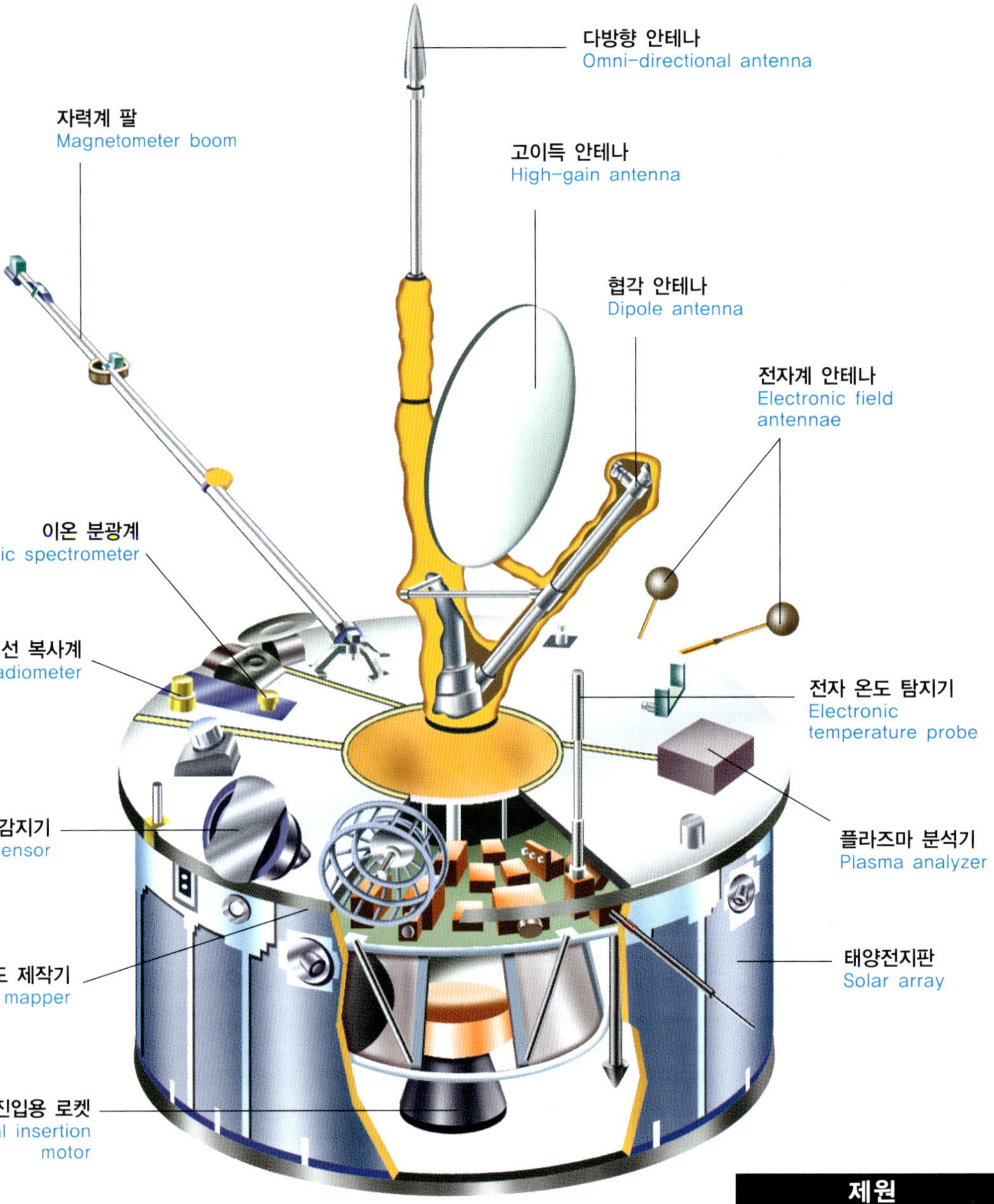

- 다방향 안테나 / Omni-directional antenna
- 자력계 팔 / Magnetometer boom
- 고이득 안테나 / High-gain antenna
- 협각 안테나 / Dipole antenna
- 전자계 안테나 / Electronic field antennae
- 이온 분광계 / Ionic spectrometer
- 적외선 복사계 / Infrared radiometer
- 전자 온도 탐지기 / Electronic temperature probe
- 별 감지기 / Stellar sensor
- 플라즈마 분석기 / Plasma analyzer
- 레이더 지도 제작기 / Radar mapper
- 태양전지판 / Solar array
- 궤도 진입용 로켓 / Orbital insertion motor

제원

길이 : 205cm
총 무게 : 14kg
기구 무게 : 8.32kg

베네라Venera 9호와 10호

베네라 9호와 10호는 1975년 10월에 금성 궤도를 돌았고, 또한 2대의 탐사선은 몹시 더운 행성으로부터 TV 영상을 송신했다.

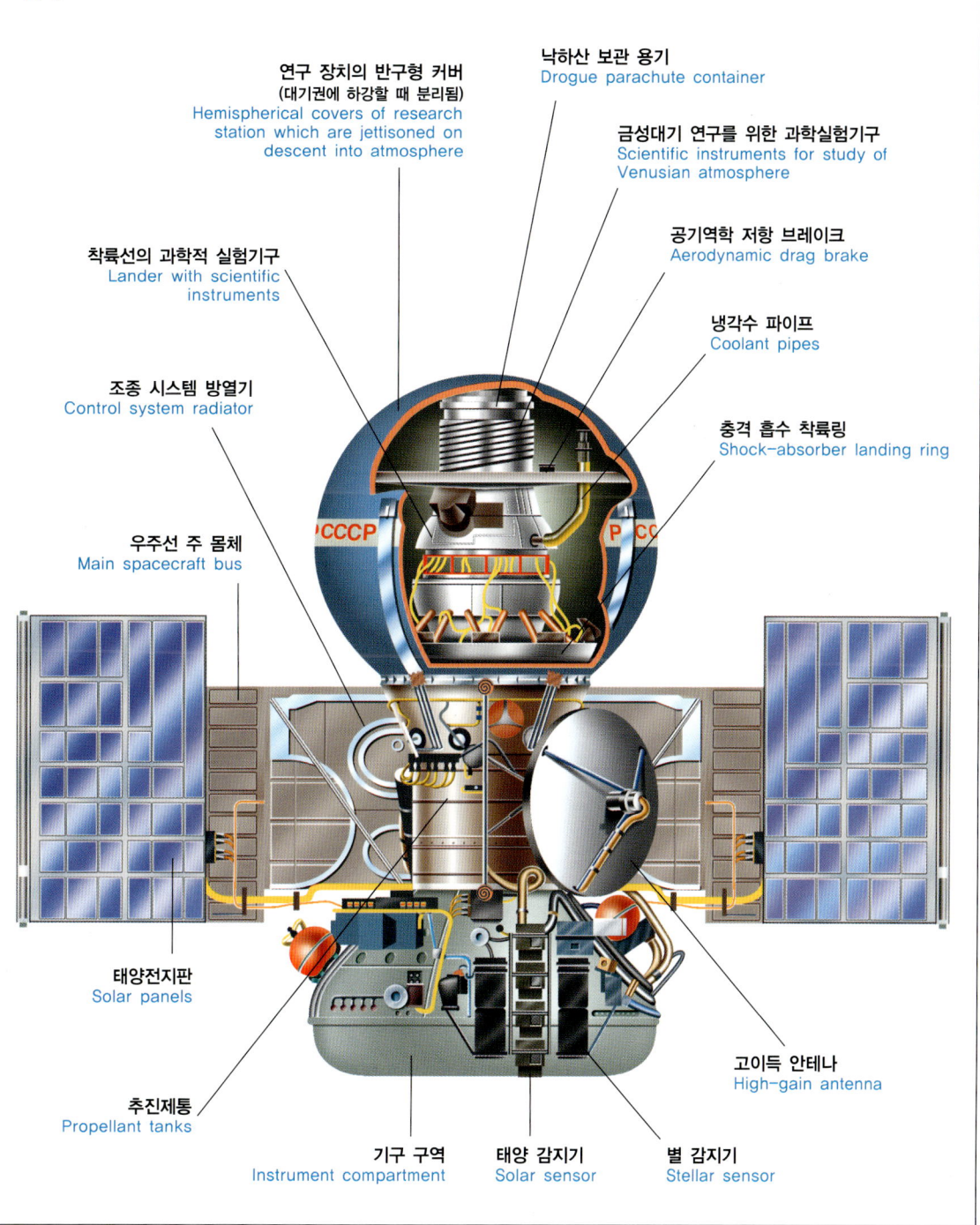

위:1959년 9월 최초로 달에 충돌한 달 탐사선은 소련의 루나 2호였다. 루나 2호는 발사체 상단에 장착된 채로 탐사 임무를 수행하였다.

1969년에 뒤를 이었고, 그것의 캡슐들은 50분간의 전송 후 강력한 압력으로 파괴되었다.

금성의 지표면에 안전하게 착륙하여 지속적으로 전파를 전송한 최초의 탐사선은 베네라 7호였다. 사람들은 베네라 7호를 금성 최초의 착륙 우주선으로 믿고 있다. 베네라 7호는 1970년 8월에 발사됐고, 같은 해 12월 목적지에 도착했다. 훨씬 강화된 캡슐은 500kg 무게가 나갔고, 섭씨 475도의 온도와 지구 대기의 90배에 해당하는 대기 압력을 측정하여 지구로 보냈다. 금성 최초의 표면 사진은 후에 후속 모델인 베네라 9호와 10호에 의해 1970년에 촬영되었다.

후속 탐사선들은 이전의 착륙선보다 더 정교하고 튼튼하게 제작되었다. 완충 장치 옆 직경 1m의 중앙 압력 용기는 공기에 의해 팽창되는 도넛 모양의 접힐 수 있는 충격 링에 붙어 있는 반면, 그것의 위에는 직경 2.1m의 에어로브레이킹판이 위치해 있었다. 낙하산은 행성의 두꺼운 대기가 비행선의 속도를 상당히 늦춰준다는 경험이 증명된 이후로 필요없게 되었다. 베네라 9호는 90배의

왼쪽:1959년에 최초로 달의 뒷면 지형 조사를 통해 우주 경쟁에서 또 다른 승리를 안겨 준 루나 3호.

대기압과 섭씨 460도 온도에서 15~20도 경사진 언덕의 바닥으로 내려왔다. 베네라 9호가 보내준 첫 번째 영상에는 바위투성이의 금성 표면 사진이 담겨 있었는데, 그 모습은 먹구름이 짙게 낀 겨울날에 천둥이 치는 날씨 같았다. 베네라 13호와 14호는 후에 금성 표면의 컬러 영상을 보내주었다.

레이더에 의한 최초의 행성 지도 작성은, 1978년 5월에 발사되어 12월 금성 궤도에 진입한 파이어니어 비너스 1호에 의해 이루어졌다. 무게가 553kg이며 직경은 2.53m, 그리고 높이가 1.22m인 탐사선의 몸체는 금성의 궤도 안에서 1분에 5회전을 하면서 자세를 안정시키도록 설계되었다. 14,580개의 태양전지는 원주 주위에 부착되어 312W의 전력을 제공했다. 탐사선의 고체 추진제 역추진 로켓은, 탐사선이 24시간에 한 번씩 금성을 돌도록 근지점이 150km이며 원지점이 66,889km인 타원 궤도에 진입시켰다.

레이더 지도 작성기는 75km의 해상도로 북위 73도에서 남위 63도 사이 금성 표면 대부분의 지형도를 만들게 해주었다. 이 지형 관찰은 금성의, 경이로울 정도로 부드러운 표면과 상이한 두 가지 색다른 장면을 보여주었다. 각각 호주와 아프리카 크기의 이쉬타 테러Ishtar Terra와 아프로디테 테러Aphrodite Terra라는 두 대륙과, 높이 10.8km에 달하는 산에 대한 발견이었다. 특히 이 산은 사화산으로 추정되는데, 사람들은 맥스웰이라는 이름을 붙였다. 한편, 파이어니어 비너스 2호 역시 금성에 도착하여 탐사선에 실려 있는 4개의 대기 탐사 기기를 통해 놀라운 사실을 발견했는데, 그것은 금성의 대기가 거의 전부 황산 화합물로 이루어져 있다는 사실이었다.

아래:7월 28일 발사된 레인저 7호는 달 충돌 비행 궤도로 6대의 TV 카메라와 건전지를 운반했다. 카메라를 켜는 순간 실패했던 레인저 6호와는 다르게 레인저 7호의 탐사 활동은 대단히 성공적이었다. 그리고 직경 30m의 분화구 지형을 비롯해 달 표면을 놀랄 만큼 자세히 보여주었다.

소련의 금성 탐사는 1985년 6월에 끝을 맺는다. 마지막 2대의 베가Vega 탐사선이 핼리혜성과 랑데부를 하는 도중에 무게 1.5톤, 직경 2.39m짜리 착륙선 2대를 금성 표면에 내려 보내는 것이었다. 각각의 착륙선은 기본적으로 베네라와 닮은 것으로, 착륙선은 55km 높이에서 직경 3.54m의 테플론을 입힌 플라스틱 헬륨 풍선을 전개했다. 13m의 밧줄 끝에는 각종 관측 자료를 보내는, 9대의 기기를 실은 3면의 곤돌라가 있었다.

금성 탐사를 향한 마지막 대미는 1989년 마젤란 탐사선이 장식했다. 우주 왕복선 아틀란티스 STS 30호가 지구 궤도에 올라 마젤란 비너스 탐사선을 전개하자 탐사선에 장착된 상단 로켓(ISU)이 불을 뿜음으로써 금성 탐사의 마지막 여정이 시작되었다. 무게 3.44톤의 탐사선은 높이가 6.64m이며 너비는 4.61m로, 3년간 지속될 세밀하고도 철저하게 만들어질 전체 지도 작성 임무를 시작하기 위해 금성의 극 궤도에 진입했다. 탐사선은 궤도를 한 번씩 돌 때마다 길이 17km와 폭 28km의 넓은 지역을 해상도 120m의, 놀라운 화질의 영상으로 1,852장씩 촬영할 수 있었는데 이 중에는 맥스웰 산, 분화구, 신비로운 팬케이크 모양의 둥근 마루터기 같은 사진들이 있었다.

달을 향한 임무들

인간이 만든 최초의 달 착륙 물체는 소련의 루나Luna 2호로, 알루미늄-마그네슘으로 된 구 모양의 형태였고, 직경은 1.2m

●●●
위:1966년 1월 달 표면 최초 연착륙에 성공한 루나 9호의 모델.

였다. 여기에는 3가지 종류의 간단한 관측 기구가 실려 있었다. 그중에는 길게 내밀어진 팔들에 장착된 것들도 있었다. 무게 390kg의 탐사선은 상단 로켓에 점화된 불꽃이 강렬한 진동음과 함께 불을 내뿜자 엄청난 속도로 날아가 하루 만인 1959년 9월 13일 초속 3.3km 속도로 달에 도달했다. 그러나 그도 잠시 루나 2호의 무선 송신은 아르키메데스 분화구에 가까운 공해에서 갑자기 끊겼다.

한 달 후에 발사된 루나 3호의 탐사는 아주 성공적이었다. 278kg 무게의 탐사선은 1.3m 높이에 길이는 1.19m였고, 소련으로서는 처음으로 몸통에 태양전지를 부착했다. 루나 3호의 주요 기구는 사진-TV 영상 시스템이었고, 8월 7일 달 상공 6,500km에서, 그때까지 볼 수 없었던 달의 뒤쪽 면을 40분간 촬영하여 29장의 사진을 찍었다. 탐사선이 촬영한 35mm 필름은 자체 선내의 필름 현상 자동장치에 의해 현상되고, 수정되고, 인화되었으며, 라이트 빔light beam에 의해 각 사진당 1,000개 라인의 TV 화면들로 전환 전송되었다. 탐사선이 보내온 영상으로 그동안 인류가 전혀 볼 수 없었던 70%의 숨겨진 달 표면이 드러나게 되었다. 그것은 대단한 성과였고, 우주 개발 역사상 주요한 이정표 중 하나로 기록되었다.

다음의 이정표는 달의 클로즈업 사진이었다. 무게 366kg의 레인저 7호는 1964년 7월 31일에 4,316장의 사진을 찍은 후 시속 9,316km 속도로 '달의 구름바다'(Moon's Sea of Clouds)에 뛰어들었다. 마지막 영상은 수백 개의 작은 분화구로 얼룩덜룩한 표면과, 지구에서 망원경으로 본 어떠한 것보다 1,000배나 선명한 사진을 보여주었다. 레인저 7호의 뒤를 이어 발사된 레인저 8호와 9호의 달 탐사 활동도 성공적이었다. 레인저 달 탐사선들은 매리너 2호에서 쓰이던 것과 비슷한 탐사선 몸체를 기본으로 사용했다. 몸체 위에 설치된 것은 1.5m 높이의, 끝이 가는 탑과 같은 구조물이었고 끝부분에는 6대의 카메라를 포함한 무게 173kg짜리 TV 시스템이 들어가 있었다. 비디콘vidicon에 달 표면의 영상들이 기록됨과 동시에 TV를 통해 지구로 전송되었다.

1966년 2월, 소련의 루나 9호는 인류 최초로 달 표면 연착륙을 시도했다. 그러나 엄밀한 의미에서 루나 9호의 착륙은 연착륙이 아니었다. 100kg의 루나 9호 착륙 캡슐은 탐사선의 몸체에 붙어서 달을 여행했고, 무게 1.5kg의 TV 카메라가 장착되어 있었다. 탐사선이 표면을 향해 뛰어들 때 하강 속도를 늦추기 위해서 추력 45.5킬로뉴턴의 역추진 로켓이 발사됐고, 직경 58cm의 캡슐이 방출되어 탐사선처럼 달 표면에 시속 22km 속도로 충돌했다. 달 표면을 구르던 캡슐이 정지되자, 영상 전송을 시작하기 위해 TV 카메라를 노출시키려고 4개의 '꽃잎'을 열었다. 그것은 마치 사진 전송을 위한 팩스처럼 작동을 했다. 카메라는 촬영 가능 범위인 1.5km 안에서 1시간 40분 동안 6,000줄의 파노라마를 제작하기 위해 360도로 회전을 했다. 루나 9호가 보내준 달 표면의 모습은 수분을 머금지 않은 가루 같은 토양에, 다양한 크기의 작은 돌로 뒤덮여 있었다. 적어도 폭풍의 바다에는 달 먼지층이 두텁지 않은 것이 분명했다.

그러나 최초의 진정한 부드러운 착륙은 1966년 6월 역추진 로켓의 도움을 받아 착륙에 성공한 미국의 서베이어Surveyor 1호이다. 전부 5대의 서베이어 탐사선이 놀라울 정도로 성공적인 임무를 수행한 루나 오비터Lunar Orbiter들의 지원을 받으며 달의 여러 지점에 착륙했고, 아폴로 계획 책임자가 달 착륙을 위한 지점 선정을 돕기 위해 풍부한 영상을 보내왔다.

루나후드 Lunakhod 2

루나 21호는 1973년 1월 16일 달의 '고요의 바다'의 동부 가장자리 근처 르 문니어Le Monnier 분화구 안쪽에 연착륙하는 데 성공했다.

첫 번째 달 탐사 활동은 루나후드 2호가 착륙 지점 안의 남동쪽 화산암 용암층을, 분화구와 표석을 뚫으면서 떠났을 때인 1월 17~18일에 시작됐다. 지구에서 받은 파노라마 같은 영상은 '고요의 바다'의 산 경계를 포함한 주변 풍경을 선명하게 보여주었다.

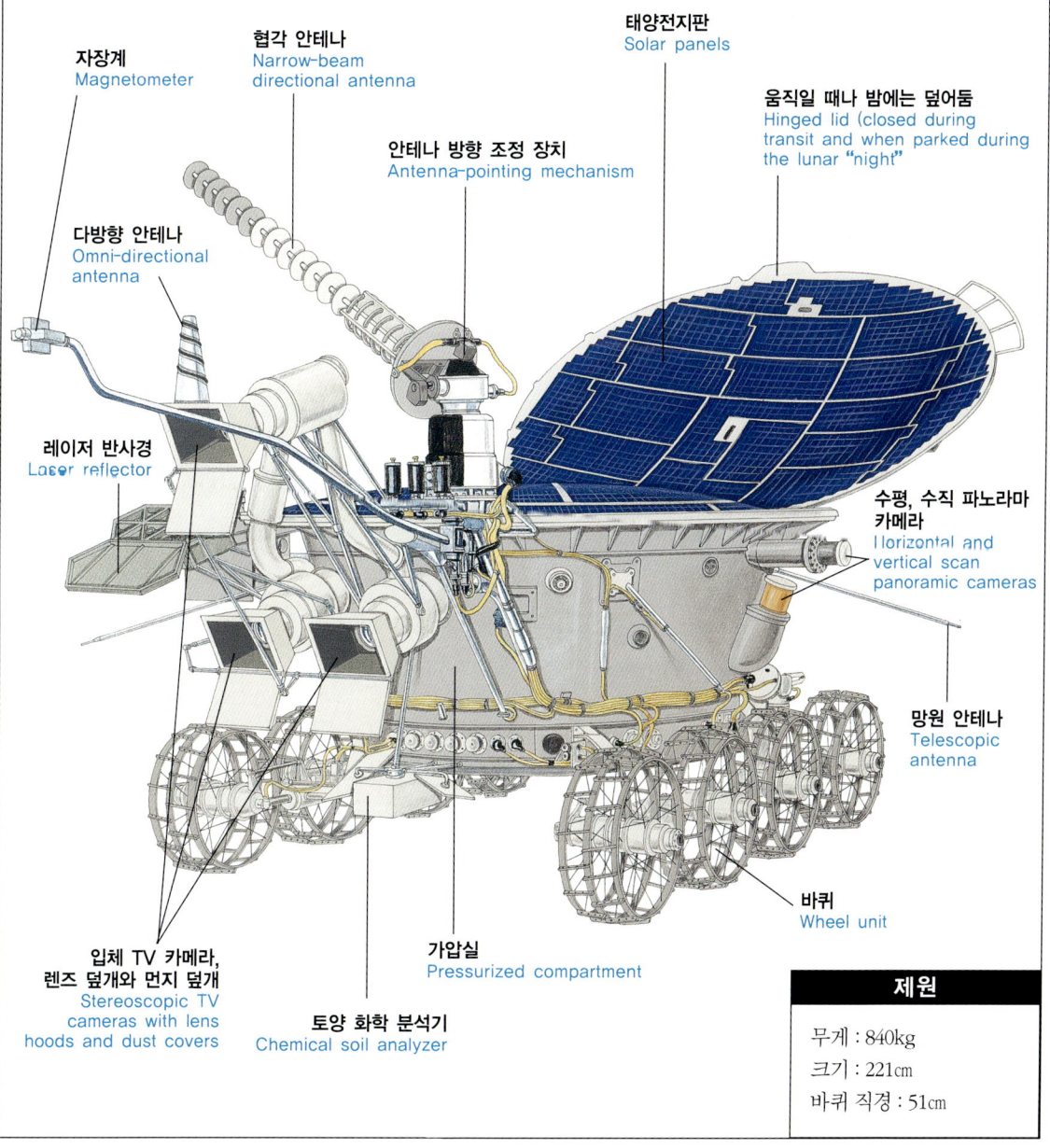

제원
무게 : 840kg
크기 : 221cm
바퀴 직경 : 51cm

9장_우주 탐험 · 267

최초의 행성 탐험들

날짜	탐사선	나라	경과

달

날짜	탐사선	나라	경과
1959년 9월 12일	루나 2	소련	발사
1959년 9월 13일	루나 2	소련	달에 30°N 0°Lat으로 충돌. 달의 표면에 도달한 최초의 물체.
1959년 10월 4일	루나 3	소련	발사
1959년 10월 6일	루나 3	소련	달 표면의 6,000km 사이를 비행. 달 뒤쪽 70% 최초로 사진 촬영.
1964년 7월 28일	레인저 7	미국	발사
1964년 7월 31일	레인저 7	미국	달 표면 10.7°S, 20.7W에 충돌. 충돌 전 표면을 최초로 고해상도 사진 촬영.
1966년 1월 31일	루나 9	소련	발사
1966년 2월 3일	루나 9	소련	7.13°N, 64.37W에 착륙. 최초의 연착륙과 지표면으로부터의 영상 전송.
1966년 3월 31일	루나 10	소련	발사
1966년 4월 3일	루나 10	소련	달 궤도 진입. 최초의 달 궤도선.
1970년 11월 10일	루나 17	소련	발사
1970년 11월 17일	루나 17	소련	38.28°N, 35°W에 착륙. 루나후드는 최초의 월면 작업차.

금성

날짜	탐사선	나라	경과
1962년 8월 27일	매리너 2	미국	발사
1962년 12월 14일	매리너 2	미국	38,827km 저공 비행. 최초의 금성 탐사선.
1970년 8월 17일	베네라 7	소련	발사
1970년 12월 15일	베네라 7	소련	5°S 351°Lat 표면에서의 최초의 전송.
1975년 6월 8일	베네라 9	소련	발사
1975년 8월 22일	베네라 9	소련	32°N 291°Lat에서의 최초 영상 전송. 최초의 금성 궤도선.

화성

날짜	탐사선	나라	경과
1964년 11월 28일	매리너 4	미국	발사
1965년 7월 15일	매리너 4	미국	화성 6,900km 상공 저공 비행. 최초의 저공 비행과 영상.
1971년 3월 30일	매리너 9	미국	발사
1971년 11월 14일	매리너 9	미국	궤도 진입. 화성 궤도선.

1975년 8월 20일	바이킹 1	미국 발사
1976년 6월 19일	바이킹 1	미국 궤도 진입.
1976년 7월 20일	바이킹 1	미국 착륙선 22.438°N, 47.94°W에 착륙. 최초의 화성 착륙, 표면 사진과 표본 분석.
1996년 12월 2일	마스-패스파인더	미국 발사
1997년 7월 4일	마스-패스파인더	미국 화성에 착륙. 최초의 탐사선 소저너Sojourner 활동

목성

1972년 3월 3일	파이오니어 10	미국 발사
1973년 12월 5일	파이오니어 10	미국 목성과 130,000km 사이 비행. 최초로 목성 탐사선과 클로즈업 사진들.
1989년 10월 13일	갈릴레오	미국 발사
1995년 12월 7일	갈릴레오	미국 목성 궤도로 진입. 최초의 탐사선과 최초 캡슐이 대기를 뚫음.

토성

| 1973년 4월 6일 | 파이오니어 11 | 미국 발사 |
| 1979년 9월 1일 | 파이오니어 11 | 미국 토성과 20,900km 사이 비행. 최초로 토성 저공 비행. |

수성

1973년 11월 3일	매리너 10	미국 발사
1974년 3월 29일	매리너 10	미국 수성과 703km 사이 비행.
1974년 9월 21일	매리너 10	미국 48,069km의 저공 비행.
1975년 3월 16일	매리너 10	미국 수성과의 최고 근접거리인 327km 비행. 최초이자 유일한 수성 탐사. 금성까지 근접 비행한 매리너 10호는 두 행성을 탐사한 최초의 비행선.

천왕성

| 1977년 8월 20일 | 보이저 2 | 미국 발사 |
| 1986년 1월 24일 | 보이저 2 | 미국 천왕성과 71,000km 사이 비행. 최초이자 지금까지 유일한 천왕성 탐사선. 3개의 행성을 탐사한 최초의 비행선.(목성과 토성 포함) |

해왕성
1989년 8월 25일 보이저 2 미국 해왕성과 5,016km 사이 비행. 최초이자 지금까지 유일한 해왕성 탐사선. 4개의 행성을 탐사한 최초의 비행선.

혜성
1978년 8월 12일 ICE/ISEE 3 미국 발사
1985년 9월 11일 ICE/ISEE 3 미국 혜성 지아코비니 지너Giacobini Zinner의 위에서 7,862km 사이를 비행한 최초의 혜성 탐사선.
1985년 7월 2일 지오토 유럽 발사
1986년 3월 14일 지오토 유럽 핼리혜성의 코마Coma를 뚫고 비행. 혜성의 핵과 606km 사이에서 비행한 최초의 혜성 코마 탐사선.

소행성
1989년 10월 18일 갈릴레오 미국 발사
1991년 10월 29일 갈릴레오 미국 가스파Gaspra와의 1,604km 사이 비행. 최초의 소행성 탐사와 클로즈업 사진.
1996년 2월 17일 니어NEAR 미국 발사
2000년 2월 14일 니어 미국 에로스Eros 궤도로 진입. 첫 번째 소행성 궤도선.

그러나 소련은 루나 10호로, 1966년 4월 최초의 달 궤도로 진입하는 차별화된 탐사 능력을 선보였다. 이것은 소련 달 탐험 계획의 올바른 방향이라기보다는 미국의 루나 오비터 계획을 급히 이기기 위한 노력처럼 보였다.

최초로 달의 흙을 지구로 가져온 것은, 소련 최초로 부드럽게 달에 착륙한 우주선이기도 한 무인 탐사선 루나 16호였다. 루나 16호는 1970년 9월 달에 착륙을 했고, 상승 로켓단의 상층부에 위치한 캡슐에 달의 흙을 퍼 올려서 저장했다. 그 캡슐은 직경 0.5m, 무게 39kg인데, 탐사 결과 사람들의 흥미를 자아내는 '풍부한 바다'의 유리구슬을 포함한 101g 분량의 달 토양을 가지고 지구로 돌아왔다.

아폴로 프로그램 이전인 1970년, 소련은 루나 17호에 무인 탐사선인 루나후드Lunakhod 로버를 탑재하여 달을 향해 발사했다. 루나후드 로버의 외형은 매우 정교하게 제작되어 비실용적으로 보일 정도였다. 이 기계의 크기는 높이 1.35m에, 길이는 2.15m, 무게는 756kg이 나갔는데, 그 외형은 바퀴가 8개 달린 목욕통과 유사했다. 이것에는 과학 기구와 카메라를 장착하고 있었고, 지구에서 원격

매리너 Mariner 9호

매리너 9호는 화성 궤도로 진입한 최초의 우주 탐사선으로, 1971년 11월 13일 성공적인 군사작전을 수행한 이후 큰 포물선을 그리며 화성 궤도로 진입했다. 화성을 탐사하기 위해 설계된 기구들은 광각과 협각의 TV 카메라, 표면 위의 가스와 입자, 그리고 온도를 측정하기 위한 적외선 간섭계 분광계; 대기 위의 가스들을 확인하기 위한 자외선 분광계, 그리고 표면 온도를 측정하기 위한 적외선 복사계들이 포함되었다. 탐사선이 도착했을 때에는 먼지 폭풍의 영향으로 화성의 특징들을 확인할 수 없었다. 먼지가 가라앉았을 때 카메라는 지구의 그랜드 캐니언Grand Canyon보다 훨씬 큰 적도 지역의 협곡, 화산들, 완전히 물줄기가 메마른 강바닥 모습 등의 놀랄 만한 발견을 하였다.

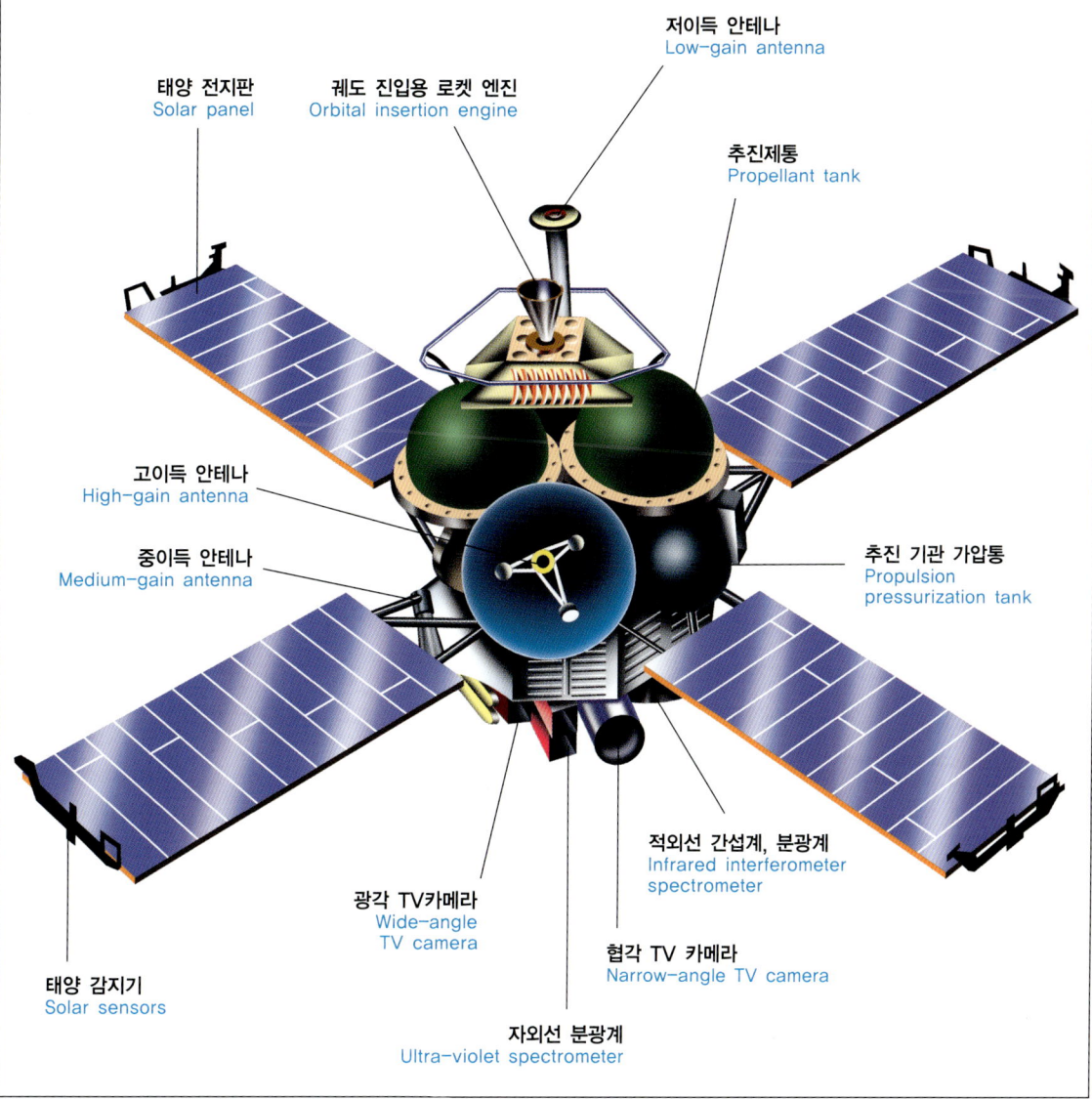

바이킹 궤도선 Viking Orbiter

2대의 바이킹 탐사선은 2대의 모선이 궤도에서 화성을 굉장히 상세하게 조사하는 동안 최초로 화성 표면에 착륙을 하였다.

- 바이킹 착륙선 캡슐 / Viking lander capsule
- 화성대기 수분 검출기 / Mars atmospheric water detector
- 고이득 안테나 / High-gain antenna
- 카메라 / Camera
- 적외선 열지도 제작기 / Infrared thermal mapper
- 추적 장치 / Tracker
- 태양전지판 / Solar panel
- 저이득 안테나 / Low-gain antenna
- 궤도 진입용 로켓 모터 / Orbital insertion motor
- 열조절 통풍창 / Thermal control louvres

으로 조종했다. 직경 51cm의, 티타늄의 미세한 망사로 된 바퀴는 바퀴축의 전기 모터에 의해 작동되었다. 이 놀라운 무인 우주선은 11일 동안 작동했고, '비의 바다'를 지나 총 10km를 여행했다. 루나후드 2호는 1973년에 발사되었다.

●●● 먼 오른쪽:화성 표면에 넓게 펼쳐진 거대한 협곡. 매리너리스 협곡이 바이킹 궤도선에 의해 아주 정밀하게 촬영되었다.

화성 탐사

러시아는 금성 탐사에 있어선 중요한 이정표를 세웠지만, 화성 탐사는 실망스러웠다. 러시아의 화성 탐사 시도는 마르스Mars 5호의 성공이 유일했다. 반면 미

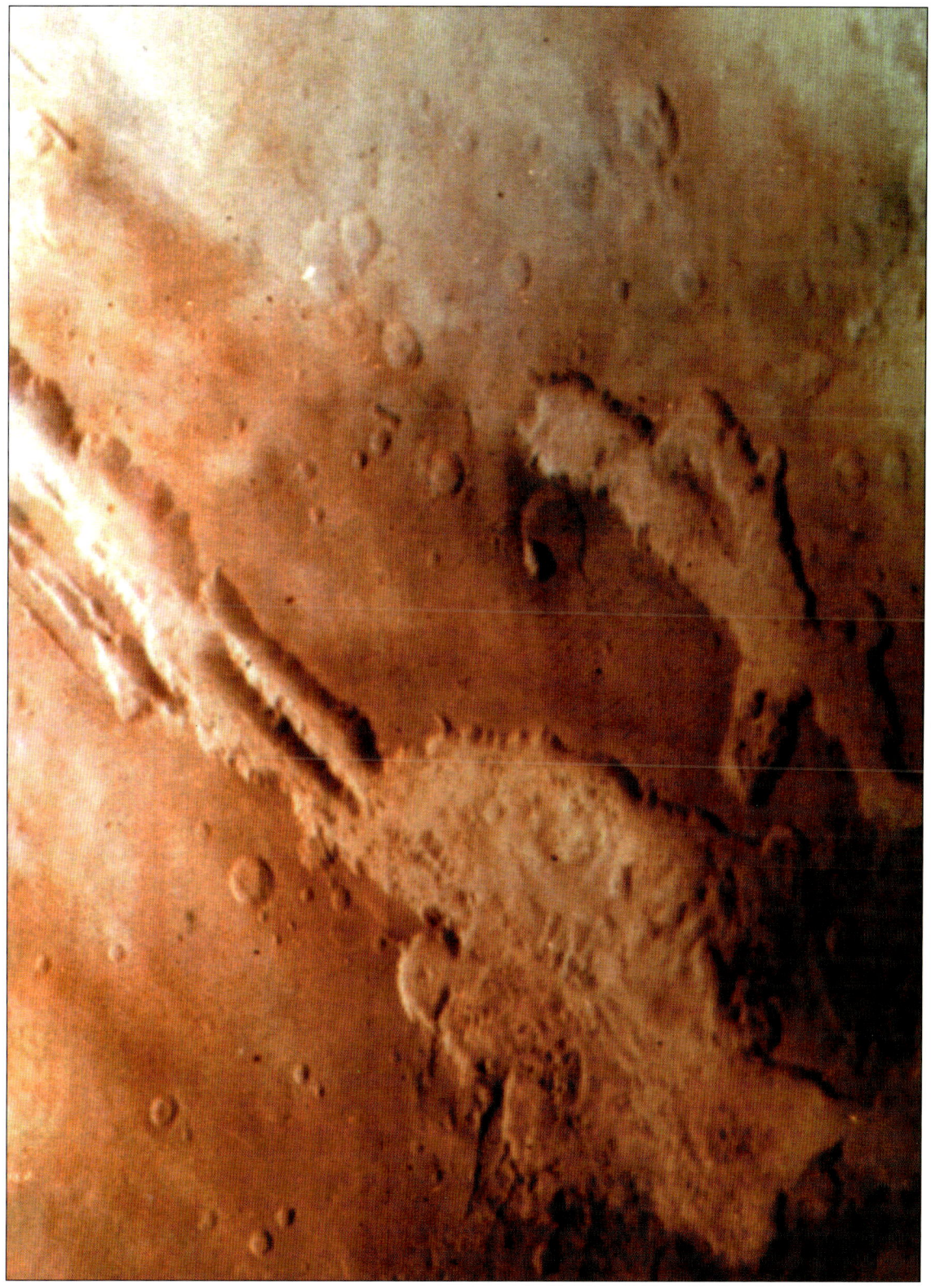

위:1997년 7월 마스 패스파인더Mars Pathfinder호로부터 분리된 9kg의 소저너Sojourner 로버는 지구 기지국의 운영자에 의해 조종되었다.

국은 1996년 후반, 화성 기후 궤도선과 화성 극지 착륙선의 실종 사고가 있기까지 대단한 성공을 거두고 있었다. 그러나 이 사건은 미래의 화성 탐사 계획에 대해 그 근본부터 다시 생각해 보도록 전환점을 제공했다. 미국 항공 우주국의 손실은 다음 착륙선의 발사 취소로 이어졌다.

매리너Mariner 4호는 1964년 11월에 발사되어 이듬해 7월 화성에 도착하였으며, 화성의 표면이 분화구로 뒤덮여 많은 부분에 있어 달과 비슷하다는 점을 밝혀냈다. 탐사선의 몸체는 나중에 금성을 비행한 직경 1.38m에 높이 0.45m의 매리너 10호와 비슷했다. 몸체에는 700W의 전력을 생산하는 7,000개의 태양전지를 가진 4개의 태양전지판과, 1대의 TV 카메라가 장착되어 있었다. 이 TV 카메라는 화성과의 가장 근접거리인 9,600km를 지나며 21장의 사진을 촬영하여 지구로 전송하였다.

촬영된 영상은 북위 37도에서 남위 55도까지의 지역을 포함하였고, 각각의 영상은 40,000개의 화소를 빛의 양에 따라 숫자로 바꾸어서 전송했다. 다른 실험 기구들은 대기에 대한 자료를 보내왔다. 많은 영상들이 불분명했다. 매리너 11호에 의해 비교적 선명하게 촬영된, 아틀란티스Atlantis라고 불리는 지역의 분화구가 겨우 형태만 보일 정도였다. 이처럼 매리너 4호의 화성 탐사 정보는 미약했지만, 이후 화성 탐사 계획을 본격화시키는 신선한 자극제가 되었다.

무게 556kg의 매리너 9호는 1971년 5월에 발사되었고, 11월에 최초로 화성 궤도에 진입한 탐사선이 되었다. 매리너 9호는 화성 표면의 70%까지 탐사할 수 있도록 활동 범위를 넓혀주는 적도 경사각 80도 궤도에 진입했다. 그리고 매리너 9호는 매리너 4호와 유사한 몸체를 사용했는데, 여기에 역추진 로켓이 장착되어 높이가 2.3m로 늘어났으며 이 몸체에 장착된 기기로부터 많은 자료를 획득했다. 매리너 9호가 보내온 최초의 영상을 보면 매리너 탐사선이 표면을 완전히 덮을 정도의 거대한 모래폭풍이 부는 동안에 도착했다는 것을 보여주었다. 그리고 분화구들로 인해 구멍이 많이 난 화성의 달인 포보스Phobos와 데이모스Deimos 사진을 보내왔는데, 아마도 그 사진 중에는 소행성도 포함되어 있을 것이다.

1972년 1월, 모래폭풍이 걷힘에 따라 매리너가 찍은 사진들이 꽤 장관이었음이 증명되었는데, 매리너 6호와 7호의 근접 비행 때 촬영한 분화구들보다 다양한 표면들을 드러냈다. 마른 호수의 바닥과, 길이 4,000km에 폭 100km 넓이의 거대한 매리너 계곡과, 25km 높이의 올림푸스 몬스를 포함한 화산들이 드러났다. 매리너 9호의 영상들은 바이킹 착륙선의 착륙 지점을 선정하는 데 기초가 되었다.

2대의 바이킹 착륙선은 1975년 8월과 9월 발사됐고, 각각 1976년 7월 20일과 9월 3일 화성 표면에 도착했다. 아주 똑같이 생긴 2대의 바이킹 착륙선들의 탐사 활동은 성공적이었다. 그리고 궤도에는 2대의 모선이 남아서 매리너 9호가 시작한 철저한 조사 활동을 계속하고 있었다. 착륙선은 366kg의 렌즈 형태의 보호 용기에 둘러싸여 화성의 상층 대기에 돌입했고 1,500도의 고온으로부터 보호되었

아래: 이 크리세 패니티아Chryse Panitia의 눈부신 파노라마는 마스 패스파인더가 미국 독립기념일에 맞춰 착륙하자마자 보낸 사진이다.

●●●
위:보이저 2호는 태양계의 행성간 우주 비행과 태양계 너머를 향한 우주 탐사 기간 동안 목성, 토성, 천왕성, 명왕성의 네 행성을 탐사했다.

다. 직경 16.2m의 낙하산은 5km 고도에서 펼쳐졌다. 보호 용기는 버려졌고, 착륙선의 다리는 펼쳐졌으며, 지상 1.4km 위에서 3개의 가변 추력 로켓 엔진과 4개의 추력기가 점화되어 연착륙을 위해 착륙선의 속도를 초속 2.4m로 줄였다.

바이킹 착륙선은 기본적으로 6면의 알루미늄-티타늄 몸체를 중심으로 제작됐는데, 최대 높이는 기상 관측 팔을 기준으로 2.1m였으며 기타 외부 실험 기구들이 포함되어 있다. 3개의 착륙 다리 끝에는 직경 30cm의 발판이 달려 있었고, 착륙선은 2개의 방사선, 플루토늄 산화제, 방사성 동위원소, 열전기 발전기를 통해 동력을 얻었다. 각각의 착륙선은 토양을 수집하기 위해 삽이 장착된 3m의 로봇 팔을 갖고 있었다. 토양은 생물 분류기, 가스 색층 분석기, 질량 분광계, 그리고 X-선 분광계가 들어 있는 내부 실험실에 보관되었다. 화성 생물체의 징후를 탐지하기 위해 실험실에서는 표본에 열을 가하고 물과 영양소를 섞는 것을 포함한, 정교하고 과학적인 방법을 사용해 보았다.

그러나 화성에 생명체가 존재한다는 결정적인 증거는 녹으로 더러워진 표면, 먼 수평선, 분홍색 하늘, 그리고 지표면의 이산화탄소 서리 등 굉장한 영상들을 찍어 보낸 착륙선에 의해서도 발견하지 못했다. 화성의 대기는 거의 전부가 이산화탄소이며 표면의 대기압은 7.6mb인데 겨울에는 30퍼센트까지 내려갔다. 온도는 이른 오후에 약 -33℃, 풍속은 시속 51km로 감지되었다. 바이킹 1호와 2호의 성공적인 화성 착륙은 우주 탐사에서 중요한 이정표가 됐다. 그러나 그 후 화성 탐사 계획은 지지부진했다. 화성-패스파인더Pathfinder호, 특히 그것의 무인 차량인 소저너가 전세계 인터넷 사용자들의 상상을 사로잡은 1997년까지 화성 탐사는 이어지지 않았다. 패스파인더 계획에서 2억 6천5백 달러를 사용한 것을 바이킹 계획에서 10억 달러를 쓴 것과 비교해 보면, 그 이전에 비해 이는 오늘날 우주 예산이 얼마나 제한적인지 잘 알 수 있다.

1996년 12월에 발사된 디스커버리 시리즈의 하나의 임무는, 저예산 화성 표면

아래:화산 활동을 하는 유황으로 된 목성의 달 이오가 수평면 위에서 우주 공간으로 물질들을 토해 내는 모습. 이오의 표면은 궤도를 도는 거대한 목성의 힘에 의해 찢겨진다.

위:토성의 고리는 토성의 중력 차이에 의해 독특한 형태를 구성하는 수백만 개의 먼지 입자, 암석, 그리고 얼음을 포함하고 있다.

탐사 가능성을 증명하는 것이었다. 마스 패스파인더 착륙선 버팀대 위에 올려져 있던 소저너의 크기는 불과 전자레인지 정도로, 6개의 바퀴로 움직이는 소형 탐사장비이다. 1977년 7월 4일, 탐사선은 부풀어오른 헬륨 풍선에 싸여 지면과의 충격을 흡수하며 안전하게 착륙했다. 이때 지구 기지국의 운영자의 원격 조종에 의해 9kg의 로버가 화성 표면으로 미끄러지듯 내려왔으며, 먼저 소저너와 착륙선이 촬영한 지표면 사진들은 나중에 운영자들이 길을 찾는 데 사용되었다. 착륙 지점은 화성의 19.33°N, 33.55°W로 아레스 벨리스Ares Vallis 지역 안의 크리세 평원 근처의 거대한 빙하에서 흘러내린 퇴적물 평원이었다. 이곳은 화성에서 가장 크게 유출된 해변 중의 하나로서, 짧은 기간 동안에 있었던 화성의 북반구 쪽으로 흐른 커다란 홍수의 결과로 보인다.

거대한 행성으로의 여행

1972년 3월에 발사된 탐사선 파이어니어Pioneer 10호는 긴 여행 끝에 1973년 12월 태양계에서 가장 큰 행성인 목성에 도착했다. 무게가 258kg인 파이어니어 10호는 전자 장치를 싣기 위해 6각형 모양의 우주선 몸체를 기본으로 제작됐고, 벌집 구조의 알루미늄판으로 만들어진 직경 2.74m의 커다란 안테나가 위에 설치되어 있었다. 목성에서 받는 태양 에너지는 지구에서 받는 에너지의 4%로 아주 낮기 때문에 탐사선에는 태양전지판을 부착하지 않았다. 대신에 탐사선의 긴 두 팔 끝에 플루토늄238을 연료로 이용해 140W의 전기를 발생시키는 SNAP 방사선 동위원소 열-전자발전기가 설치되어 있었다. 세 번째 팔은 길이가 6.55m로 자기 탐지기, 망원경, 검파기, TV 카메라를 포함한 10여 개의 다른 기구가 장착되어 있었다.

또한 파이어니어 10호, 11호의 옆면에는 인간 남녀의 모습과 태양계의 행성,

카시니 Cassini 호

카시니Cassini 프로젝트는 미 항공 우주국(토성 궤도선을 제공)과 유럽 우주 기구(타이탄 착륙선 개발)의 공동연구로 탄생한 대표적인 탐사선이다. 토성은, 직경 수킬로미터의 위성부터 5,000km가 넘는 30개 이상의 달을 가지고 있다고 알려졌다. 타이탄의 직경은 5,140km로, 토성에서 가장 큰 위성인데 수성보다도 크다. 호이겐스Huygens 탐사선은 2005년에 카시니Cassini 우주선으로부터 분리되어 타이탄의 구름을 뚫고 지표면에 성공적으로 착륙하였다.

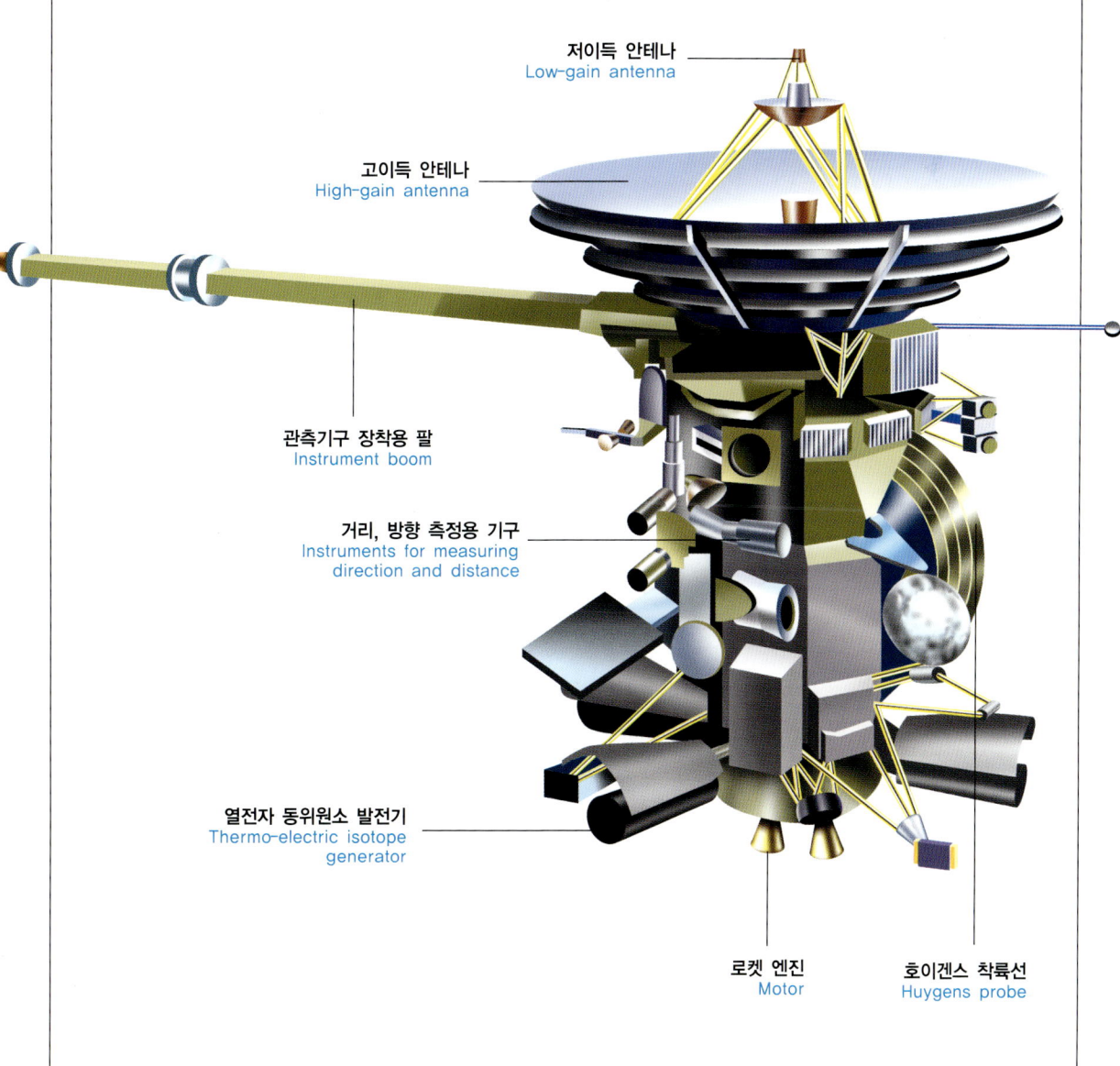

에너지 사용법을 나타내 주는 금속판이 부착되어 있다. 이 금속판은 우주 어딘가에 있을 외계 문명의 존재를 가정하고 어느 날 그들이 탐사선을 발견할 경우를 대비해 만들어졌다. 파이어니어호를 통해서 300장이 넘는 목성의 영상들을 수신받았는데, 이것은 지구 최고의 망원경으로 보는 것보다 훨씬 해상도가 좋았다. 사진 중에는 대적점(great red spot)과 행성 주위에서 발견된 밴 앨런 방사대에 의한 손상을 포함하고 있었다. 파이어니어 10호의 뒤는 1973년 4월에 발사되어 1974년 12월에 목성에 도착한 자매 탐사선인 파이어니어 11호에 의해 이어졌다. 이 탐사선은 목성을, 최초로 '슬링샷slingshot으로 이용했다. 즉 목성의 중력을 이용해 목성의 남쪽으로 접근한 뒤 북쪽으로 빠져나가며 속도를 가속시키고 방향을 조정해 토성으로 향했다.

목성의 다음 방문은 1979년에 보이저Voyager 1호와 2호에 의해 이루어졌다. 보이저 탐사선이 목성으로부터 보내온 사진의 질은 파이어니어호보다 상당히 향상된 것이었다. 그 중 가장 뛰어난 사진들은 4개 큰 위성인 이오Io와 유로파Europa와 가니메데Ganymede와 칼리스토Callisto에 관한 것이다.

목성으로 향한 그 다음 탐사선은 갈릴레오Galileo였다. 갈릴레오는 최초로 목성 궤도를 돌고 두꺼운 구름 지붕으로 내려가기 위해 착륙 캡슐을 분리했다. 갈릴레오 탐사선은, 1989년 10월 우주 왕복선 아틀란티스로부터 출발하여 목성으로 가는 도중에 1990년 12월과 1992년에 두 번 지구를 근접 비행했으며, 1990년 2월 금성을 근접 비행한 후 금성 중력의 도움을 받아 속력을 증대시키고 항로를 변화시켜 비행하였다. 최초로 1991년 10월에 가스프라Gaspra와 1993년 8월에 아이다Ida의 소행성을 경유할 때 소행성의 클로즈업 사진을 찍을 수 있었다. 갈릴레오는 고이득 안테나가 붙어 있는 2.22톤의 거대한 우주 탐사선이었으나, 안테나를 펼치는 데는 실패했다. 비록 기술자들이 최선을 다해 대체 시스템을 마련했으나, 지구로 전송될 수 있었던 자료의 수는 대폭 줄어들었다.

갈릴레오의 주 탑재체 중 하나인 339kg의 실험 기기를 장착한 하강 탐사선은 1995년 7월 목성으로부터 8천만km 정도에서 투하되었다. 탐사선은 목성 주위 50,000km 지점에서 강력한 밴 앨런 방사대를 확인하면서 구름 지붕 안으로 투하되었다. 목성에 근접해 가며 고온의 대기층으로, 높은 가속도로 진입하며 낙하산을 펼쳤을 때 초속 640m의 초고속풍 구름층 하나를 확인했는데, 거기에서 유기 합성물의 흔적 또한 탐지했다. 탐사선은 강력한 압력에 의해 파괴될 때까지

1시간 15분 동안 목성 대기의 관측 정보를 지구로 전송하였다. 갈릴레오는 1995년 12월 8일 목성 궤도에 진입해 목성과 그 독특한 위성들, 특히 화산 활동이 계속되고 있는 아이오와, 얼음으로 뒤덮인 유로파 탐사를 시작하는 등 신기원을 열였다. 탐사는 2000년까지 계속되었다.

● ● ●
위:핼리혜성의 핵 관통 비행과 기타 혜성 탐사 활동에 지속적인 업적을 남겨 잇따른 '자살 비행'에서도 생존해 돌아온, 주목할 만한 지오토 탐사선.

9장_우주 탐험 · 281

고리를 가진 행성으로의 여행

최초의 망원경이 토성을 관측했을 때부터 토성이 고리를 가진 행성이라는 것이 알려졌다. 그 신비로운 고리는 400여 년 동안 천문학자들을 매혹시켜 왔다. 토성의 최초 클로즈업 사진은 파이어니어 11호에 의해서 1979년 9월에 촬영되었고, 다음은 보이저 1호와 2호로 이어진다. 토성의 고리 시스템은 수천 개의 독립적인 고리로 구성되어 있는데, 각 고리는 직경 1m 크기의 얼음과 작은 바위 입자들로 이루어져 있는 것이 밝혀졌으며, 모두 토성 중력의 견인력에 의해 궤도를 따라 돌고 있는 것이다.

탐사선은 또한, 불가사의한 타이탄 위성을 포함하여 몇 개 위성의 놀랄 만한 사진을 찍었다. 특히 타이탄의 대기는 짙은 질소층으로 뒤덮여 있는 것이 발견되어 많은 행성 과학자와 생물학자들을 기대에 부풀게 했고, 미래의 토성 궤도선과 타이탄 착륙선 개발을 이끌었다.

토성을 경유한 보이저 2호는 토성의 중력을 이용해 천왕성 및 해왕성과 조우할 수 있는 항로를 찾아낼 수 있었다. 무게 825kg의 보이저 2호의 외형은 X-주파수와 S-주파수 통신을 위한 직경 3.66m의 큰 안테나를 갖고 있는 것이 특징이다. 안테나 밑에는 탐사선의 몸체가 위치해 있고, 거기에는 3개의 팔과 안테나가 달려 있다. 팔 중의 하나에는 광각과 협각 TV 카메라를 포함하여 대부분의 기구를 장착하고 있었다. 보이저 1호와 2호 두 탐사선에는 직경 30cm의 축음기 레코드 비슷하게 생긴, 금도금이 된 구리 디스크가 몸체의 양쪽에 붙어 운반됐다. 디스크에는 지구의 자연음, 90분 분량의 음악, 115장의 아날로그 사진, 60개의 언어로 된 인사말을 저장하고 있었다.

시각적인 천왕성의 모습은 기대 이하였다. 천왕성의 대기는 미세한 변화를 보이는 수소-헬륨-메탄으로 구성된 대기층으로 형성되어 있었다. 그러나 천왕성의 위성 중 하나인 미란다Miranda는 한때 다른 소행성이나 운석과의 충돌로 깨어졌다가 다시 중력에 의해 뭉쳐진 것이 아닌가 하는 추측을 불러일으켜 대중들의 시선을 받았다. 해왕성에는 그 이외에도 매우 흥미로운 현상이 보이는데, 대기 상층부에서 마치 경주하듯 시속 2,000km 속도로 불어대는 '스쿠터' Scooter 구름과, 태양계 내에서 가장 차가운 곳으로 알려진 영하 235도의 위성인 트리톤Triton은 해왕성의 남다른 특징을 보여준다.

지오토 Giotto 혜성 탐사기

1985년 7월 2일 발사된 지오토 탐사선은 8개월 이후에 핼리혜성과 랑데부하기 위해 아리안 로켓에 의해 발사되었다. 회전 자세 안전 장치가 된 탐사선은 혜성을 조사하기 위해 10가지의 세부적인 기구들을 운반했다. 카메라, 질량. 이온 질량. 먼지 질량 분석계, 먼지 충격 검출기 시스템, 2개의 플라스마 분석기, 자기계, 에너지 입자 실험, 그리고 광학 탐지기이다.

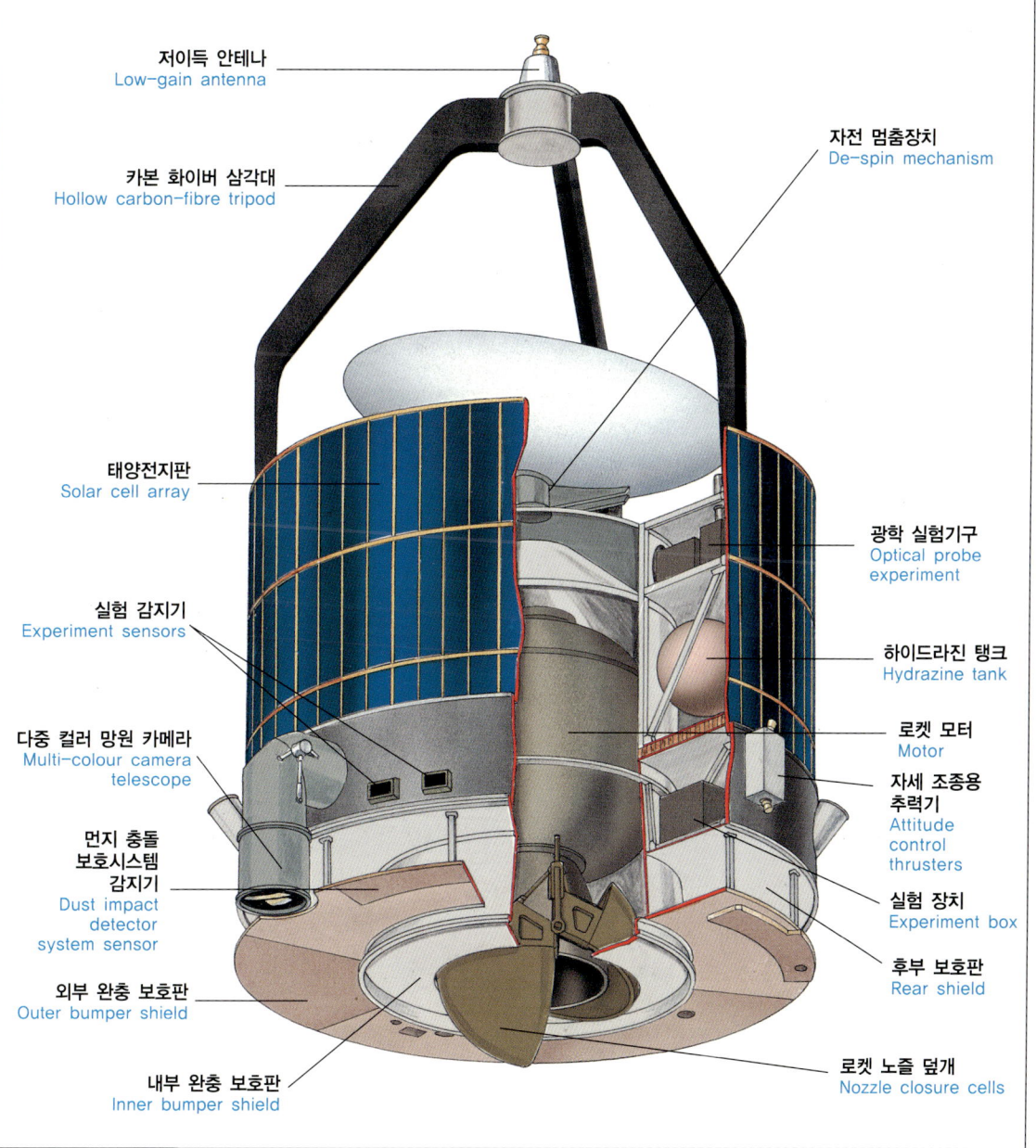

혜성 기단

1986년은 오랫동안 기다려온 핼리혜성을 다시 관찰할 수 있는 해였다. 깊은 우주 속에서 길고 외로운 궤도를 따라 돌다가 76년 만에 한 번씩 지구에 방문하는

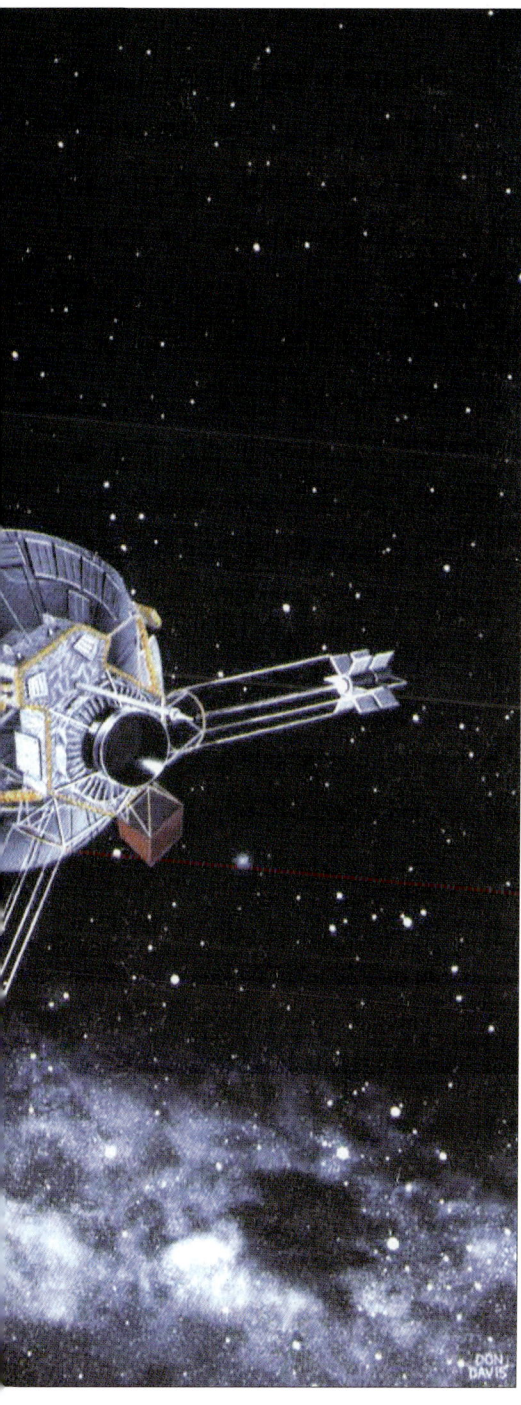

왼쪽:전설적인 행성 간 탐사선 파이어니어 10호는 1972년 발사되었고, 태양계를 벗어나기 전에 최초로 목성을 탐사했다.

핼리혜성은 정기방문 중 최초로 러시아, 일본, 미국, 유럽의 국제 탐사선에 의해 가장 가까이서 그 자태를 드러내게 되었다. 사람들은 이번 기회에 혜성이 태양에 근접할 때, 마치 물 속에 던져진 아스피린이 새하얀 입자를 흩뿌리듯이 차가운 얼음 덩어리가 뜨겁게 달궈지며 얼음 알갱이와 먼지 입자가 불꽃을 내며 쏟아내는 빛의 황홀경을 가까이에서 목격하게 된 것이다.

이번 쇼의 주인공은 유럽의 지오토Giotto 탐사선이었다. 혜성의 핵(coma)을 관통하는 지오토의 탐사 활동은, 예고되지 않았던 역사상 최고의 인상적 비행이었다. 지오토는 자전시켜 자세를 안정화시키는 원통 형태의 탐사선으로 영국에서 만들어졌다. 발사할 때의 무게는 960kg이었고 직경은 1.867m, 높이는 2.848m였다. 지오토는 혜성과 실제 만나는 순간 충격 흡수를 위해 분당 4회 회전을 하였다. 또한 외부에는 알루미늄과 켈바Kelvar라 부르는 특수 복합 재료를 둘러 '샌드위치' 보호막으로 동체를 감쌌다. 보호막은 각각 23㎝씩 떨어져 설치되어 있었다.

보호막은 탐사선이 혜성을 약 1분 30초 안에 관통하는 비행을 하기 위해 충

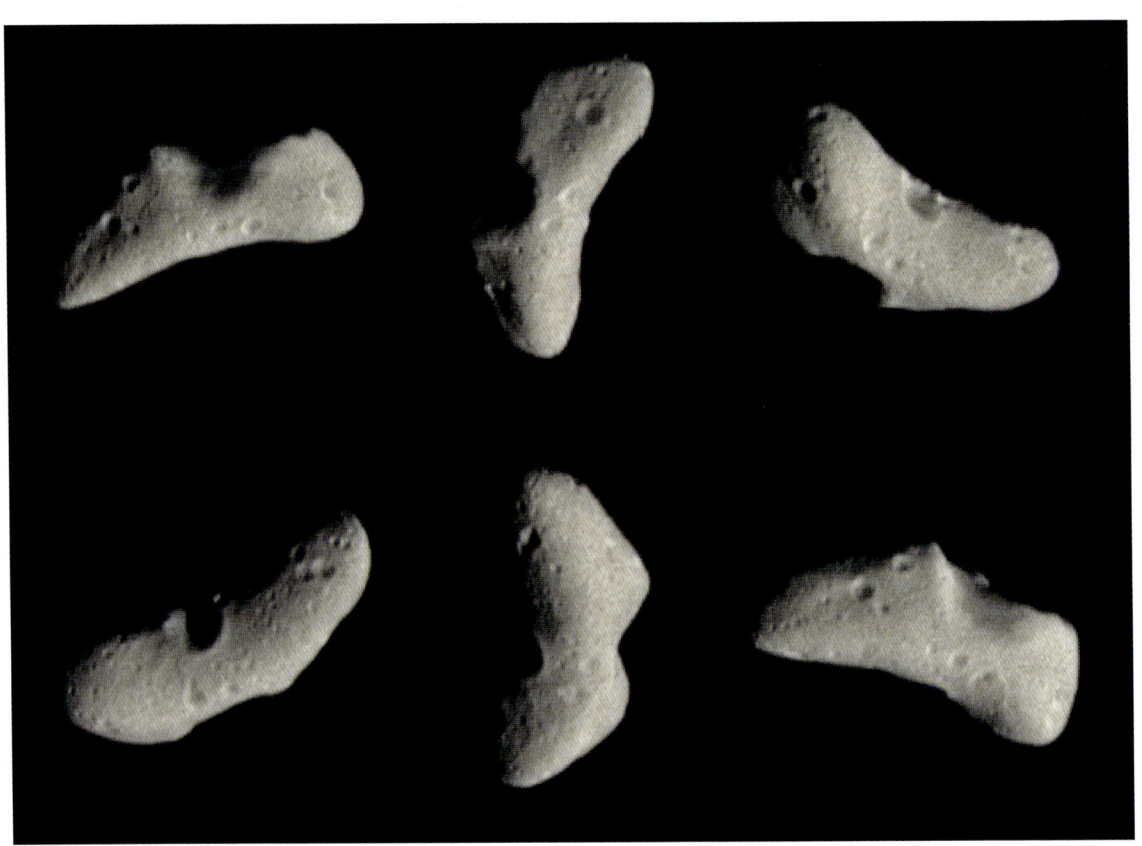

위: 소행성 에로스의 회전을 보여주는, 니어 탐사선이 찍은 사진들.

분히 빠른 초속 68km 속도로 임무를 수행할 때 혜성의 먼지와 입자들의 충격으로부터 탐사선을 보호하기 위해 필요했다. 탐사선은 5,000개의 몸체 주변 태양 전지판으로부터 190W의 전기를 공급받았고, 카메라와 먼지 분석기, 그 밖에 탐지기들을 포함한 10개의 실험 기구를 장착하고 있었다.

지오토 탐사선은 1986년 3월 13일 핼리혜성의 윗부분을 지나가며 매초당 10톤의 물 분자와 3톤의 먼지가 핵으로부터 방출된다는 사실을 발견해냈다. 또한 지오토는 보호막이 혜성의 분출물에 의해 연타를 당할 때 그 소리를 지구로 송신해서 혜성 탐사의 현장을 실감나게 연출했다. 18,000km 거리에서 촬영한 최고의 사진은 혜성의 핵 크기가 15km의 길이, 7~10km 너비에 달하며, 굽이치는 '언덕들'과 '계곡들' 사이로 2개의 가스와 먼지 분출구가 있다는 것을 보여주었다.

소행성 궤도선

최초의 소행성 탐사선은 니어NEAR였다. 비록 갈릴레오 탐사선이 목적지인 목성으로 가는 도중에 태양계의 주 소행성 벨트 안에 존재하는 소행성 가스프라Gaspra와 아이다Ida I에 근접비행을 했지만, 실제적인 탐사를 수행하진 않았다. 최초의 실질적인 임무에 따라 소행성에 가까운 구역을 탐험하고, 2000년 2월 궤도에 오른 탐사선 역시 지구 근처 소행성 랑데부 탐사선인 니어NEAR이다.

소행성 중 가장 주목받고 있는 것은 에로스Eros였다. 과학자들은 화성과 목성 사이에 존재하는 주요 소행성 벨트에 있는 소행성보다는 지구 가까이에서 태양을 중심으로 타원형을 그리며 공전하는 에로스와 같은 소행성에 더 깊은 관심을 가지고 있었다. 니어는 1997년 2월에 발사됐고, 6월에는 소행성 마틸드Mathilde 근처를 비행한 뒤 1999년 2월에 에로스의 궤도에 진입하는 것을 목표로 삼았다. 그러나 컴퓨터와 엔진 오작동으로 첫 임무는 실패로 돌아갔다. NASA는 고장난 니어를 수리하여 계획보다 1년 후에 에로스에 안전하게 도착시켰다.

NASA의 디스커버리 프로그램의 일부인 니어의 무게는 805kg으로, 몸체는 1.5m 높이의 육각형이며 4개의 갈륨 비화물 태양전지판이 달려 있어 1.8kW의 전기를 공급한다. 니어는 에로스로부터 366km와 200km 사이의 저궤도에 진입을 했다. NASA는 니어를 2000년 5월까지 에로스에 50km까지 접근시키기로 계획한 바 있다. 니어의 에로스 궤도 비행은, 마치 표면을 스쳐 지나갈 수 있는 정도로 저고도에서 매우 완만한 속도로 이루어질 계획이다. 니어 탐사선에는 소행성의 구성 요소 지도를 만들기 위해 CCD 카메라와 함께 X-선 및 감마선 분광계와 레이저 고도계가 실려 있었다. 촬영한 최초의 영상들은 직경 33km의 에로스가 모체로부터 깨어져 나온 잔존물이라는 것을 보여주는 층 구조의 증거를 보여주었다. 또한 주 소행성대를 저공 비행하는 동안 지구에서 관찰한 것보다 높은 밀도의 분화구가 존재함을 보여주었다.

10장
미래의 우주선

• • •

우주 탐사의 미래를 예측하는 것과 인류가 이용할 수 있는 자원을 어떻게 개발할 것인가를 이야기하는 것은 어려운 일이다. 매스미디어의 예상과 많은 사람들의 부추김으로 우주 여행과 우주 탐사의 가치를 둘러싼 의혹과 의심의 분위기가 일었다. 그렇지만 아폴로 계획과 인간의 성공적인 달 착륙은 우주 탐험에 대한 인간 노력의 절정이었다.

왼쪽 : '붉은 행성'인 화성 표면을 인간이 탐험하는 장면을 담은 미래의 화성 탐사 임무에 대한 화가의 상상도.

●●●
왼쪽:국제 우주 정거장(ISS)에 부착된 모듈들. 각각의 주요 모듈들은 우주 왕복선 비행을 필요로 한다. 그중 40개나 되는 모듈들(component)이 구조물을 완성하는 데 필요하게 될 것이다.

우주 개발 계획에 무한한 예산을 투자했던 시대는 1970년대 말을 지나면서 완전히 끝났다. 이후로 우주 과학자들과 기술자들은 앞으로 우주 개발에 필요한 예산 집행을 정당화해야 하는 곤경에 처했다. 완전한 재사용 가능으로 우주 왕복선의 뒤를 이을 차세대 우주선으로 기대를 모았던 벤처스타 VentureStar마저도 오늘날 비행할 수 없게 되었다.

현존하는 우주 왕복선은 수차례 개선되어 2015년까지 발사될 것이며, 반면 기술적인 문제로 개발이 중지된 벤처스타와 같은 새로운 우주선은 실현되려면 오랜 시간이 걸릴 것이다. 최근 개발에 성공한 아틀라스 5와 델타 4 같은 몇몇 새로운 우주 로켓은 아직 냉전시대의 미사일 기술을 바탕으로 하고 있다.

우주 탐사 분야에서 이미 기금 조성을 마친 분야도 있다. 혜성 착륙을 위한 최초의 탐사선으로 2003년 발사된 로제타Rosetta를 비롯하여 미래의 몇몇 우주 탐사선은 예산 조성을 이미 마쳤다. 다른 탐사선들은 벌써 그들의 목적지로 향하는 중에 있기도 하다. 이러한 우주선들에는, 2005년 토성에 닿은 카시니 호이겐스Cassini-Huygens와 혜성의 먼지 표본을 지구로 가져오는 것이 목적인 스타더스트Stardust가 있다.

그러나 화성 탐사 분야의 장래는 밝지만은 않다. 1999년 10월과 12월에 있었

●●●
먼 왼쪽:모바일과 멀티미디어 통신 위성 시장은 미래에 가장 거대한 시장으로 발돋움할 성장 잠재력이 높은 시장이다.

던 두 우주선의 실패로 인해 부득이하게 NASA의 탐사 계획은 근본적인 전환기를 맞게 되었다. 화성 탐사의 최종 목표는 화성 지면의 표본을 가지고 지구로 귀환하는 것이었고, 그 목표는 2005년에 착수하도록 계획되어 있었지만 그 실현은 더 지연될 전망이다. NASA는 이미 하나의 무인 착륙 미션을 취소했기 때문이다.

우주선 인공 지능과, 보다 빠른 속도로 태양계를 통과하는 우주선 추진 방법 같은 새로운 우주 기술들은 NASA의 새로운 밀레니엄 프로그램의 일부로서 이미 우주 깊숙이 자리잡은, 딥 스페이스Deep Space 1이라 불리는 우주선에 의해 실제 실현되고 있다.

통신과 네비게이션 같은 우주 산업 응용 분야는 우주선과 행성 탐사 분야보다 예측이 용이할 수 있다. 미래의 통신 위성들은 사용자들이 언제 어디서나 때와 장소를 불문하고 즉각적인 사용이 가능하도록 서비스를 제공함으로써 사용자들의 욕구를 충족시킬 것이다. 또한 위성에 기반을 둔 GPS, 즉 전 지구 위치 파악 시스템은 마침내 우리가 목적지까지 운전하고 교통 정체도 피하도록 도와주면서 우리의 일상생활에서 지극히 중요한 부분이 될 것이다.

유인 우주 탐사 분야의 전망도 불투명한 상태이다. 아폴로 계획을 탄생시켰던 기술, 냉전 체제의 긴박감, 국제 사회의 정치적 의도와 같은 요인들이 독특한 결합을 이루어 다시 한 번 제2의 아폴로 계획이 만들어지지 않는 한 화성을 향한 유인 비행은 여전히 공상 과학 소설 영역에 머무를 것이다. 화성 유인 탐사는 최소한 2020년 이전에는 실현 불가능한 목표로 보여진다. 우주 관광 분야 역시 시간을 필요로 한다. 우주 관광이 가능해질지도 모르지만, 여전히 우주 여행자가 되려고 하는 사람들은 그 여행에 100만 달러, 또는 그 이상의 비용을 지불해야 할 것이다.

미래 우주 산업 분야의 핵심 분야인 '우주 관광'에서도 안전 문제는 중요한 관건이다. 국제 우주 정류장으로의 왕복선 비행이든 우주 여행자를 위한 비행이든 간에 인간의 우주 여행은 안전에 의해 좌우된다. 우주로의 비행은 매우 위험한 여행이다. 그러나 200번 이상의 유인 우주 비행 중 1986년과 2003년 비극적인 왕복선 실패를 포함해 치명적인 비행 사고가 네 번밖에 없었다는 것은 놀라운 업적이다. 하지만 또 다른 사고가 발생할 수 있다는 위험을 감수해야 한다.

그러한 사고가 아무리 비극적이라 할지라도 또 하나의 우주선의 실패는 미래

먼 오른쪽:우주 왕복선의 궤도선이 국제 우주 정거장과 도킹하고 있고, 캐나다의 로봇 팔이 페이로드 격실에서 적재물을 내리고 있다. 이 팔은 국제 우주 정거장 로봇 조종 시스템의 일부이다.

의 발전을 위한 교훈이 되어야 한다. 발사 실패를 가치 있는 것으로 받아들여 왕복선이나 다른 우주 로켓을 계속 비행하게 하거나, 아니면 격화된 여론에 떠밀려 대통령의 명령으로 발사 실패에 대해 조사하고 우주선을 발사시키지 않은 채 수년 동안 프로그램을 재설계, 검토하게 할 수도 있을 것이다.

우주 왕복선의 개량

지금과는 다른 특별한 계획에 따라 새로운 우주선이 설계되지 않는 한, 내구력이 있는 우주 왕복선은 아마 2015년에도 여전히 비행하고 있을 것이다. 비록 우주 왕복선이 1981년 처녀 비행 당시의 모습과 똑같이 보일지는 모르지만, 우주 왕복선은 이미 여러 차례 개선되어왔고 앞으로도 지속적으로 개선될 것이다. 첫 번째 주요 혁신은 소위 '유리 조종실'(glass cockpit)이다. 우주 왕복선이 발사되는 매우 긴박한 순간에는 1/1,000초도 중대한 차이를 가져올 수 있다.

유리 조종실은 만일에 있을 참사에 대비하여 위기 순간에 효율적인 대처와 탑승원들의 안전한 대피 활동을 지원한다. NASA는 드디어 모든 궤도선에 새로운 보잉Boeing 777 여객기 형태의 유리 조종실을 설치할 예정인데, 이미 우주 왕복선 아틀란티스에 설치되어 있다. 음극선 튜브 스크린, 게이지, 그리고 계기들과 같은 수십 개의 구식 전자-기계 조종실 디스플레이들은 11개의 풀 컬러 평면 패널 스크린에 그 자리를 양보했다. 이러한 스크린은 왕복선 승무원들에게 2차원과 3차원의 컬러 그래픽을 제공하고, 우주 왕복선 기내의 정보 처리 시스템 비디오를 통해 중요한 정보에 손쉽게 접근할 수 있도록 한다.

이 새로운 시스템은 우주선 위치나 마하 속도와 같은 중요한 비행 수치를 읽기 쉬운 그래픽 화면으로 표시하여 승무원과 궤도선의 상호 작용을 향상시켰을 뿐만 아니라 구식의 시스템을 유지하는 데 들어가는 높은 비용도 줄였다. 각 디스플레이 장치의 넓이는 약 20평방㎝, 무게는 8kg이며 172dpi의 스크린 해상도로 67W 전력을 사용한다. 그 기기는 11개의 동일한 풀 컬러 액정의 '다기능 디스플레이 장치'(MDU)로 이루어져 있다. 이것들 중 4개는 이전에 사용되던 4개의 흑백 장치들을 즉각 대체한다. 2개의 다기능 디스플레이 장치들은 각각 사령관(CDR)과 비행사(PLT) 비행 계기를 대체하며, 1개의 다기능 디스플레이 장치는 조종실 후미에 궤도상의 방향 조종 계기를 대체하고, 남은 2개의 다기능 디스플레이 장치들은 사령관과 조종사 상태 표시기들을 대체한다. 그러나 회전과 병진

> 먼 왼쪽:우주 왕복선의 새로운 '유리 조종실'이 2000년 아틀란티스호에서 첫 선을 보였다. 앞으로 모든 왕복선의 궤도선에 새로운 시스템이 도입될 것이다.

수동 조종기와 대부분의 다른 조종실 스위치, 명령과 데이터 입력 자판들은 바뀌지 않고 아직도 여전히 사용되고 있다.

   그 밖의 계획된 왕복선 개선 사항으로, 유지 비용이 높은 하이드라진hydrazine 동력 공급 장치들을 대체할 전기 보조 동력 장치들이 있다. 전기를 발생시키는 데 사용되는 최초의 산소 수소 연료 격실은 아마도 좀더 강력한 '양성자-교환-막'(proton-exchange-membrane) 연료 격실로 대체될 수 있다. 그리고 안전성을 높이고 다음 발사 준비 비용을 줄이기 위해 개선된 우주 왕복선 주엔진 컨디션 관리(Advanced Health Management) 시스템을 이용할 수도 있다. 또 하나의 계획된 개선 사항은, 왕복선의 주 추진 시스템의 추진제 밸브를 공기식에서 전자 기계 구동식으로 바꾸는 것이다. 그 외에도 궤도선 아래쪽에 더 강한 내구성을 가진 열 보호 시스템 타일을 부착하고, 메인 착륙 기어 타이어를 교체하며, 향상된 중단 시스템을 도입하는 계획이 있다. 각각의 개선 사항은 개별적으로 볼 때 중요하지 않은 것처럼 보일 수 있으나, 전체적으로 볼 때 향상된 우주 왕복선 시스템 도입은 우주 왕복선의 성능과 수명을 연장시켜 주는 데 중요한 기능을 할 것으로 예상된다.

   왕복선을 획기적으로 변화시켜줄 한 가지 개선 사항은, 액체 추진제 귀환용 추력 보강 로켓(liquid fly-back booster)이다. 왕복선의 한 쌍의 고체 추진제 추력 보강용 로켓(SRB)은 효과적일지 몰라도 안전성에 문제가 있으며, 가장 융통성 있는 비행 제어 선택 사항도 아니다. 비록 아직 완전히 예산이 확보되진 않았지만, 고체 추진제 추력 보강용 로켓들은 궤도선에 탑재되는 것들과 유사한 액체 산소-액체 수소 엔진으로, 추진 추력 보강용 로켓으로 대체될 수 있을 것이다.

   액체 추진제 귀환용 추력 보강 로켓(LFBB)은 날개를 장착하여 궤도선과 분리 시 마치 활주로에 착륙하는 항공기처럼 자동으로 케네디 우주 센터로 다시 들어올 수 있을 것이다. 액체 추진제 귀환용 추력 보강용 로켓은 오래된 고체 추진제 추력 보강용 로켓보다 안정성과 신뢰성, 경제적인 면에서 우수하여 고체 추진제 추력 보강용 로켓을 대체하는 차세대 추진 시스템으로 자리잡을 것이다.

새로운 우주 왕복선

NASA는 2005년까지 우주 왕복선을 대체하는 차세대 우주선의 유형을 결정할 계획이다.(현재 우주선 유형이 결정되었다.) 그러는 동안, NASA는 새로운 세

●●●
위: 벤처스타 최신 모델의 외형은 외부 임시 화물실을 장착한 형태이다.

대의 우주선을 이용할 수 있을 때까지 왕복선을 계속해서 발사할 것이다. 몇 명의 우주 기술진들의 말에 의하면, 만약 어떤 이유에서든지 새로운 우주선이 2015년까지 개발되지 않는다면, 현재의 우주 왕복선 시스템은 적어도 2030년까지는 운항하게 될 것이라고 한다.

지금 단계에서는 새로운 우주선이 어떤 모습일지에 대해 아무도 확실하게 말해줄 수 없다. 많은 제안들이 있었는데, 아마 그중 가장 잘 알려진 것이 벤처스타일 것이다. 왕복선을 대체하게 될 어떤 우주선이라도 왕복선을 비행시키는 데 드는 비용의 10분의 1 비용만으로도 안전하고 정기적이며, 일상적인 우주 여행을 할 수 있다는 것을 증명해야 할 것이다.

전형적인 왕복선 미션 예산은 50억 달러 이상의 비용이 들 것이다. 그러한 우주선을 제작하기 위해서는 보통의 정기 여객기가 운항하는 만큼 우주 여행을

10장_미래의 우주선 · 297

벤처스타 Venturestar

벤처스타 프로그램의 개발 경험과 기술력은 차세대 우주 왕복선 개발에 훌륭한 모델이 되어 이정표로 작용될 수도 있고, 실패 사례로 남아 좋지 못한 영향을 줄 수도 있다.

벤처스타는 10년 안에 우주 관광 시대가 열릴 것이라는 생각으로 1996년 NASA와 록히드 마틴Lockheed Martin사에 의해 소개되었다. 벤처스타가 1년에 약 20회의 비율과 현재 우주 왕복선의 약 10분의 1 비용으로 2004년에 상업적 비행을 시작할 것이라는 기대가 있었다.

그러나 실상은 계획보다 축소된 기술 모델 우주선 X-33호만 제작되어 1999년 3월에 첫 비행을 앞두고 있었다. 완벽한 벤처스타 모델을 만드는 데 10억 달러의 비용이 들고, 이것이 현실화되려면 많은 기술적 장애들을 극복해야만 했기 때문이다.

위 : X-33의 핵심 기술은 시험 비행 동안 우주선을 준궤도로 밀어 올려주는, 동체 후미에 장착된 직선형의 에어로 스파이크 엔진이다.

X-33 프로그램 자체가 불가피하게 지체될 수밖에 없다는 것은 우주 왕복선에서 여객기 유형의 우주선으로의 전환이 굉장히 중요한 일이기 때문에 임시, 혹은 보완 우주선이 우선적으로 개발될 수 있다는 것을 증명한다. 이 지체로 인해 X-33은 2001년에 첫 비행하도록 계획되었다.

X-33은 벤처스타의 원형보다는 좀더 향상된 기술 모델로 보였지만, 벤처스타 자체는 다방면에 걸쳐 다시 설계되었다. 결국 기술적인 문제로 X-33의 개발 계획은 2001년 3월 취소되었다.

일상적인 것으로 만들 수 있는 핵심 원천 기술이 필요하다. 그러한 새로운 핵심 기술이 현장에서 얼마나 실현 가능한 것인지 검증하기 위해서는 몇 대의 시험 우주선을 비행시켜 보는 것이 필요하다.

향상된 기술의 모델인 X-33이 그의 예이다. 이 델타 날개를 가진 우주선은 길이 38m, 무게 12.38톤으로 설계된 벤처스타 절반 규모의 모형이다. 2001년에 시작해 열다섯 번의 시험 비행을 하고, 최종적으로 2003년까지 91.5km 고도에서 마하13으로 비행할 계획이었다. X-33은 선형 에어로스파이크 엔진에 의해 수직으로 이륙하고 14분 동안 1,500km 비행 후 정규 활주로에 항공기처럼 자동으로 착륙할 것이다.

● ● ●
왼쪽:선형의 에어로 스파이크 엔진은 X-33과 벤처스타 프로그램의 성공에 결정적인 것이 될 것이다. 복합 연소실이 줄지어 올려져 있다.

　에어로스파이크 엔진은 우주 기술의 가장 위대한 진보와 가장 큰 도전을 상징한다. 이 엔진은 액체 산소와 액체 수소를 사용하는 로켓 엔진처럼 작동한다. 그러나 이 엔진 노즐은 엔진 구조를 형성하는 몇 개의 곡선 모양의 노즐 램프들로 구성되어 있다. 복합 연소실은 구리판으로 만들어진 위쪽과 아래쪽 램프의 앞쪽 끝에 줄지어 올려져 있다. 램프의 뒤쪽으로 길게 홈을 만들고 합금 강판에는 램프를 차갑게 하는 액체수소가 주입되는 통로를 만들기 위해 놋쇠를 입혔다.

　배기관은 램프들 위에서 추진되며, 방출하는 화염은 주위의 압력이 감소함에 따라 팽창하면서 고도에 따라 자동으로 조절된다. 이것은 벨 노즐 형태의 현재의 로켓 엔진보다 좀더 추력이 크고 효율성이 높다. 화염의 팽창은 자동적으로 성능을 최대로 높인다. 그러나 이 엔진의 개발과 실험은 실현되기에 앞서 해결해야 할 과제가 많아 그 계획은 연기되었다.

　에어로스파이크 엔진 외에도 X-33의 향상된 기술에는 경량의 복합 자재들과

●●●
위:1996년 초기 벤처스타 우주선 모델은 유선형의 외형으로 내부에 화물실을 갖추고 있었다. X-33의 다음 비행은 2001년으로 예정되었었지만 기술적인 문제로 취소되었다.

새로운 열 보호 시스템이 있다. 복합 재료들은 액체 산소와 액체 수소 추진제를 저장하는 탱크를 제작하는 데 사용되도록 계획되었다. 그러나 탱크의 누수 현상을 포함한 제작 공정의 난제들은 다시 무거운 탱크를 사용해야 하는 결과를 가져올 수도 있다. 이런 차질이 발생된다면 벤처스타 계획이 가져올 수 있는 가장 큰 이점 중 한 가지를 잃게 되며, 그 결과로 우주선의 탑재량과 성능의 약화가 불가피하게 될 것이다. 이 문제가 발생되기 전에도 우주선의 최고 속도에 대한 설계 변경 문제 역시 X-33 개발 계획의 치명적 결함이었다. X-33은 본래 최고 속도가 마하 15로 계획 설계되었으나 현재의 기술로 감속은 피할 수 없다. 이 외에도 현재의 기술력으로는 해결될 수 없는 기술적인 한계 때문에 결국 X-33과 벤처스타 프로그램 계획은 2001년 3월 취소되고 말았다.

로턴

미래의 우주선에 대한 또 다른 아이디어는 무인 로턴Roton 로켓일 것이다. 이 로켓은 현재의 로켓처럼 이륙하고 헬리콥터처럼 착륙하는 우주선의 형태이다.

캘리포니아의 로터리 로켓Rotary Rocket사는 신속하게 다음 발사 준비를 할 수 있는 발사대와 함께 로턴이라 불리는 상업용 우주 수송 수단이 등장했음을 알리려 희망한다. 이 로턴은 궤도용 일단 발사체(SSTO)로 궤도로의 진입이 가능한 세계 최초의 우주선인데, 재사용도 가능한 상업용 우주 수송체가 될 것이다. 로터리사는 초기 자금이 조성되어 있지만, 이 프로젝트를 실제로 만들기 위해서는 수백만 달러 이상의 더 많은 돈이 필요할 것이다. 로턴은 동력이 공급되는 비행 동안 우주선의 양쪽을 향해 펼쳐진 헬리콥터 스타일의 회전 날개를 사용해 부드럽고 정확하게 착륙한다. 회전 날개들은 무인 착륙을 위해 하강하는 동안 펼쳐진다. 2,225킬로뉴턴의 추력과 회전 고도 보정(rotary altitude compensation)을 가진 로턴 로켓 제트 엔진은 등유를 연료로 사용하며, 로켓 동체의 링 안에 배열된 수십 개의 작은 연소실에 필요한 산화제는 액체 산소를 사용한다. 이러한 단순한 디자인은 무겁고 비싼 터보 펌프의 사용을 배제시켰다.

로턴 모형은 동력이 공급되는 회전 날개를 사용하여 지구 대기권 내에서 접근과 착륙을 시험하기 위해 발사되었다. 계속된 시험 발사로 이 우주선은 마침

●●●
위:로턴 발사체는 로켓처럼 이륙하고 헬리콥터처럼 착륙할 것이다. 이 사진은 로턴 발사기의 회전 날개 시스템 시험 비행을 촬영한 것이다.

내 1.52km와 2.44km 사이의 고도에 도달했다. 로턴이 궤도로 향하기 전에도 또 다른 실험 우주선들에 의해 로켓 동력 추진 시험 비행이 행해졌지만, 대다수 시험 비행은 실패로 돌아가 후일을 기약해야만 했다. 로턴의 모든 개발 과정과 시험 비행하는 동안, 로턴은 우주선의 후방 조종실에 상주하는 2명의 조종사에 의해 조종되었으며 군과 민간 비행 시험 프로그램에 참여할 계획인데 이 시험 발사에는 최신에 고성능 항공기와 회전 날개를 갖춘 항공기 실험에 숙련된 비행 테스트 팀이 고용되어 있다.

운영의 어려움을 겪고 있던 2000년도에 제작사는 로턴이 무인 조종 부스터기 때문에 작동하는 데 더 안전할 것이라고 주장한다. 로턴은 정기 여객기처럼 복합 엔진을 갖추고 있고, 또한 정기 여객기처럼 위기 순간에 착륙할 수 있는 비상 착륙 시스템을 갖추게 될 것이다. 비록 로턴이 항공기처럼 고도로 자동화되어 있긴 하지만, 시스템에 하자가 발생될 경우에 승무원에 의해 신속한 수리가 가능하다. 로턴은 또한 보잉 747이 필요로 하는 등유량의 1/5만으로 비행이 가능하고, 보잉 747이 사용하는 긴 활주로도 필요하지 않으며, 단지 30㎡의 착륙장 안에 착륙할 수 있다.

로턴은 개발 초기에는 위성 발사 시장을 목표로 하고 있지만 이후에는 우주 궤도 비행과, 궤도에 오르지 않는 단기 비행으로 승객을 탑승시켜 운항하게 될 예정이다. 하이퍼-X와 X-34 같은 다른 기술 모델들도 발사되고 있지만, 아직도 일상적인 우주 여행의 길은 계획했던 것보다 훨씬 요원해 보인다.

첫 혜성 착륙선

유럽 우주 기구(EAS)는 2012년에 혜성 위르타넨Wirtanen에 무게 100kg의 탐사선을 사뿐히 착륙시키는 첫 혜성 착륙을 계획하고 있다. 로제타Rosetta라 불리는 이 혜성 탐사선은 2004년 3월 성공적으로 발사되었다. 로제타는 또한 혜성의 궤도에 오를 첫 우주선이 될 것이며, 위르타넨이 태양에 접근하고 혜성을 상징하는 꼬리를 형성하면서 물질을 뿜어내기 시작할 때 로제타는 작은 착륙선을 위르타넨의 표면에 착륙시킬 것이다.

위르타넨에 도달하기 위해 필요한 속도를 내도록 로제타는 지구와 화성 중력의 도움을 받는 몇 번의 근접 비행이 필요하다. 위르타넨과 랑데부하기 위해 떠나기 전인 2005년 10월과 2007년 10월에 지구에 접근해 비행할 것이다.

●●●
위:행성 간의 우주 공간을 지나 9년 동안의 비행 후 2012년 위르타넨 혜성 핵에 접근하는 로제타 우주선에 대한 상상도.

    또한 로제타는 위르타넨으로 가는 도중 2006년과 2008년 7월에 각각 1,000km 떨어진 거리에서 4979오타와라Otawara와 140시와Siwa등 2개의 소행성을 방문하여 사진을 찍을 것이다. 시와는 지금까지 탐사선들에 의해 조사된 소행성 중 가장 큰 소행성이다.

    태양계 주변을 53억km 비행한 후 2011년 11월에 로제타는 태양으로부터 67억 5천만km 떨어진 지점에서 위르타넨과 첫 랑데부를 할 것이다. 그런데 이 지점은 햇빛의 강도가 지구의 20분의 1에 불과하기 때문에 탐사선에 태양 빛으로부터 생성되는 전기 에너지를 제공하기 위해서는 최대 인원을 수용하는 축구 경기장 만큼이나 넓은 폭의 거대한 태양전지판이 필요하다.

    2012년 5월, 로제타는 마침내 위르타넨의 얼어붙은 핵의 2km 이내에 접근하여, 인간에겐 생소한 영역이었던 혜성의 주요부에 대한 상세한 영상을 지구로 송신하며 위르타넨 주변 궤도에 진입할 것이다. 적절한 착륙 지점은 혜성 지도

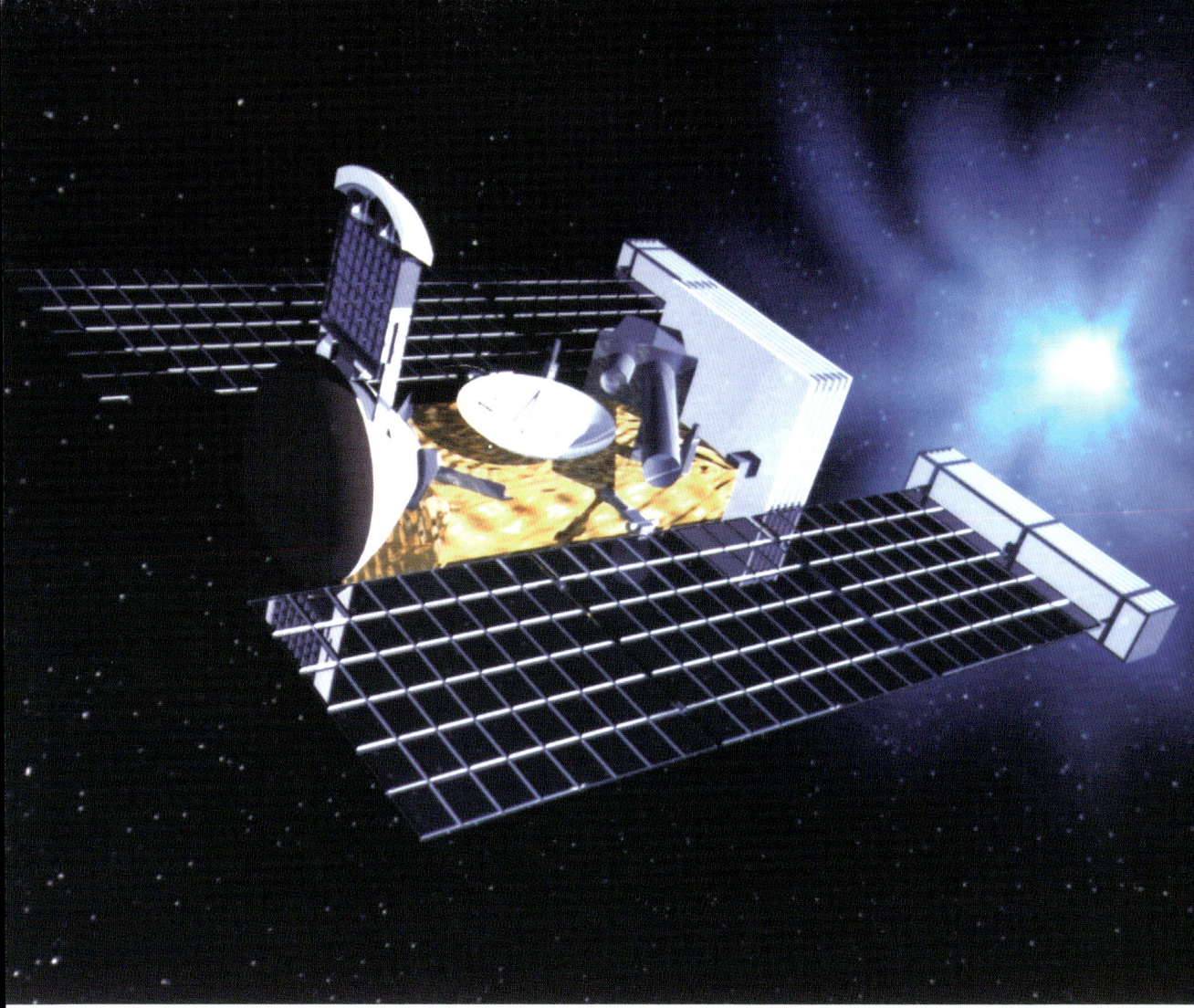

위:스타더스트Stardust 탐사선 으로부터 전개된 캡슐은 2006년 지구로 귀환하게 된다. 이 캡슐에 담긴 혜성에서 채취된 표본들은 열의에 찬 과학자들에 의해 철저하게 분석된다.

제작이 시작된 후 한 달쯤 지나 정해질 것이다. 로제타의 착륙시에는 탐사선에서 작은 착륙기가 내려보내지고, 이 착륙선은 작은 핵의 미세한 중력을 고려해 초속 1m보다 완만한 속도로 착륙할 것이다. 착륙선이 튀어올라 우주로 사라지지 않게 하기 위해 착륙 즉시 작살(anchoring harpoon)을 표면에 발사한다. 혜성 표면은 아마도 머랭 과자처럼 다량의 미세한 구멍과 딱딱하고 두꺼운 피각질로 이루어져 있을 것이다.

같은 시각 최초로 과학자들은 혜성에 바짝 접근해 혜성이 46,000km/h 속도로 태양 쪽으로 돌진할 때 발생하는 극적인 변화를 모니터하고 있을 것이다. 한편 로제타의 사전 연습용인 또 다른 우주선 스타더스트Stardust가 빌트Wild 2라는 혜성에서 수집한 먼지를 지구에 가져올 것이다. 이 먼지는 처음으로 달이 아닌 우주의 다른 행성에서 지구로 가져온 표본으로 기록될 것이다. 이 미션의 또 다른

위: 이 장면은 1999년 말 화성 기후 궤도선과 화성 극 지역 탐사선이 '붉은 행성'을 탐사하는 시뮬레이션 영상이다. 하지만 두 우주선 모두 탐사에 실패했다.

목적은 미세한 양의 성간물질(interstellar matter)을 수집하는 데 있다.

혜성이 길고도 적막한 원형의 태양 궤도에 접근함에 따라 거대한 쌍동선을 연상시키는 스타더스트는 2004년 1월 빌트 2와 시속 6.1km 속도로 랑데부를 가질 계획이었다. 혜성에서 100km 떨어진 근접 비행은 넓이 200,000km의 빌트 2 혜성 핵 둘레의 대기를 통과하는 10시간 비행의 일부가 될 것이다. 혜성의 핵은 얼음과 암석 미세 입자가 더러운 눈덩어리와 같은 모양으로 형성되어 있는데, 혜성이 태양계 내권에 근접할수록 태양열에 의해 핵 표면을 구성하고 있던 얼음이 증발하여 가스 먼지 입자가 꼬리의 형태로 분출되게 된다.

스타더스트 임무 성공의 핵심은 초저밀도 실리카 에어로젤aerogel로, 이것은 탐사선에 올려져 있는 샘플 귀환 캡슐(SRC)에서 확장된 계류주繫留株 위에 통신 접시처럼 올려질 끈적끈적한 물질이다. 스타더스트가 빌트 2를 지나갈 때

10장_미래의 우주선 · 305

왼쪽:유인 착륙선에 의해 뒤따라 설치될 거주 모듈들로 구성된 화성 기지에 대한 NASA의 상상도.

1~100미크론 범위에 있는 혜성 주위의 대기 먼지가 에어로젤 먼지 수집기의 한쪽에 달라붙게 될 것이다. 이때 스타더스트는 시속 30km 속력으로 우주선에 맞부딪치는 항성 간의 먼지를 수집할 것이다. 이 항성 간 먼지는 먼지 수집기의 반대쪽에 달라붙게 된다. 이때 스타더스트는 0.1~1미크론 크기의, 100개도 넘는 소립자들을 수집할 계획이다. 빌트 2와 탐사선이 만나는 목적은 휘발성 분자들뿐만 아니라 지름 15미크론보다 큰 1,000개 이상의 소립자들을 찾아내기 위함이다.

미션 성공의 관건은 2006년 1월에 표본을 지구로 가지고 오는 것이었다.(현재 표본을 가져온 상태이다.) 그것은 303kg의, 탐사선의 또 다른 혁신적 성과가 될 것이다. 주탐사선은 샘플 귀환 캡슐이 지구를 지나 비행하도록 하기 위해 우회 방향으로 조종을 한다. 그동안 25kg의 비교적 작은 샘플 귀환 캡슐이 지구 대기로의 재돌입 3시간 전에 주 탐사선으로부터 분리되어 투하될 것이다. 샘플 귀환 캡슐은 초속 12.8km로 고도 125km 지점에서 지구의 대기와 만나게 될 것이다. 캡슐은 운동 에너지를 99퍼센트까지 분리할 수 있는 에어로젤 열 보호막에 보호되어 10분 후에 낙하산을 펼 것이고, 유타 주의 60km×6.5km 넓이의 예상 지점에 착륙할 것이다. 귀환 후 캡슐과 귀중한 표본 자료들은 연구를 희망하는 전 세계 과학자들에게 할당하기 위해 텍사스 휴스턴의 존슨 우주 센터(Johnson Space Centre)의 행성 물질 관리 시설(Planetary Materials Curatorial Facility)로 옮겨질 것이다.

화성에 선 인류

인류가 달에 첫걸음을 내딛은 것을 목격한 아폴로 11호의 달 탐사 이래, 1997년 7월 화성 패스파인더Pathfinder와 그 소저너 로버Sojourner rover의 화성 착륙만큼 대중의 상상을 사로잡은 건 없었다. 화성은 언제나 인류를 매료시켜 온 행성이다. 틀림없이 언젠가는 인류가 그 불그스름한 표면에 발을 내딛게 될 날이 올 것이다. 사실상 화성 유인 탐사의 걸림돌은 기술적 한계보다 막대한 개발 비용에 있다. 우주로 날아간다는 것은 너무나도 비용이 많이 든다. 화성을 향한 미션과 그 제반 활동 비용이 비약적으로 줄어들지 않는 한 납세자들은 인류의 화성 탐사를 허용하지 않을 것이다. 더욱이 유인 미션을 지원하기 위한 기술의 벽은 너무나 높아 보인다. 만약 화성으로의 유인 우주 비행이 실현된다 하더라도 그것

●●●
위:화성의 위성인 포보스Pho-bos를 탐사하는 먼 훗날의 탐사 임무에 대한 상상도.

은 상대적으로 소규모가 될 것이다.

   1994년에 NASA는 2011년 발사를 목표로, 화성 탐사를 위한 보다 현실성 있는 발사 전략을 개발했다. 이 발사 전략에는 새로운 우주 로켓을 세 번 발사하는 것을 포함하고 있었다. 하지만 이것은 재정적으로나 기술적으로나 너무 의욕에 찬 계획으로 여겨졌다. NASA는 좀더 소형 우주 로켓을 사용하는 것으로, 설계 모델을 축소시켰다. 그러나 화성 유인 탐사를 위해 지구 궤도에서 부품들을 조립하기 위해서는 발사 횟수를 2배나 증가시킬 필요가 있었다.

   그 제안된 계획은 다음과 같다. 팽창식의 운반용 거주(TransHab) 모듈은 1급 착륙지에 착륙하기 위해 화물 1호와 함께 화성으로 발사된다. 또한 이 모듈이 안전하고 정확하게 화성에 착륙해서 도착하게 되면 화성 승무원의 생활과 실험 공간으로서의 역할을 하게 된다. 승무원들은 분리된 우주선으로 착륙해 운반용 거주 모듈과 우주선을 연결하게 된다. 유인 화물 수송체의 상부는 분리해서 계획된 500일 간의 행성 표면 탐사 임무에 동원되고, 그 후 미리 화성 궤도에 위치해 있던 귀환 우주선과 결합해서 지구로 돌아오는 것이다.

   화성의 유인 탐사에 대해 고려해야 할 또 다른 중요한 이슈가 있다. 아폴로 우주 비행사들은 지구에서 3일간 비행하여 갈 수 있는 거리에 떨어져 있었다. 하지만 화성 승무원들은 예측 불가능한 위기 상황이 발생되었을 때 즉각적으로 지구로 귀환할 수 없는 어려움에 처할 수 있다. 최초의 항해자처럼 배를 유실할

가능성도 예상해야 하지만, 일반인들은 그런 가능성마저도 너그럽게 보지만은 않을 것이다.

인공지능 우주선

지구와 통신이 불가능한 원거리 우주 비행에서는 원격 조종이 불가능하기 때문에 비행 제어실에서 감독되고 내부 문제들을 자체적으로 해결할 수 있는 '지능형 우주선'이 필요하다.

1998년 7월에 발사된 딥스페이스DeepSpace 1 비행은 미래 NASA의 과학 우주선 내부 시스템과 기기들을 위한 최첨단 기술의 가능성을 시험하고 확인하기 위해 계획된 NASA의 새로운 밀레니엄 프로그램의 일환으로 수행된 최초의 비행이었다. 딥스페이스 1은, 그전까지는 개발된 적이 없었던 가장 발전된 탐사선의 지능 소프트웨어를 실현해 보이면서 적어도 10년은 탐사선 자동화 기술 개발을 앞당겼다. 이는 1968년 아서 C. 클라크Arthur. C. Clarke가 써서 후에 영화로 만들어진 획기적인 SF 소설 〈우주 오디세이〉A Space Odyssey에 등장하는 중앙 컴퓨터인 HAL 9000에 가장 근접한 것이다. 이 로봇식의 딥스페이스 1 탐사선은, 무인 우주선이며 945kg의 무게로 클라크 우주선보다 훨씬 가볍다. 하지만 무선 중계기라고 알려진 딥스페이스 1의 컴퓨터 인공 지능 프로그램은 탐사선을 작동하거나 조종하는 데 있어 사람의 역할과 비중을 최소화했다는 면에서 클라크의 중앙 컴퓨터와 같은 목적을 가지고 있다.

이 프로그램은 높은 수준의 계획과 일정 수립, 모델에 기준을 둔 오류 방지, 고성능 실행과 같은 무선 중계기의 3가지 기능이 함께 작용해 무선 중계기가 탐사선을 스스로 작동하도록 한다. 무선 중계기의 높은 수준의 계획과 예정 기능, 즉 '플래너'Planner 기능은 여러 주에 걸친 임무 활동에 대한 스케줄을 연속적으로 알려준다. 이는 주로 탐사선 활동을 계획하는 것과, 전력 등과 같은 자원을 분배하는 것에 관계된다. 만일 탐사선의 한 부분이 임무 중에 예상했던 것과 다르게 작동하려 한다면 탐사선은 이를 감지할 수 있고, 소프트웨어 모델과 알고리즘을 바꾸어 스스로 적용시킨다. '리빙스턴'Livingstone으로 불리는 무선 중계기의 오류 방지 기능은 비행에서 실제로 최고 기술자 역할을 한다. 리빙스턴은 탐험과 탐험대원들의 건강을 동시에 고려했던 데이비드 리빙스턴David Livingstone 경의 이름에서 따온 것으로, 우주선에 뭔가 문제가 생기면 이 리빙스

선저우 Shen Zou 우주선

중국의 선저우神舟 우주선은 2003년 10월 중국 최초로 유인 우주 비행을 성공하였다. 이 우주선은 러시아의 소유즈Soyuz 우주선과 흡사했다. 구조는 아래에 서비스 모듈service module이 있고, 가운데에는 승무원 캡슐crew capsule이 있었으며, 도킹 장치를 가진 궤도선 모듈이 있었다.

태양전지판
Solar panel

도킹 시스템
Docking system

승무원실과 귀환 캡슐
Crew cabin/descent module

궤도선
Orbital module

기계실과 지구 재돌입용 역분사 로켓 시스템
Instrument section with orbital manoeuvring system and retro-rocket

10장_미래의 우주선 · 311

우리는 어디로 가나?

항공 역사와 비교하면 우주 탐사는 겨우 키티 호크Kitty Hawk [1903년 12월 라이트형제가 세계 최초의 동력 비행기를 타고 비행에 성공한 노스캐롤라이나 주의 작은 마을]의 최초의 동력 비행 이후 44년 만인 1957년에 이르러 스푸트니크Sputnik 1호의 발사로 시작되었다.

오늘날 여객기는 전세계를 대상으로 한 번에 약 500명의 승객을 운송한다. 어떤 승객들은 음속의 2배로 비행기 여행을 할 수 있었다. 그렇다면 앞으로 펼쳐질 또 다른 44년의 시간 동안 우주 공간에는 무슨 일이 일어날 것인가? 우주 호텔, 화성의 인간 기지, 별 여행? 우주 관광과 행성간 여행에 대한 낙관적 전망을 가지고 있는 사람들은 인간이 처음으로 달에 발을 내딛었던 35년 전에 예측되었던 것들이 지금 얼마나 실현되었는지 충분히 회고해볼 필요가 있다. 그때 당시 충분히 실현 가능할 것으로 예상되었던 2가지는 1985년에 인간이 화성에 착륙할 것이며, 2000년에는 미국의 대통령이 우주 정거장을 여행할 것이라는 것이었다.

이 두 가지가 실현되지 못한 이유는 전적으로 비용 때문이다. 만약 미국이 아폴로에 쓴 비용의 20배를 투자했다면 화성에 도달할 수 있었을 것이다. 그러나 미국은 우주 왕복선에 아폴로 계획의 5배의 비용을 투자했을 뿐이다. 만약 우주 정거장과 우주 왕복선이 함께 화성 착륙 목표의 필수 요소로서 동시에 개발되었다면, 그 목적을 달성하는 데 더 근접할 수 있었을 것이다. 결국 우주 정거장 건설은 희망했던 것보다 10년의 시간이 더 주어졌고, 궤도에서 우주 정거장 건설을 완성하는 데는 10년이 더 늦어질 전망이다. 우주 산업은 천문학적 예산이 집행되는 고비용 산업이기 때문에 21세기의 우선 과제는 우주 산업에 드는 비용을 상당히 줄이는 것이 될 것이다.

만약 우주선 개발에 획기적인 진전을 원한다면, 우주로의 비행은 일반 여객기 운항만큼 일상적이고 안전해야 할 것이다. 그러나 이러한 기술적 진전은 아직까지는 불가능해 보인다. 2015년이나 그 이후에도 여전히 우주 왕복선을 운행할 것이라고 NASA가 자체적으로 발표한 것으로 미루어 볼 때 다음 20년 안에도 이루어지기는 쉽지 않을 것 같다. 미래 인류가 희망하는 우주 여행의 가장 중요한 변수는 적절한 예산 책정과 정기적인 비행, 그리고 안전성의 확보가 될 것이다. 게다가 새로운 우주시대로 들어가기 전에 기술의 비약적 발전이 이루어져야 할 것이다. 컴퓨터와 통신은 놀랄 만큼 발

전해 왔다. 그러나 오늘날의 로켓 엔진은 근본적으로 1957년 최초의 인공위성인 스푸트니크 1호가 발사되었을 때의 엔진과 같은 것이다.

위:NASA는 한때 미국에서 호주까지 2시간 내에 비행할 수 있는 우주 비행기를 계획했었다. 그러나 국가 항공 우주 비행기(National Aerospace Plane) 프로젝트는 사실상 연구에서 제외되었다.

10장_미래의 우주선 · 313

위:독일의 2단 구성 우주 비행기 모델. 이 우주선은 비행기처럼 지구로 귀환할 수 있는 부스터 단과 우주 비행기로 구성되어 있는 피기백 방식의 우주 비행기이다.

턴은 오류 진단과 복구 작업을 하기 위해 탐사선이 취해야 할 방법을 알려주는 컴퓨터 모델을 사용한다.

무선 중계기 소프트웨어의 세 번째 기능인 '고성능 실행'은 비행의 집행관과 같은 역할을 해 비행 활동에 필요한 일반적인 명령을 내린다. 이 실행 기능은 플래너와 리빙스턴에 의해 만들어진 계획들을 실행할 수 있어야 한다. 만일 플래너가 모든 사소한 세부 지침까지 계획을 세워야 한다면 어떤 계획도 설계하기 어려울 것이다. 그러므로 실행 기능은 세부 영역에 있어선 플래너와 별도로 자

체적인 관리를 해나가야 할 것이다.

수중 로봇

무선 중계기의 응용 분야 중 하나는 목성의 위성 유로파Europa의 물 속으로 소형 잠수함을 발사하는 것이다. NASA는 2010년경 25억 달러에 달하는 크라우봇Cryobot 탐사선 발사 계획을 추진하고 있다. 이 계획은 유로파의 두꺼운 얼음층을 뚫고 과학자들이 물이 존재하고 있을 것으로 추정하는 얼음층 밑으로 하이드로봇Hydrobot이라 불리는 소형 잠수함을 보내는 탐사 계획이다. 이 대담한 임무는 태양계의 다른 행성에서 생명체의 흔적을 찾으려는 과학자들의 지칠 줄 모르는 탐구심의 발로이다. NASA의 목성 탐사선인 갈릴레오에서 촬영한 영상은 매끄러운 흰색과 엷은 갈색 얼음으로 뒤덮인 유로파를 보여주었다. 이 얼음층은 목성의 중력으로 인한 거대한 조수 작용에 의해 가늘게 분리되어 실톱처럼 금이 가고 이동되어왔다. 과학자들은 이것이 따뜻한 얼음과 표면 아래 물의 작용에 의해 형성되었다고 믿는다.

과학자들은 방사능이 있는 열원과 열전도열을 근거로 유로파는 100km 두께의 물로 된 맨틀을 가지고 있을 수 있으며, 그중 50km는 액체 상태의 물일 가능성이 있다고 계산했다. 만약 이 이론대로 물이 실제로 존재한다면, 유로파의 대양은 원시 생물이 살기에 충분히 따뜻할 수 있다는 것이다.

크라우봇/하이드로봇Cryobot/Hydrobot 미션은 캘리포니아의 페서디나에 위치한 NASA 제트 추진 연구소의 창작물이다. 극지 탐험자들이 사용하는 필버스Philberth 탐사기와 유사한 1.22m 길이의 크라우봇 침투-용해 탐사기는 하루에 약 0.9m 비율로 얼음을 녹이며 통로를 만들어 갈 가열된 첨단을 가지고 있을 것이다. 그 열은 4kW의 열에너지를 공급하는 16개의 방사성 동위 원소 열전자 발전기에 의해 공급된다. 유로파의 얼음은 적어도 800m 두께라고 여겨진다. 일단 크라우봇이 몇 주나, 심지어는 몇 달이 걸리더라도 얼음층을 뚫고 물에 다다르기만 하면 크라우봇은 출입구를 열고 훨씬 작은 자력 추진 기능을 가진 하이드로봇 탐사기를 작동시킬 것이다. 하이드로봇 탐사기는 출입구에서 튀어나오자마자 강력한 서치라이트를 켜고 꿈틀거리며 물로 들어가 약 0.8km 길이의 수면 속을 조사할 것이다. 소형 카메라와 화학 감지기로 생물체의 존재를 탐색할 것이다. 이러한 기기들은 그 바다에 생물체가 살아가는 데 필요한 액체 상태인 물, 탄소, 질소, 인, 황과 같은 원천이 있는지를 분석하게 될 작은 '연구소'에 저장될 것이다. 그 탐사기는 DNA 형광성(DNA fluorescence) 검사도 수행할 것이다. 하이드로봇은 화산 활동을 탐지하기 위한 수중 청음기, 온도계와 수중 음파탐지 촬영기 또한 갖추게 될 것이며, 차후 기내에서의 분석을 위해 표본을 가지고 크라우봇으로 돌아올 것이다.

크라우봇/하이드로봇 미션의 기술과 비행은 과학자들이 유로파의 환경과 유사하다고 믿는 남극 대륙에서 광범위하게 개발되고 실험될 것이다. 동쪽 남극 대륙의 러시아 영토에 있는 보스토크 호수는 과학자들이 유로파에 존재한다고 믿는 것과 유사한 조건인 물의 화학적 성질과 호수 침전물을 지니고 있다. 아마도 이것은 화산 작용에 의해 데워졌을 것이며, 단순한 생물들이 살기에 적당한 환경을 이루고 있을 것이다. 그 밖의 지구 해양에 있는 심해 분출구(Deep vents)에는 박테리아와 서관충(tube worm), 그리고 다른 유기체가 서식하고 있는 것이 발견되었다.

보스토크 호수 프로젝트는 유로파를 향한 크라우봇/하이드로봇 탐사 계획의 시험 비행 성격이 강하다. 이 시험 비행을 통해 실제 임무에서 요구되는 기술을 습득하고 실험하며 실현 가능성을 증명하게 된다. 이 프로젝트 결과, 유로파에 대한 보다 단계적이고 점진적이며 계획성 있는 탐사가 시행될 수 있을 것이다. 결국 크라우봇/하이드로봇 임무의 성공적 수행으로 성과가 나타나게 될 것이다. 첫 번째 임무는 '아이스 클리퍼'Ice clipper로 명명되었다. 이 미션은 유로파 상공 100km 높이의 궤도로 발사될 것이며, 물의 존재 유무를 조사하기 위해 이 얼어붙은 위성에 음파 탐지를 실시할 것이다. 아이스 클리퍼는 또한 유로파 표면의 수직 단층 구조와 화학적 구성을 조사하기 위해 충격 관통을 실시할 계획

위: 얼음판으로 뒤덮여 있는 목성 대양의 달(Jupiter's Oceanic Moon)인 유로파에 지구에서 보낸 크라우 로봇 탐사선이 두꺼운 얼음층을 관통하여 수중 로봇을 내보내기 직전의 수중 탐사 장면을 담은 상상도.

이다.

 그 다음으로 실시될 임무는 2005년에 기술 시현 모델로서 얼음을 녹여 457m의 구멍을 만들 크라우봇을 유로파 표면에 착륙시키기 위해 발사될 것이다. 크라우로봇Cryorobot은 영상을 촬영하고, 표면을 측정하고, 에탄올과 부틸, 초산염 같은 물질 대사의 경로를 보일지 모르는 생물체의 흔적 여부를 조사할 것이다. 만약 이 실험이 성공하게 된다면, 2010년에 크라우봇/하이드로봇 탐사선이 발사될 것이다. 머나먼 목성의 위성 유로파로의 비행, 표면에 안전한 착륙, 얼음층을 깨고 수면으로 침투하는 비행에 대하여 어떤 사람들은 불가능한 계획이라고 말한다. 그러나 이것은, 인류의 달 착륙에 대해서 사람들이 그 이전에 했던 말과 동일한 데 지나지 않는다.

역자의 말

이 책을 처음 접하게 된 것은 도서출판 아라크네의 편집장께서 한국항공우주연구원으로 책을 가져와 번역할 좋은 사람을 찾아 달라고 부탁할 때였다. 책을 펼쳐 보니 정성스럽게 준비한 로켓이나 우주선 그림이 아주 좋아 눈에 쏙 들어왔다. 과학책은 좋은 사진과 좋은 그림이 많을수록 보기도 좋고 이해도 빨라 한번 읽어 보고 싶게 한다. 특히 우주 로켓이나 우주 왕복선, 우주 정거장 등에 대해서도 재미있게 소개하고 있어 한눈에 읽어보고 싶은 생각이 들었다.

출판사 편집장으로부터 책을 받아 놓았는데 연구원의 일이 바빠서 읽을 기회가 많지 않았다. 마침 기회가 되어 작년 7월 미국의 미시시피 주립대학교 항공우주공학과에 1년 동안 연수연가를 나가며 이 책을 가지고 갔다. 그리고 사투 끝에 겨우 번역을 끝낼 수 있었다.

최근에 필자가 이 책처럼 처음부터 끝까지 아주 열심히 읽으며 공부한 책은 그리 많지 않다. 이 책을 통해서 그동안 세계 각국이 우주개발을 하며 있었던, 알려지지 않았던 새로운 사실과 우주개발의 많은 아이디어를 배운 것도 큰 보람이었다.

이 책은 1957년 10월 4일의, 세계 최초의 인공위성인 스푸트니크 1호의 발사에서부터 미래의 화성 탐험까지 다양한 주제를 역사적인 순서로 폭 넓고 깊이 있게 다루고 있다. 게다가 그림과 사진이 많은 것이 특징이다. 우주 로켓이나 인공 위성의 구조나, 관련된 과학적 원리를 자세한 그림과 사진 등을 통해 쉽고 재미있게 설명하고 있다. 그리고 중간 중간에 우주 개발 과정에서 그 동안 알려지지 않은 재미있는 뒷이야기들과 중요한 과학적 원리를 박스 속에 소개하고 있다.

이 책에는 지금까지 전 세계에서 우주개발과 우주탐사를 하면서 얻은 성과와 우주 탐사선의 개발 원리들이 소개되어 있어 많은 아이디어를 접할 수가 있다.

최근 우리나라의 우주개발은 세계가 주목할 정도로 괄목할 만한 발전을 이룩하고 있다. 2006년에는 세계 수준의 '아리랑 2호'를 개발하여 발사하였고, 우수한 사진을 찍어 보내 주고 있다. 또 2008년 봄에는 우리나라의 우주인이 우주정거장을 방문하기 위해 지금 러시아에서 훈련을 받고 있다. 뿐만 아니라 2008년 가을에는 우리의 우주 로켓으로 우리의 위성을, 우리의 우주센터에서 발사하여 명실상부 '우주 클럽'에 가입할 예정이다.

우주개발에 필요한 우주기술은 최첨단 기술이며 고부가가치 기술로서, 우리나라가 선진국으로 진입하기 위해서는 꼭 필요한 기술 중 하나이기 때문에 매우 중요하다.

이 책은 우주개발에 많은 관심과 흥미를 갖고 있는 청소년들뿐만 아니라 항공우주공학, 우주과학, 천문학을 전공하는 대학생들과 항공 우주 관련 산업체 및 연구원들에게도 우주개발을 이해하고 우주개발을 효과적으로 할 수 있는 많은 아이디어를 얻는 데 도움이 될 것이라 생각한다.

이 책은 21세기 들어 출판된 기념비적인 우주 관련 서적이다. 더불어 그 이후에 진행된 우주개발 부분에 대해서는 역자가 보완을 하였지만, 미흡한 점이 많으리라 생각한다. 필자는 그동안 우주 로켓이나 우주선에 대한 책을 몇 권 집필하였는데, 이 책을 통해서 많은 부족함을 느낀 것도 크게 얻은 것 중에 하나이다. 많은 이해 속에 독자들로부터 사랑받는 책이 되기를 기원해 본다.

2007년 7월
한국항공우주연구원에서
채연석

미지의 세계를 향한 인류의 도전
우주선의 역사

초판 1쇄 인쇄 2007년 8월 10일
초판 1쇄 발행 2007년 8월 20일
지은이 팀 퍼니스
옮긴이 채연석
펴낸이 김연홍

편 집 홍우진 문지훈
디자인 임 호
영 업 김은석
관 리 한인선

펴낸곳 아라크네
출판등록 1999년 10월 12일 제2-2945호
주소 121-865 서울시 마포구 연남동 224-57
전화 02-334-3887 **팩스** 02-334-2068
홈페이지 www.arachne.co.kr **이메일** arachne@arachne.co.kr

값 48,000원

ISBN 978-89-92449-15-1 03400

잘못된 책은 바꾸어 드립니다.
저작권법에 의해 보호받는 저작물이므로 무단전재 및 복제를 금합니다.